曲空間の幾何学
古典幾何から初等微分幾何まで

CURVED SPACES
From Classical Geometries to Elementary Differential Geometry

P.M.H.ウィルソン 【著】

小島定吉 【監訳】
石川昌治 【訳】

朝倉書店

Curved Spaces
From Classical Geometries to Elementary Differential Geometry

P.M.H.Wilson

Department of Pure Mathematics, University of Cambridge,
and Trinity College, Cambridge

CAMBRIDGE UNIVERSITY PRESS

© P. M. H. Wilson 2008

This publication is in copyright. Subject to statutory exception
and to the provisions of relevant collective licensing agreements,
no reproduction of any part may take place without
the written permission of Cambridge University Press.

First published 2008

Japanese translation rights
arranged with Cambridge University Press

監訳者まえがき

 2008年に出版されたケンブリッジ大学のWilson氏による著書 "Curved Spaces" の翻訳の相談を受けたとき，まず思いついたのは，翻訳に値するということと，今日であれば適切な訳者がいるという二点だった．以下，その理由を説明したい．
 大学における幾何学の講義は，国により多少の違いはあるが，一般教養の微分積分学および線形代数学を基礎として成り立ち，今日の科学技術においてその必要性が徐々に増大している．"Curved Spaces" は，著者がケンブリッジ大学数学科2年生向けに行っている幾何学の入門的講義のノートを元にし，ユークリッド平面幾何，球面幾何，双曲平面幾何の古典幾何の解説に重きを置き，幾何の各種概念の明示的理解を優先させる点に特徴がある．このアイデアは，監訳者はまさに時代にフィットしていると感じる．
 これまで我が国で出版された微分幾何学関係の優れた入門書は，その多くが本格的幾何学への道筋を意識し，基本的な古典幾何の具体例に割くスペースは少なかった．一方で，たとえば数学以外の分野で必要な幾何は，まったく一般の設定よりは，むしろ具体的な明示的計算が可能な古典幾何や，そのトポロジーとの関連の重要性が今日クローズアップされている．この意味で，"Curved Spaces" は数学界が今日の社会に提供すべき題材を適切に選択している．著者自身は，リーマン面，多様体論，代数的トポロジー，リーマン幾何の四つをその直接の延長線に挙げているが，その他にも幾何に関わるいくつもの理工学の分野を含めることができ，その広がりは大きい．
 このような著書を手にして恩恵を被るのは，幾何学入門の講義を担当する教員と，幾何学に興味を持つ大学初年度の若い人である．しかし学部2年生のような初めて専門教育に対面する日本の若い人が英語の本に馴染むには時間がかかる．原著者の時代に即した理論展開を大学初年度で会得する際に，言語のバリアーを取り除く訳書の存在価値は大きい．
 また，1980年くらいまでは棲み分けが目立った微分幾何学とトポロジーは，その後各所で相互作用を起こし，今日幾何学は総体としてたとえば物理学や計

算機科学や工学などの他分野に深く関わっている．こうした時代に育った若手研究者は，いろいろな意味でバランスよい感覚を会得している．訳者の石川昌治氏は "Curved Spaces" というタイトルを『曲空間の幾何学』と訳すセンスの持ち主で，このようなすばらしい訳書ができたことは誠に嬉しい限りである．

2009 年 9 月

小島定吉

まえがき
Preface

　この本はケンブリッジ大学数学科の2年生に対し筆者が行った幾何学の授業の講義ノートを元に作成したものである．数学と理論物理の近代史において幾何的発想が重要であり続けているにもかかわらず，数多くある学部数学科の授業の中で，幾何学の授業は軽視される傾向にある．学部における幾何学の授業では，幾何学に関するさまざまな話題を下地となるテーマや哲学抜きで扱うことが多い ― かつては筆者もそうであった．この本では，ユークリッド幾何，球面幾何，双曲幾何というよく知られた古典的2次元幾何をより一般的な設定で扱うことで，幾何学の主要なテーマを本全体を通じて伝えることを目標の1つとしている．これらの幾何には良い振舞いをする距離関数があり，それを使って空間の曲率が定義される．本の表題にある「曲空間」は，この本ではほとんどすべて2次元空間であるが，測地線，曲率，位相空間といった基本となる幾何的概念を学んだり，それらの互いの関連性を理解するには十分である．これらの古典的な幾何たちは，3次元ユークリッド空間内に埋め込まれた曲面，あるいはより一般のリーマン計量の入った抽象的な曲面の具体例であり，この本の後半で扱う一般的な議論への導入，そしてその例という2つの役割を担うことになる．

　この本を書く際には，可能な限り他の知識が必要ないように心掛けたが，読者は前もって解析学，代数学そして複素関数の最初のコースを受けていれば，この本を読むのに大いに役立つはずである．このコースはこれらの学部の基礎的なコースと，たとえばリーマン面，微分可能多様体，代数トポロジー，あるいはリーマン幾何学などのもっと理論的な幾何学との間を埋めるように構成されている．微分幾何学の優れた教科書は数多く出版されているが，その意味でこの本は他の教科書とは幾分異なる目的で書かれている．微分幾何学の本としては，この本を書くのに参考にした3冊の本 [5], [8], [9] をとくに推薦しておく．また，この本で扱う幾何について，その歴史的背景を述べることはしなかった．たとえば [8] を参照して欲しい．

　執筆にあたり他の知識が必要ないようにできるだけ心掛けると同時に，可能

な限り初等的かつ具体的に書くように努めた．ここで初等的という言葉を使ったのは，他分野で発展している理論にできるだけ頼らないようにしたい，ということを意図している．この本で扱う証明の1つで，ほとんどの議論は直感的には明瞭なのだが，詳細を正確に書くのに注意が必要で，それを具体的に書くと形式的な証明が少し長くなってしまうものがある．この証明は第3章の付録に置いたので，リズムよく読みたいと思う読者は，最初に読む際にはこの付録を飛ばして読むことをお勧めする．しかし，問題がどこにあるのかを理解することは，より理論的な手法のより良い理解につながるので，ある段階でこの証明を読むことは有意義であろう．この本はその構成から，微分や抽象的な曲面といった重要な概念を含んだ他の題材を扱ったときよりも，より発展性の高い内容になっている．具体的に書くというこの本の方針が通常のもっと抽象的な論述を補完するであろうから，微分幾何学のより上級のコースに対しても有用な教材となることを期待している．

　筆者は Nigel Hitchin 氏にオックスフォードでの彼による (その前は Graeme Segal 氏による) 曲面の幾何学の講義ノートを見せて頂いたことに心より感謝したい．本書の作成において，この講義ノートは大変役に立った．彼はまた Gabriel Paternain 氏，Imre Leader 氏そして Dan Jane 氏に，本書の内容に関して詳細かつ有益な助言を頂いたことに，Sebastian Pancratz 氏に図式と活字組みを手伝って頂いたことに感謝したい．そして最も重要な謝意として，彼の同僚である Gabriel Paternain 氏に，この本の題材とその周辺の話題に関してたくさんの有益な会話をして頂いたことに温かい感謝の気持ちを送りたい．本書がこのように素晴らしく仕上がったのは彼との会話のおかげである．

目　　次
Contents

1. ユークリッド幾何 …………………………………………………………… 1
　1.1　ユークリッド空間 …………………………………………………… 1
　1.2　等 長 写 像 …………………………………………………………… 6
　1.3　群 $O(3, \mathbf{R})$ ………………………………………………………… 12
　1.4　曲線とその長さ ……………………………………………………… 15
　1.5　完備性とコンパクト性 ……………………………………………… 19
　1.6　ユークリッド平面内の多角形 ……………………………………… 23

2. 球 面 幾 何 …………………………………………………………………… 32
　2.1　は じ め に …………………………………………………………… 32
　2.2　球面3角形 …………………………………………………………… 33
　2.3　球面上の曲線 ………………………………………………………… 37
　2.4　等長群とその有限部分群 …………………………………………… 39
　2.5　ガウス・ボンネと球面多角形 ……………………………………… 43
　2.6　メビウス幾何 ………………………………………………………… 49
　2.7　$SO(3)$ の2重被覆 …………………………………………………… 52
　2.8　球面上の円 …………………………………………………………… 56

3. 3角形分割とオイラー数 ……………………………………………………… 61
　3.1　トーラス面の幾何 …………………………………………………… 61
　3.2　3角形分割 …………………………………………………………… 66
　3.3　多角形分割 …………………………………………………………… 70
　3.4　種数 g の閉曲面の貼り合わせ構成法 ……………………………… 74
　付録：折れ線近似に関する証明 ………………………………………… 81

4. リーマン計量 ………………………………………………………………… 88
　4.1　導関数と連鎖律の復習 ……………………………………………… 89

   4.2 $\mathbf{R}^2$ の開部分集合上のリーマン計量 ………………………… 93
   4.3 曲線の長さ ……………………………………………………… 97
   4.4 等長写像と面積 ………………………………………………… 101

5. 双 曲 幾 何 ………………………………………………………… 106
   5.1 双曲平面のポアンカレモデル ………………………………… 106
   5.2 上半平面モデル H の幾何 …………………………………… 109
   5.3 円板モデル D の幾何 ………………………………………… 113
   5.4 双曲直線に関する鏡映 ………………………………………… 117
   5.5 双曲3角形 ……………………………………………………… 121
   5.6 平行線と超平行線 ……………………………………………… 124
   5.7 双曲平面の双曲面モデル ……………………………………… 126

6. 滑らかな埋め込まれた曲面 ……………………………………… 135
   6.1 滑らかなパラメータ表示 ……………………………………… 135
   6.2 長さと面積 ……………………………………………………… 139
   6.3 回 転 面 ………………………………………………………… 142
   6.4 埋め込まれた曲面のガウス曲率 ……………………………… 144

7. 測 地 線 …………………………………………………………… 156
   7.1 滑らかな曲線の変分 …………………………………………… 156
   7.2 埋め込まれた曲面上の測地線 ………………………………… 162
   7.3 長さとエネルギー ……………………………………………… 165
   7.4 測地線の存在 …………………………………………………… 166
   7.5 測地的極座標とガウスの補題 ………………………………… 170

8. 抽象曲面とガウス・ボンネ ……………………………………… 179
   8.1 ガウスの驚異の定理 …………………………………………… 179
   8.2 滑らかな抽象曲面と等長写像 ………………………………… 182
   8.3 測地3角形に対するガウス・ボンネ ………………………… 187
   8.4 一般の閉曲面に対するガウス・ボンネ ……………………… 194

8.5　閉曲面の組み立て構成法 ･････････････････････････････････ 200

あとがき ･･･ 209
文　　献 ･･･ 210
訳者あとがき ･･･ 211
索　　引 ･･･ 213

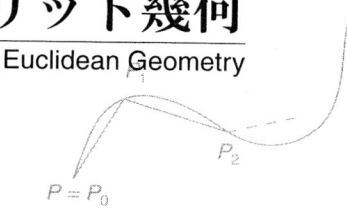

第1章
ユークリッド幾何
Euclidean Geometry

1.1 | ユークリッド空間

まず，すべての読者に親しみのある幾何から始めよう．それはユークリッド空間の幾何である．この最初の章ではユークリッド距離関数，ユークリッド空間の対称性，そしてユークリッド空間内の曲線の性質について述べる．また，これらの概念のいくつかを距離空間という一般的な概念に拡張し，本書で必要となる距離空間の基礎について概説する．

標準的なユークリッド内積 $(\ ,\ )$ をもつユークリッド空間 $\mathbf{R}^n$ を考えよう．与えられた2つのベクトル $\mathbf{x} = (x_1, \ldots, x_n)$ と $\mathbf{y} = (y_1, \ldots, y_n) \in \mathbf{R}^n$ に対し，内積を

$$(\mathbf{x}, \mathbf{y}) = \sum_{i=1}^{n} x_i y_i$$

で定義する．この内積はドット・を使って表すこともある．さらに $\mathbf{R}^n$ のユークリッドノルムを $\|\mathbf{x}\| = (\mathbf{x}, \mathbf{x})^{1/2}$ で，距離関数 d を

$$d(\mathbf{x}, \mathbf{y}) = \|\mathbf{x} - \mathbf{y}\|$$

で定義する．本によっては，ベクトル空間 $\mathbf{R}^n$ と区別するためにユークリッド空間を $\mathbf{E}^n$ と書くこともあるが，ここではこのような区別はしないことにする．

ユークリッド距離関数 d は距離の1つの例である．ここで**距離**とは，空間内の任意の3点 P, Q, R に対し，次の3つの条件を満たす関数のことである：

(i) $d(P, Q) \geq 0$. 等号成立 $\Leftrightarrow P = Q$.
(ii) $d(P, Q) = d(Q, P)$.
(iii) $d(P, Q) + d(Q, R) \geq d(P, R)$.

ここで重要なのは3つ目の条件で，**3角不等式**として知られている．ユークリッド空間の場合でいうと，P, Q, R を頂点とするユークリッド3角形 (潰れていて

も構わない) を考えたとき，3 角形の 2 辺の長さの和が残りの 1 辺の長さ以上であることを意味する．別の言い方をすると，P から R まで Q を経由して 2 つのまっすぐな線分に沿って移動したとき，その移動距離は少なくとも P から R までの直線距離以上である，ということである．

ユークリッド空間内の 3 角不等式の証明には，コーシー・シュワルツの不等式

$$\left(\sum_{i=1}^n x_i y_i\right)^2 \leq \left(\sum_{i=1}^n x_i^2\right)\left(\sum_{i=1}^n y_i^2\right)$$

を使う．内積を使うと $(\mathbf{x}, \mathbf{y})^2 \leq \|\mathbf{x}\|^2 \|\mathbf{y}\|^2$ と書ける．コーシー・シュワルツの不等式の等号成立のための必要十分条件は，ベクトル $\mathbf{x}$ と $\mathbf{y}$ が比例することである．コーシー・シュワルツの不等式は，任意の $\mathbf{x}, \mathbf{y} \in \mathbf{R}^n$ に対し，実変数 λ の 2 次多項式

$$(\lambda \mathbf{x} + \mathbf{y}, \lambda \mathbf{x} + \mathbf{y}) = \|\mathbf{x}\|^2 \lambda^2 + 2(\mathbf{x}, \mathbf{y})\lambda + \|\mathbf{y}\|^2$$

の値は λ によらずつねに 0 以上である，という事実を使って直接導くことができる．さらに，コーシー・シュワルツの不等式の等号は上の 2 次多項式が 0 であるとき，そのときに限り成立する．これは単に $(\lambda \mathbf{x}+\mathbf{y}, \lambda \mathbf{x}+\mathbf{y})=0$，つまり $\mathbf{x} \neq \mathbf{0}$ の仮定の下，$\lambda \mathbf{x}+\mathbf{y}=\mathbf{0}$ となる $\lambda \in \mathbf{R}$ が存在するという条件に他ならない．

3 角不等式がコーシー・シュワルツの不等式から従うことを見るために，P を $\mathbf{R}^n$ の原点とし，Q の原点からの位置ベクトルを $\mathbf{x}$，R の Q からの位置ベクトルを $\mathbf{y}$ とする．よって R の原点からの位置ベクトルは $\mathbf{x}+\mathbf{y}$ である．このとき 3 角不等式は

$$(\mathbf{x}+\mathbf{y}, \mathbf{x}+\mathbf{y})^{1/2} \leq \|\mathbf{x}\| + \|\mathbf{y}\|$$

と書くことができ，両辺を 2 乗して展開すると，これがコーシー・シュワルツの不等式と同値であることが確認できる[*0]．

ユークリッド空間の場合には，等号成立条件を次のように特徴付けることができる．この場合，コーシー・シュワルツの不等式の等号が成り立つことから ($\mathbf{x} \neq \mathbf{0}$ という仮定の下) $\mathbf{y} = \lambda \mathbf{x}$ となる $\lambda \in \mathbf{R}$ が存在する．すると，3 角不等式の等号が成り立つための必要十分条件は $|\lambda+1|\|\mathbf{x}\| = (|\lambda|+1)\|\mathbf{x}\|$ となり，同値な条件として $\lambda \geq 0$ が得られる．まとめると，3 角不等式の等号は Q がまっ

[*0] $(\mathbf{x}, \mathbf{y}) < 0$ のときは，R の Q からの位置ベクトルを $-\mathbf{y}$ として三角不等式を作れば，同様にしてコーシー・シュワルツの不等式が得られる．

すぐな線分 PR の上にあるとき，そのときに限り成立する．別の言い方をすると，P から R への最短ルートは自動的に Q を通る，ということができる．このコースで扱うほとんどの距離において，等号は似たような形で特徴付けられる．

● **定義 1.1** ── 集合 X について，関数 $d: X \times X \to \mathbf{R}$ で上の 3 つの条件を満たすものを**距離**といい，距離 d をもつ集合 X のことを**距離空間**という．

距離空間の基礎理論については [13] のような入門書がいくつかあり，教材が充実しているので，多くの読者は勉強するのに困らないはずである[*1]．ここまでで n 次元ユークリッド空間が距離空間であることを見てきた．一般の距離空間 (X, d) に対しても

- $B(P, \delta) := \{Q \in X : d(Q, P) < \delta\}$：$P$ を中心とする半径 δ の**開球体**
- X の**開集合** U：X の部分集合 U で，任意の $P \in U$ に対し「$B(P, \delta) \subset U$ となる $\delta > 0$ が存在する」が成り立つもの
- X の**閉集合**：補集合が開集合となる X の部分集合
- 点 $P \in X$ の**開近傍**：P を含む開集合

のように，ユークリッド空間で馴染みのある概念を一般化することができる．2 つの距離空間 $(X, d_X), (Y, d_Y)$ と関数 $f: X \to Y$ が与えられると，連続性の通常の定義も可能になる．任意の $\varepsilon > 0$ に対して，「$d_X(Q, P) < \delta$ ならば $d_Y(f(Q), f(P)) < \varepsilon$」が成り立つような $\delta > 0$ が存在するとき，f は $P \in X$ において**連続**であるという．「$d_X(Q, P) < \delta$ ならば $d_Y(f(Q), f(P)) < \varepsilon$」という文章は，「$B(f(P), \varepsilon)$ の f による逆像[*2]は $B(P, \delta)$ を含む」と言い換えることもできる．

● **補題 1.2** ── 距離空間の間の写像 $f: X \to Y$ が連続であることと，Y の任意の開集合について，その f による逆像が X の中で開集合であることは必要十分である[*3]．

証明 f を連続写像，U を Y の開部分集合とし，任意の点 $P \in f^{-1}U$ を考える．$f(P) \in U$ であるから，$B(f(P), \varepsilon) \subset U$ となる $\varepsilon > 0$ が存在する．連

[*1] 例えば，[内田] の §12–14 を参照．
[*2] 関数 $f: X \to Y$ と Y の部分集合 B に対し，X の部分集合 $\{x \in X : f(x) \in B\}$ を B の逆像といい，$f^{-1}(B)$ あるいは $f^{-1}B$ と書く．
[*3] 集合 X の各元 x に Y の元 y がただ一つ対応するとき，この対応 $f: X \to Y$ を写像という．この定義からわかるように，写像は関数と同じ意味である．関数という用語は一般的には Y が実数集合 $\mathbf{R}$ や複素数集合 $\mathbf{C}$ のときに多く使われる．

続性から，$f^{-1}(B(f(P),\varepsilon)) \subset f^{-1}U$ に含まれる開球体 $B(P,\delta)$ が存在する．これはすべての点 $P \in f^{-1}U$ で成り立つので，$f^{-1}U$ は開集合である．

逆に，Y のすべての開集合 U に対してこの条件が成り立つと仮定する．任意の $P \in X$ と $\varepsilon > 0$ が与えられたとき，$f^{-1}(B(f(P),\varepsilon))$ は P の開近傍であり，したがって $B(P,\delta) \subset f^{-1}(B(f(P),\varepsilon))$ となる $\delta > 0$ が存在する． □

このように，f の連続性は X と Y の開部分集合の言葉だけで記述することができる．したがって，連続性は**位相的に定義される**，といえる．

距離空間 (X,d_X) と (Y,d_Y) が与えられたとき，その間の連続写像で逆写像[*4]も連続であるものを**同相写像**という．補題 1.2 より，これは 2 つの空間の開集合たちが全単射により対応していることともいえ，よってこの写像は 2 つの空間の**位相的な**同値関係を与える．2 つの空間が位相的に同値であるとき，それらは**同相**であるという．たとえば，単位開円板 $D \subset \mathbf{R}^2$ と平面全体は (どちらの空間もユークリッド距離が入っているとすると)，その間には $f(\mathbf{x}) = \mathbf{x}/(1-\|\mathbf{x}\|)$ で定義される写像 $f: D \to \mathbf{R}^2$ が存在し，さらにその逆写像 $g: \mathbf{R}^2 \to D$ は $g(\mathbf{y}) = \mathbf{y}/(1+\|\mathbf{y}\|)$ と表されることから，よって同相である[*5]．

この本で扱う幾何はすべて自然な距離空間の上に作られる．それらの距離空間はとりわけ良い性質をもっている；たとえば，すべての点は $\mathbf{R}^2$ 内の開円板と同相な開近傍をもつ (そのような距離空間を 2 次元**位相多様体**と呼ぶ)．距離空間の例を 2 つ挙げて，この節を終わりとする．いずれの例も幾何的に定義されているが，上に挙げた性質は満たしていない．

○ **例** (**イギリス鉄道距離**) —— ユークリッド距離 d をもつ平面 $\mathbf{R}^2$ を考える．O を原点とする．$\mathbf{R}^2$ 上の新しい距離 d_1 を

$$d_1(P,Q) = \begin{cases} 0 & (P = Q \text{ のとき}) \\ d(P,O) + d(O,Q) & (P \neq Q \text{ のとき}) \end{cases}$$

で定義する．ここで注意として，$P \neq O$ のとき P を含む十分小さな開球体は

[*4] 写像 $f: X \to Y$ について，$y \in Y$ に対し $f(x) = y$ となる x が必ず存在するとき f は**全射**であるといい，異なる 2 つの元 $x_1, x_2 \in X$ に対してつねに $f(x_1) \neq f(x_2)$ が成り立つとき f は**単射**であるという．また f が全射かつ単射であるとき，f は**全単射**であるという．f が全単射であるときは，各 $y \in Y$ について $f(x) = y$ となる $x \in X$ がただ一つ存在するので，$y \in Y$ にこの $x \in X$ を対応させることで写像 $Y \to X$ が定まる．これを $f: X \to Y$ の**逆写像**といい，$f^{-1}: Y \to X$ と書く．

[*5] 関数 f と g は連続であるから，これらは D と $\mathbf{R}^2$ の間の連続な写像である．

点 P のみで構成される．したがって，$\mathbf{R}^2$ 内の開円板と同相な P の開近傍は存在しない．筆者がイギリスで学部生だった頃，この例はイギリス鉄道距離と教えられた．ここでの O はロンドンのことで，当時は電車で旅をするときは，どこへ行くにもロンドンを経由しなくてはならなかった！ その後，イギリス鉄道網が民営化されたこともあり，この距離には今は別の名前を付けるべきかもしれない．

○ **例**　（**ロンドン地下鉄距離**）——— 再びユークリッド平面 $(\mathbf{R}^2, d)$ を用意し，有限個の点 $P_1, \ldots, P_N \in \mathbf{R}^2$ を選ぶ．2 点 $P, Q \in \mathbf{R}^2$ に対し，距離を測る関数 d_2 を

$$d_2(P,Q) = \min\{d(P,Q), \min_{i,j}\{d(P,P_i) + d(P_j,Q)\}\}$$

で定義する ($N > 1$ のときは，これは距離の条件を満たしていない)．この関数は，$P \neq Q$ であっても $d_2(P,Q)$ が 0 かもしれないということ**以外**は，距離の性質をすべて満たしている．そこでさらに，$\mathbf{R}^2$ 上の点 $P_1, \ldots, P_N$ をすべて 1 点 $\bar{P}$ に同一視した商集合 X を考える (形式的には，2 点 P, Q が $d_2(P,Q) = 0$ を満たすならば同値，という同値関係による $\mathbf{R}^2$ の同値類を考える)．すると，d_2 は X 上に距離 d^* を定めることが簡単に確認できる[*6]．この距離には，ロンドン地下鉄という名前が付けられている；点 P_i は地下鉄網の理想化された駅を表している．ここで理想化されているといったのは，地下鉄網の 2 つの駅を移動する際に，(乗り換えが必要であったとしても) 乗り換えの際の徒歩による移動がまったくないと仮定するからである．この設定の下で，$\mathbf{R}^2$ 上の 2 点の距離 d_2 は，2 点間を移動するとき一番近い地下鉄駅まで徒歩で移動し，到着地点に最も近い駅まで電車で移動した場合に実現される．人が歩かなくてはならない最小の距離を表している．

注意として，X の点 $\bar{P}$ は $\mathbf{R}^2$ 上の点 $P_1, \ldots, P_N$ に対応したが，$\bar{P}$ を中心

[*6] 商集合 X において d_2 は距離の 3 つの条件を満たす．たとえば $d_2(P,Q) \geq 0$ は d_2 の定義から明らかで，$d_2(P,Q) = 0$ が成り立つのは $P = Q$ のときか，あるいはある i, j について $P = P_i$ かつ $Q = P_j$ となるときである．ここで商集合 X ではその定義から点 $P_1, \ldots, P_N$ は同一視されて 1 つの点となっているので，後者の場合には $P = P_i = P_j = Q$ が成り立つ．よって X において $d_2(P,Q) = 0$ が成り立つことと $P = Q$ であることは同値であることがわかる．残りの 2 つの条件についても同様に確認できる．このようにして定まる X 上の距離のことを d_2 から**誘導される距離**という．この距離を表すのに，$\mathbf{R}^2$ 上で定義されている d_2 と区別するために記号 d^* を使っている．

とする十分小さい半径 ε をもつ任意の開球体は，開球体 $B(P_i,\varepsilon) \subset \mathbf{R}^2$ の和集合から $P_1,\ldots,P_N$ を同一視して得られる集合である．とくに，X 内の 1 点を除いた球体 $B(\bar{P},\varepsilon) \setminus \{\bar{P}\}$ は平面上の 1 点を除いた球体 $B(P_i,\varepsilon) \setminus \{P_i\}$ の互いに交わらない和集合に対応している．第 1.4 節で連結性という概念を導入するが，それを踏まえると，$B(P_i,\varepsilon) \setminus \{P_i\}$ の和集合は $N \geq 2$ のとき連結ではなく，また $\mathbf{R}^2$ 内の 1 点を除いた開円板は連結かつ弧状連結であることがわかるので，よって $B(P_i,\varepsilon) \setminus \{P_i\}$ の和集合は $\mathbf{R}^2$ 内の 1 点を除いた開円板とは同相になりえない．したがって，X 内の開球体 $B(\bar{P},\varepsilon)$ は $\mathbf{R}^2$ 内の開円板とは同相でないことがわかる．同様の議論により $\bar{P}$ の十分小さな任意の開近傍に対しても同じことが成り立ち，よって X 内における $\bar{P}$ の開近傍は $\mathbf{R}^2$ 内の開円板とは同相になりえないことがわかる．

1.2 等 長 写 像

前節では**位相同値**と**同相**という概念を定義した．しかし，このコースで扱うのは距離をもつ空間の幾何であり，そのためにさらに強い概念である**等長写像**に話を進める．

● **定義 1.3** —— 距離空間の間の写像 $f:(X,d_X) \to (Y,d_Y)$ が全射かつ距離を保つ，すなわち

$$d_Y(f(x_1),f(x_2)) = d_X(x_1,x_2)$$

がすべての点 $x_1,x_2 \in X$ に対して成り立つとき，f を**等長写像**といい，(X,d_X) と (Y,d_Y) は**等長**であるという．また，(X,d_X) からそれ自身への等長写像のことをとくに (X,d_X) の**等長変換**という．

等長写像の性質や関連する言葉の定義をいくつか記しておく．

- 定義 1.3 の距離を保つという条件から，この写像は単射であることがわかる．よって等長写像は全単射でなくてはならない．距離を保つという条件は満たすが全射とは限らない写像のことを**等長埋め込み**という．
- 距離を保つという条件から等長写像は連続であり，逆写像も連続である．したがって，等長写像は同相写像である．ただし逆は成立しない．たとえば前節で紹介した単位開円板とユークリッド平面の間の同相写像は明らかに等長写像ではない．

- 距離空間の等長変換は空間の**対称性**ともいわれる．距離空間 X の等長変換は写像の合成を積とする群[*7)]をなす．これをその空間の**等長群**あるいは**対称群**といい，Isom(X) と書く．

●**定義 1.4** ── 群 G と集合 X について，写像 $G \times X \to X$ で (g, x) の像 $g(x)$ が

 (i) G の単位元が X の恒等写像[*8)]に対応している
 (ii) 任意の $x \in X$ と $g_1, g_2 \in G$ に対し $(g_1 g_2)(x) = g_1(g_2(x))$

を満たすとき，G は X に**作用する**という．任意の $x, y \in X$ に対し $g(x) = y$ となる $g \in G$ が存在するとき，G の作用は X 上で**推移的**であるという．

X を距離空間とすると，ほとんどの場合，Isom(X) の X への作用は推移的にならない．しかしながら，ユークリッド空間，球面 (第 2 章)，局所ユークリッド距離をもつトーラス面 (第 3 章)，そして双曲平面 (第 5 章) といった重要かつ特別な場合については，この作用は推移的になる ── したがって，これらの幾何については曲面上のすべての点から同じ景色が見えると思うことができる．

ここで標準的な内積 $(\,,\,)$ と距離関数 d をもつユークリッド空間 $\mathbf{R}^n$ の場合について考えてみよう．$\mathbf{R}^n$ の等長変換は**剛体運動**(rigid motion) とも呼ばれる．$\mathbf{R}^n$ のすべての平行移動は等長変換であり，したがって等長群 Isom$(\mathbf{R}^n)$ は $\mathbf{R}^n$ に推移的に作用する．

$n \times n$ 行列 A が $A^t A = A A^t = I$ を満たすとき A を**直交行列**という．ここで A^t は A の転置行列である．

$$(A\mathbf{x}, A\mathbf{y}) = (A\mathbf{x})^t(A\mathbf{y})$$
$$= \mathbf{x}^t A^t A \mathbf{y}$$
$$= (\mathbf{x}, A^t A \mathbf{y})$$
$$= (A^t A \mathbf{x}, \mathbf{y})$$

[*7)] 集合 G が G 上に積をもち，次の 3 つの公理を満たすとき，これを**群**という: (1) 元 $g, h, k \in G$ に対し，$(gh)k = g(hk)$ が成り立つ．(2) 元 $e \in G$ で，任意の元 $g \in G$ に対し $ge = eg = g$ となるものが存在する．e を**単位元**という．(3) 任意の元 $g \in G$ に対し，$gh = hg = e$ となる元 $h \in G$ が存在する．h を g の**逆元**という．

[*8)] 写像 $f : X \to X$ が任意の元 $x \in X$ に対して $f(x) = x$ を満たすとき，f を**恒等写像**という．恒等写像を表す記号として id がよく使われる．

であるから，A が直交行列であることと $(A\mathbf{x}, A\mathbf{y}) = (\mathbf{x}, \mathbf{y})$ が任意の $\mathbf{x}, \mathbf{y} \in \mathbf{R}^n$ について成り立つことは必要十分である．

さらに $(\mathbf{x}, \mathbf{y}) = \frac{1}{2}\{\|\mathbf{x}+\mathbf{y}\|^2 - \|\mathbf{x}\|^2 - \|\mathbf{y}\|^2\}$ を使うと，行列 A が直交行列であることと，$\|A\mathbf{x}\| = \|\mathbf{x}\|$ がすべての $\mathbf{x} \in \mathbf{R}^n$ について成り立つことは必要十分であることがわかる．よって，$f(\mathbf{x}) = A\mathbf{x} + \mathbf{b}$ ($\mathbf{b} \in \mathbf{R}^n$) で定義される写像 $f: \mathbf{R}^n \to \mathbf{R}^n$ を考えると

$$d(f(\mathbf{x}), f(\mathbf{y})) = \|A(\mathbf{x}-\mathbf{y})\|$$

が成り立ち，この f が等長変換であることと A が直交行列であることは必要十分ということになる．

● **定理 1.5** ── 任意の等長変換 $f: \mathbf{R}^n \to \mathbf{R}^n$ は，ある直交行列 A とベクトル $\mathbf{b} \in \mathbf{R}^n$ により $f(\mathbf{x}) = A\mathbf{x} + \mathbf{b}$ の形で表される．

証明 $e_1, \ldots, e_n$ を $\mathbf{R}^n$ の標準基底とする．$\mathbf{b} = f(\mathbf{0})$ とし，$i = 1, \ldots, n$ について $\mathbf{a}_i = f(e_i) - \mathbf{b}$ とおく．このとき，すべての i に対し

$$\|\mathbf{a}_i\| = \|f(e_i) - f(\mathbf{0})\| = d(f(e_i), f(\mathbf{0}))$$
$$= d(e_i, \mathbf{0}) = \|e_i\| = 1$$

となり，また $i \neq j$ に対し

$$(\mathbf{a}_i, \mathbf{a}_j) = -\frac{1}{2}\{\|\mathbf{a}_i - \mathbf{a}_j\|^2 - \|\mathbf{a}_i\|^2 - \|\mathbf{a}_j\|^2\}$$
$$= -\frac{1}{2}\{\|f(e_i) - f(e_j)\|^2 - 2\}$$
$$= -\frac{1}{2}\{\|e_i - e_j\|^2 - 2\} = 0$$

となる．

ここで A を $\mathbf{a}_1, \ldots, \mathbf{a}_n$ を列とする行列とする．この列たちは正規直交基底をなしているから，A は直交行列である．$g: \mathbf{R}^n \to \mathbf{R}^n$ を

$$g(\mathbf{x}) = A\mathbf{x} + \mathbf{b}$$

で定まる等長変換とする．このとき，$\mathbf{x} = \mathbf{0}, e_1, \ldots, e_n$ に対して $g(\mathbf{x}) = f(\mathbf{x})$ が成り立つ．g の逆写像 g^{-1} は

$$g^{-1}(\mathbf{x}) = A^{-1}(\mathbf{x} - \mathbf{b}) = A^t(\mathbf{x} - \mathbf{b})$$

で与えられ，f との合成写像 $h = g^{-1} \circ f$ は $\mathbf{0}, e_1, \ldots, e_n$ を固定する等長変換

となる．

ここで $h = \mathrm{id}$ であれば $f = g$ となり，定理が従う．よって次の主張を示せば十分である．

○ **主張** ── $h : \mathbf{R}^n \to \mathbf{R}^n$ は恒等写像である．

主張の証明　一般の $\mathbf{x} = \sum x_i e_i$ について
$$h(\mathbf{x}) = \mathbf{y} = \sum y_i e_i$$
とおく．このとき
$$d(\mathbf{x}, e_i)^2 = \|\mathbf{x}\|^2 + 1 - 2x_i$$
$$d(\mathbf{x}, \mathbf{0})^2 = \|\mathbf{x}\|^2$$
$$d(\mathbf{y}, e_i)^2 = \|\mathbf{y}\|^2 + 1 - 2y_i$$
$$d(\mathbf{y}, \mathbf{0})^2 = \|\mathbf{y}\|^2$$
が成り立つ．h は $h(\mathbf{0}) = \mathbf{0}$，$h(e_i) = e_i$ そして $h(\mathbf{x}) = \mathbf{y}$ を満たす等長変換であるから，$\|\mathbf{y}\|^2 = \|\mathbf{x}\|^2$，そしてすべての i について $x_i = y_i$ が得られる．したがって，すべての $\mathbf{x}$ に対し $h(\mathbf{x}) = \mathbf{y} = \sum x_i e_i = \mathbf{x}$ が成り立つ，つまり $h = \mathrm{id}$ である．　□

○ **例**　(アファイン超平面に関する鏡映) ── ある単位ベクトル $\mathbf{u}$ と定数 $c \in \mathbf{R}$ について，$H \subset \mathbf{R}^n$ を
$$\mathbf{u} \cdot \mathbf{x} = c$$
で定義されるアファイン超平面[*9]とする．この H に対し，
$$R_H : \mathbf{x} \mapsto \mathbf{x} - 2(\mathbf{x} \cdot \mathbf{u} - c)\mathbf{u}$$
で定義される写像 R_H を H に関する**鏡映**という．

すべての $\mathbf{x} \in H$ に対し，$R_H(\mathbf{x}) = \mathbf{x}$ が成り立つ．また，$\mathbf{x} \in \mathbf{R}^n$ はある $\mathbf{a} \in H$ と $t \in \mathbf{R}$ を使って $\mathbf{a} + t\mathbf{u}$ という形に一意的に書けること，さらに $R_H(\mathbf{a} + t\mathbf{u}) = \mathbf{a} - t\mathbf{u}$ が成り立つことが簡単に確認できる．

[*9]　アファイン超平面とは，たとえば $n = 2$ のときは平面上の直線のことであり，$n = 3$ のときは $\mathbf{R}^3$ 内の平面のことである．

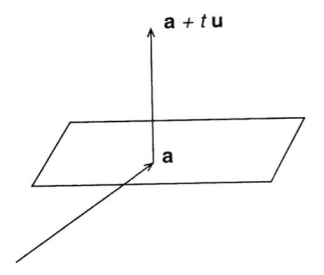

よって等式
$$(R_H(\mathbf{a}+t\mathbf{u}), R_H(\mathbf{a}+t\mathbf{u})) = (\mathbf{a}-t\mathbf{u}, \mathbf{a}-t\mathbf{u}) = (\mathbf{a},\mathbf{a}) + t^2$$
$$= (\mathbf{a}+t\mathbf{u}, \mathbf{a}+t\mathbf{u})$$
が成り立つことから，R_H は等長変換であることがわかる．

逆に H の各点を固定する等長変換を S とし，任意のベクトル $\mathbf{a} \in H$ を選んでおく．$T_\mathbf{a}$ を $\mathbf{a}$ による平行移動，つまりすべての $\mathbf{x}$ に対し $T_\mathbf{a}(\mathbf{x}) = \mathbf{x} + \mathbf{a}$ と定義すると，共役 $R = T_{-\mathbf{a}}ST_\mathbf{a}$ は原点を通る超平面 $H' = T_{-\mathbf{a}}H$ の各点を固定する等長変換になる．H が $\mathbf{x} \cdot \mathbf{u} = c$ で与えられているとすると（ここで $c = \mathbf{a} \cdot \mathbf{u}$），$H'$ は $\mathbf{x} \cdot \mathbf{u} = 0$ で与えられる．したがって，すべての $\mathbf{x} \in H'$ について $(R\mathbf{u}, \mathbf{x}) = (R\mathbf{u}, R\mathbf{x}) = (\mathbf{u}, \mathbf{x}) = 0$ となり，よってある λ により $R\mathbf{u} = \lambda \mathbf{u}$ と表される．

しかし，$\|R\mathbf{u}\|^2 = 1 \implies \lambda^2 = 1 \implies \lambda = \pm 1$ であり，定理 1.5 より R は線形写像であるから，$R = \mathrm{id}$ か $R = R_{H'}$ のいずれかが成り立つ．

以上より $S = \mathrm{id}$ あるいは $S = T_\mathbf{a} R_{H'} T_{-\mathbf{a}}$：
$$\mathbf{x} \mapsto \mathbf{x} - \mathbf{a} \mapsto (\mathbf{x}-\mathbf{a}) - 2(\mathbf{x} \cdot \mathbf{u} - \mathbf{a} \cdot \mathbf{u})\mathbf{u} \mapsto \mathbf{x} - 2(\mathbf{x} \cdot \mathbf{u} - c)\mathbf{u},$$
すなわち $S = R_H$ のいずれかであることがわかる．

ここで基本的だが有用な鏡映に関する次の事実を述べておく．

● **補題 1.6** —— $\mathbf{R}^n$ 上の 2 点 $P \neq Q$ について，P と Q から等距離にある点からなる超平面 H が存在し，それに関する鏡映 R_H は P と Q を移し合う．

証明 点 P および Q の位置ベクトルを $\mathbf{p}$ および $\mathbf{q}$ とし，線分 PQ の中点で PQ と垂直に交わる平面 H を考える．この平面は式
$$\mathbf{x} \cdot (\mathbf{p}-\mathbf{q}) = \frac{1}{2}(\|\mathbf{p}\|^2 - \|\mathbf{q}\|^2)$$

で定まる．初等的な計算により，H は P と Q からの等しい距離にある点の集合と一致することが確認できる．この H について $R_H(\mathbf{p}-\mathbf{q}) = -(\mathbf{p}-\mathbf{q})$ が成り立つ．さらに $(\mathbf{p}+\mathbf{q})/2 \in H$ は R_H の固定点である．これらの性質と $\mathbf{p} = (\mathbf{p}+\mathbf{q})/2 + (\mathbf{p}-\mathbf{q})/2$ および $\mathbf{q} = (\mathbf{p}+\mathbf{q})/2 - (\mathbf{p}-\mathbf{q})/2$ を使うと，$R_H(\mathbf{p}) = \mathbf{q}$ と $R_H(\mathbf{q}) = \mathbf{p}$ が従う． □

超平面に関する鏡映は等長群全体を生成する．つまり鏡映はすべての等長変換の基本操作といえる．より正確に，次の古典的な結果が成り立つ．

● **定理 1.7** ── $\mathbf{R}^n$ の任意の等長変換は高々 $n+1$ 回の鏡映の合成で表される[*10]．

証明 前と同様，$e_1, \ldots, e_n$ を $\mathbf{R}^n$ の標準基底とし，ベクトル $\mathbf{0}, e_1, \ldots, e_n$ に対応する $n+1$ 個の点を考える．f を $\mathbf{R}^n$ の任意の等長変換とし，これらのベクトルの像 $f(\mathbf{0}), f(e_1), \ldots, f(e_n)$ を考える．$f(\mathbf{0}) = \mathbf{0}$ のときは $f_1 = f$ とし，次のステップに進む．そうでない場合は補題 1.6 を使う．H_0 を $\mathbf{0}$ と $f(\mathbf{0})$ から等しい距離にある点のなす超平面とすると，鏡映 R_{H_0} はこの 2 つの点を入れ替える．とくに，$f_1 = R_{H_0} \circ f$ とすると，f_1 は $\mathbf{0}$ を固定する (等長変換の合成として得られる) 等長変換になる．

ここからは同じ議論の繰り返しである．数学的帰納法の仮定として，最初の等長変換 f と高々 i 回の鏡映の合成により，$\mathbf{0}, e_1, \ldots, e_{i-1}$ をすべて固定する等長変換 f_i が得られているとする．$f_i(e_i) = e_i$ ならば $f_{i+1} = f_i$ とおく．そうでない場合は H_i を e_i と $f_i(e_i)$ から等距離にある点からなる超平面とする．f_i は等長変換であるから $\mathbf{0}, e_1, \ldots, e_{i-1}$ は e_i と $f_i(e_i)$ から等距離にあり，したがって H_i 上にある．R_{H_i} は $\mathbf{0}, e_1, \ldots, e_{i-1}$ を固定し，e_i と $f_i(e_i)$ を入れ替える．よって，合成 $f_{i+1} = R_{H_i} \circ f_i$ は $\mathbf{0}, e_1, \ldots, e_i$ を固定する等長変換である．

このステップを $n+1$ 回繰り返すと，f と高々 $n+1$ 回の鏡映の合成で，$\mathbf{0}, e_1, \ldots, e_n$ をすべて固定する等長変換 f_{n+1} に辿り着く．しかし，定理 1.5 の証明で見たように f_{n+1} は恒等写像でなければならず，よって最初の等長変換 f は高々 $n+1$ 回の鏡映の合成で表される． □

[*10] 高々 $n+1$ 回とは $n+1$ 回以下という意味．

○ **注意** —— 等長変換 f が原点を固定するとわかっている場合は，上の証明は f が高々 n 回の鏡映の合成で表せることを示している．上の定理を $n = 2$ の場合に適用するとユークリッド平面の任意の等長変換は高々 3 回の鏡映の合成で書け，また，後の章で導入される球面幾何や双曲幾何のいずれにおいても類似した結果を得ることができる．

1.3 | 群 $O(3, \mathbf{R})$

$\mathrm{Isom}(\mathbf{R}^n)$ は，原点を固定する等長変換で構成される自然な部分群をもつ．とくに，この部分群は高々 n 回の鏡映の合成で表すことができる．定理 1.5 より，この部分群は $n \times n$ 直交行列のなす群 $O(n) = O(n, \mathbf{R})$，つまり**直交群**と同一視することができる．$A \in O(n)$ は

$$\det A \det A^t = \det(A)^2 = 1$$

より $\det A = \pm 1$ を満たす．$\det A = 1$ を満たす元で構成される $O(n)$ の部分群は $SO(n)$ と書かれ，**特殊直交群**と呼ばれる．$A \in SO(n)$ と $\mathbf{b} \in \mathbf{R}^n$ により $f(\mathbf{x}) = A\mathbf{x} + \mathbf{b}$ の形で定まる $\mathbf{R}^n$ の等長変換のことを $\mathbf{R}^n$ の**向きを保つ等長変換**という．これらは偶数回の鏡映の合成で表される等長変換である．

○ **例** —— 群 $O(2)$ を考えよう．これは $\mathbf{R}^2$ の原点を固定する等長変換のなす群と同一視することができる．直交行列の定義から

$$A = \begin{pmatrix} a & b \\ c & d \end{pmatrix} \in O(2) \Leftrightarrow a^2 + c^2 = 1, b^2 + d^2 = 1, ab + cd = 0$$

となる．このような行列 $A \in O(2)$ は $0 \leq \theta, \phi < 2\pi$ を使って

$$a = \cos\theta, \quad c = \sin\theta,$$
$$b = -\sin\phi, \quad d = \cos\phi$$

と書くことができる．このとき，等式 $ab + cd = 0$ は $\tan\theta = \tan\phi$ と表され，よって $\phi = \theta$ あるいは $\phi = \theta \pm \pi$ となる．

$\phi = \theta$ の場合には

$$A = \begin{pmatrix} \cos\theta & -\sin\theta \\ \sin\theta & \cos\theta \end{pmatrix}$$

は θ に関する反時計回りの回転を表し，とくに $\det A = 1$ が成り立つ．よってこれは 2 回の鏡映の合成である．$\phi = \theta \pm \pi$ の場合は

$$A = \begin{pmatrix} \cos\theta & \sin\theta \\ \sin\theta & -\cos\theta \end{pmatrix}$$

は x-軸との角度が $\theta/2$ となるように引いた直線に関する鏡映であり，とくに $\det A = -1$ が成り立つ．

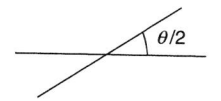

以上をまとめると，$SO(2)$ の元は原点を中心とする $\mathbf{R}^2$ の回転に対応する一方，$O(2)$ の元で $SO(2)$ に属さないものは，原点を通る直線に関する鏡映に対応している．

この節では $n=3$ の場合について詳しく解説する．$A \in O(3)$ とする．まず $A \in SO(3)$，つまり

$$\boxed{\det A = 1}$$

の場合について考える．このとき

$$\det(A-I) = \det(A^t - I) = \det A(A^t - I) = \det(I-A)$$
$$\Longrightarrow \det(A-I) = 0$$

となり，$+1$ は固有値となる．したがって $Av_1 = v_1$ となる固有ベクトル v_1 が存在する（ここで $\|v_1\| = 1$ と仮定できる）．v_1 で生成される空間の直交補空間を $W = \langle v_1 \rangle^\perp$ とおく．$w \in W$ に対して $(Aw, v_1) = (Aw, Av_1) = (w, v_1) = 0$ が成り立ち，よって $A(W) \subset W$ となる．さらに $A|_W$ は 2 次元空間 W の原点を固定する等長変換で，かつ行列式が 1 であるから，これは W の回転となる．$\{v_2, v_3\}$ を W の直交基底とすると，A の $\mathbf{R}^3$ への作用は，直交基底 $\{v_1, v_2, v_3\}$ に関して，行列

$$\begin{pmatrix} 1 & 0 & 0 \\ 0 & \cos\theta & -\sin\theta \\ 0 & \sin\theta & \cos\theta \end{pmatrix}$$

で表される．これは v_1 で生成される軸に関する角度 θ の回転に他ならない．よってこれは 2 回の鏡映の合成で表すことができる．

さて，次に

$$\boxed{\det A = -1}$$

について考えてみる．先程の議論から，$-A$ が上の回転行列となるように直交基底を選ぶことができる．つまり，$\phi = \theta + \pi$ として，A を

$$\begin{pmatrix} -1 & 0 & 0 \\ 0 & \cos\phi & -\sin\phi \\ 0 & \sin\phi & \cos\phi \end{pmatrix}$$

とおけばよい．このような行列 A は **回転鏡映**，すなわちある軸を中心に角度 ϕ の回転を行い，さらにその軸に直交する平面に関して鏡映を行うという写像で表される．$\phi = 0$ のときは特別な場合で，A は単なる鏡映となる．一般の回転鏡映は 3 回の鏡映の合成で表すことができる．

○ **例** ── 正 4 面体 **T** の対称群により構成される $\mathbf{R}^3$ の剛体運動を考える．**T** の中心を原点としておく．

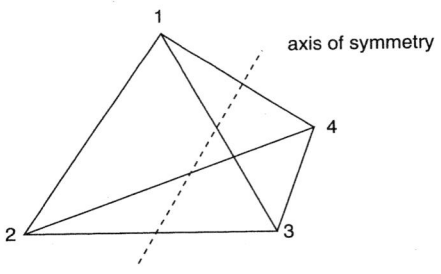

明らかに **T** の対称群は S_4，つまり 4 つの頂点がなす対称群[*11)]であり，**T** の回転群は A_4 である[*12)]．恒等写像以外の回転群の元は，ある 1 つの頂点と，その対面の中心を通る軸に関する角度 $\pm 2\pi/3$ の回転か，あるいは，向かい合う 2 辺の中点を通る軸に関する角度 π の回転となる．最初の回転は 8 種類あり，2 つ目の回転は 3 種類あるから，A_4 の元の数 12 と合致している．

ここで **T** の回転以外の対称性について考えてみよう[*13)]．**T** の各辺について，それを含む，鏡映を与える平面が 1 つ存在する．そのような鏡映は 6 つあり，したがって，他の対称性をあと 6 つ探せばよいことになる．実は，これら

[*11)] n 個の点の置換全体を n **次対称群** といい，S_n と書く．S_n の元の数は $n!$ である．

[*12)] A_n は偶数置換全体からなる S_n の部分群であり，n **次交代群** という．A_n の元の数は $n!/2$ である．

[*13)] 7 ページで述べたように，対称性とは等長変換のことである．

は向かい合う 2 辺の中点を通る直線を軸に角度 $\pm\pi/2$ 回転させてから鏡映を行う回転鏡映により与えられる．この軸に関する $\pm\pi/2$ 回転も，それと直交する平面に関する鏡映も，いずれも **T** の対称性を表すものではないが，その合成は **T** の対称性を与える．

1.4 | 曲線とその長さ

このコースで扱ういずれの幾何においても，幾何を調べるにはその上の曲線が重要になる．はじめに一般の距離空間 (X, d) 内の曲線について説明し，その後，特別な場合である $\mathbf{R}^n$ 内の曲線を扱うことにする．

● **定義 1.8** —— 実閉区間 $[a, b]$ から距離空間 (X, d) への連続関数 $\Gamma: [a, b] \to X$ を (X, d) 内の**曲線**（あるいは**道**）という．パラメータ[*14)]を線形変換で置き換えることにより，必要であれば $\Gamma: [0, 1] \to X$ と仮定できる．距離空間 (X, d) について，その任意の 2 点が連続な道で結ばれるとき，X は**弧状連結**であるという．

弧状連結性と似た概念に距離空間 (あるいは位相空間) X の連結性がある；X を 2 つの互いに交わらない，またいずれも空集合でない開部分集合に分割することができないとき，X は**連結**であるという．同値な条件として，X から 2 元集合 $\{0, 1\}$ への全射な連続関数が存在しないともいえる．なぜなら，そのような関数 f が存在したとすると $X = f^{-1}(0) \cup f^{-1}(1)$ であり，X は連結ではない (つまり，**不連結**である)；逆に，互いに交わらない，いずれも空集合でない 2 つの開部分集合 U_0, U_1 を使って $X = U_0 \cup U_1$ と書けたとすると，U_0 に含まれる元は 0 に，U_1 に含まれる元は 1 に対応すると決めることで，X から $\{0, 1\}$ への連続関数が定義できる．連結性と弧状連結性はいずれもその定義から，同相写像で不変という位相的性質であることが簡単に確認できる．

X が弧状連結ならば，それは連結である．なぜなら，そうでないと仮定すると全射な連続関数 $f: X \to \{0, 1\}$ が存在することになる．すると，f による値が 0 となる点 P と 1 となる点 Q を選ぶことができ，P と Q を結ぶ道を Γ とすると，$f \circ \Gamma: [a, b] \to \{0, 1\}$ は全射な連続関数であり，これは中間値の定理に

[*14)] 曲線あるいは曲面を写像で表示した際の定義域の座標をとくに**パラメータ**と呼ぶ．**助変数**あるいは**径数**ともいう．

反する．このコースで扱う距離はすべて**局所弧状連結**，すなわち X の各点が弧状連結な開近傍をもつ，という性質をもっている．そのような空間については，連結ならば弧状連結という逆の主張を示すことは難しくなく (演習 1.7)，よって 2 つの概念は一致することになる (一般にはこれは正しくない[*15])．よってとくに $\mathbf{R}^n$ の開部分集合について 2 つの概念は一致する．

● **定義 1.9** —— 距離空間 (X, d) 上の曲線 $\Gamma : [a, b] \to X$ について，N を任意の自然数として，$[a, b]$ の分割

$$\mathcal{D} : a = t_0 < t_1 < \cdots < t_N = b$$

を考える．$P_i = \Gamma(t_i)$, $s_\mathcal{D} := \sum d(P_i, P_{i+1})$ とおく．

Γ の**長さ** l を，$\sup_\mathcal{D} s_\mathcal{D}$ が有限の値をとるとき，

$$l = \sup_\mathcal{D} s_\mathcal{D}$$

で定義する[*16]．次の図は $\mathbf{R}^n$ 内の曲線について，その長さの定義方法を図示したものである．

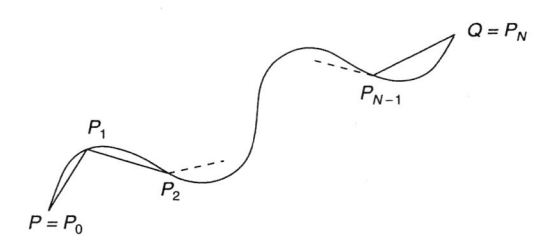

$\mathcal{D}'$ を $\mathcal{D}$ の**細分**(分割の点をさらに加えること) とすると，3 角不等式から $s_\mathcal{D} \leq s_{\mathcal{D}'}$ が得られる．さらに，与えられた 2 つの細分 $\mathcal{D}_1$ と $\mathcal{D}_2$ について，分割の点としてそれぞれの分割点集合の和集合をとることで，それらの共通の細分 $\mathcal{D}_1 \cup \mathcal{D}_2$ が得られる．これを使って，$\mathrm{mesh}(\mathcal{D}) = \max_i (t_i - t_{i-1})$ とおいて，曲線の長さを $l = \lim_{\mathrm{mesh}(\mathcal{D}) \to 0} s_\mathcal{D}$ と定義することもできる[*17]．注意として，l はすべての分割 $\mathcal{D}$ について $l \geq s_\mathcal{D}$ を満たす最小の実数である．a, b の 2 点のみを分割点として選ぶと，$l \geq d(\Gamma(a), \Gamma(b))$ が得られる．ユークリッ

[*15)] $y = \sin \frac{1}{x}$ のグラフを使った例が有名である．たとえば [内田] の 136 ページの例 25.4 を参照．
[*16)] 実数集合の部分集合 A のすべての元 x に対し $x \leq a$ となる最小の a を A の**上限**といい，$a = \sup A$ と書く．文中の $\sup_\mathcal{D} s_\mathcal{D}$ は $\mathcal{D}$ が動いたときの実数の集合 $\{s_\mathcal{D}\}$ の上限のこと．
[*17)] mesh は網目などの意味．ここでの mesh は文中の式で定義される関数である．

ド空間の場合でいうと，2つの端点を結ぶ曲線の中で，最小の長さを実現するものはまっすぐな直線である (演習 1.8)，ということに対応している．

有限の長さをもたない曲線 $\Gamma : [a,b] \to \mathbf{R}^2$ は，($[a,b]$ が有限の実閉区間であるにも関わらず) 実際に存在する (たとえば演習 1.9 を参照)．しかし，後で述べる命題 1.10 より，曲線が十分良い性質をもっていれば，そのようなことは起こらないことがわかる．たとえば X を弧状連結な $\mathbf{R}^n$ の開部分集合とすると，任意の2点を有限の長さの曲線で結ぶことができる．しかしながら，たとえば $\mathbf{R}^2$ 上のイギリス鉄道距離はこの性質を満たさない：この空間は確かに弧状連結であるが，定値写像で与えられる曲線以外は，すべて無限の長さをもつことが簡単に確認できる．

距離空間 (X,d) について，X の任意の2点 P,Q に対して

$$d(P,Q) = \inf\{\ \Gamma \text{の長さ} \ : \ \Gamma \text{ は } P \text{ と } Q \text{ を結ぶ曲線}\ \}$$

が成り立つとき[*18]，(X,d) は**弧長空間**であるといい，その距離を**内在的距離**という．実際，任意の2点が有限の長さの曲線で結べるという性質をもつ距離空間 (X,d_0) から，上のレシピに従って，つまり $d(P,Q)$ を2点を結ぶ曲線の長さの下限と**定義**することで，X 上の距離 d を定義することができる．これが距離であることは簡単に確認でき，さらに演習 1.17 により (X,d) が弧長空間であることがわかる．

○ **例** —— X を $\mathbf{R}^2$ の弧状連結な開部分集合とし，d_0 をユークリッド距離とすると，$d(P,Q)$ を P と Q を結ぶ X 上の曲線の長さの下限とすることで内在的距離 d が誘導される[*19]．一般にはこれはユークリッド距離にならない

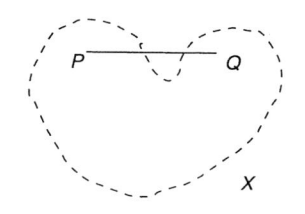

[*18] 実数集合の部分集合 A のすべての元 x に対し $x \geq a$ となる最大の a を A の**下限**といい，$a = \inf A$ と書く．

[*19] ここでは距離 d_0 から距離 d が定まっている．このようにある距離から別の距離が何らかのレシピにより定まるとき，これを**誘導される距離**という．より一般に関数や写像などの場合についても，この用語は使われる．

ことが，簡単な例からわかる．さらに，距離 $d(P,Q)$ は一般には P と Q を結ぶ曲線の長さとして実現できるとは限らない．たとえば $X = \mathbf{R}^2 \setminus \{(0,0)\}$ とすると，内在的距離 d は単にユークリッド距離 d_0 であるが，$P = (-1,0)$ と $Q = (1,0)$ について，P と Q を結び，長さ $d(P,Q) = 2$ を実現する曲線は存在しない．

このコースで学ぶ幾何は弧長空間としての距離をもつ．さらに，重要な幾何のほとんどについて，その空間は 2 点の距離がそれらを結ぶある曲線の長さとして実現できるという性質をもっている．この性質をもつ弧長空間を**測地空間**という．第 7 章で述べる測地線の定義とは (近い関係にはあるが) 少し異なるが，この最小の長さを与える曲線を**測地線**と呼ぶこともある．($\mathbf{R}^2$ の適当な商集合に定義される) ロンドン地下鉄距離には，2 点に対し最短距離を実現するルートが (一意的でないかもしれないが) 必ず存在することから，これは測地空間であることがわかる．

ここまでは距離空間上の曲線について話をしてきたが，ここで重要な例である $\mathbf{R}^3$ 内の曲線について考えてみよう．このコースで扱う幾何では，通常，曲線 Γ に対して単に連続というよりもより強い条件を課す．第 4 章より先では，**区分的連続微分可能**[20]という性質がほとんどつねに仮定される．$\mathbf{R}^3$ 内にそのような曲線が与えられたとすると，定義からそれは有限個の連続微分可能な区間に分割される．その曲線の長さを求めるためには，これらの区間の長さを求めればよく，したがって Γ が連続微分可能な場合に話は帰着される．

● **命題 1.10** —— $\Gamma : [a,b] \to \mathbf{R}^3$ が連続微分可能であるならば，

$$\Gamma \text{の長さ} = \int_a^b \|\Gamma'(t)\|\, dt$$

が成り立つ．ここで被積分関数はベクトル $\Gamma'(t) \in \mathbf{R}^3$ のユークリッドノルムである．

証明 $\Gamma(t) = (f_1(t), f_2(t), f_3(t))$ とおく．$s \neq t \in [a,b]$ に対し，中間値の定理より

---

[20] 曲線を表す関数が微分可能でさらにその導関数が連続であるとき，その曲線は**連続微分可能**であるという．曲線を各区間において連続微分可能になるように有限個の区間に分割できるとき，その曲線は**区分的連続微分可能**という．

$$\frac{\Gamma(t)-\Gamma(s)}{t-s}=(f_1'(\xi_1),f_2'(\xi_2),f_3'(\xi_3))$$

となる $\xi_i \in (s,t)$ が存在する．f_i' は $[a,b]$ 上で連続であるから，これらは後の補題 1.13 で述べるように，一様連続という性質を満たす．したがって任意の $\varepsilon > 0$ に対し，$1 \leq i \leq 3$ について

$$|t-s| < \delta \implies |f_i'(\xi_i) - f_i'(\xi)| < \frac{\varepsilon}{3} \quad (\xi は [s,t] の任意の元)$$

となる $\delta > 0$ が存在する．このとき，$0 < t-s < \delta$ に対して

$$\|\Gamma(t) - \Gamma(s) - (t-s)\Gamma'(s)\| < \varepsilon(t-s)$$

が成り立つ．ここで $\mathrm{mesh}(\mathcal{D}) < \delta$ を満たす $[a,b]$ の分割

$$\mathcal{D} : a = t_0 < t_1 < \cdots < t_N = b$$

を1つ選ぶ．ユークリッド距離 $d(\Gamma(t_{i-1}),\Gamma(t_i))$ は $\|\Gamma(t_i) - \Gamma(t_{i-1})\|$ と等しいから，3角不等式より

$$\sum (t_i - t_{i-1})\|\Gamma'(t_{i-1})\| - \varepsilon(b-a) < s_\mathcal{D}$$
$$< \sum (t_i - t_{i-1})\|\Gamma'(t_{i-1})\| + \varepsilon(b-a)$$

が得られる．$\|\Gamma'(t)\|$ は連続であるからこれはリーマン積分であり，$\mathrm{mesh}(\mathcal{D}) \to 0$ のとき

$$\sum (t_i - t_{i-1})\|\Gamma'(t_{i-1})\| \to \int_a^b \|\Gamma'(t)\|\,dt$$

となる．よって

$$\Gamma の長さ := \lim_{\mathrm{mesh}(\mathcal{D}) \to 0} s_\mathcal{D}$$
$$= \int_a^b \|\Gamma'(t)\|\,dt$$

が成り立つ． □

(区分的に) 連続微分可能な曲線 $\Gamma : [a,b] \to \mathbf{R}^n$ に対しても，この証明を直接拡張して，曲線の長さは $\|\Gamma'\|$ を積分すれば求まることが示せる．

1.5 | 完備性とコンパクト性

距離空間に対してよく使われる条件をさらに2つ述べる．1つは距離的に定義されるもので，もう1つは位相的に定義されるもの，すなわち完備性とコン

パクト性である．読者によってはすでにこれらの概念に馴染んでいるかもしれないが，その場合はこの節を飛ばして構わない．ここでの説明は標準的な理論の簡単な解説にとどめる．詳細については [13] のような適当な本を参照して欲しい[*21]．

● **定義 1.11** —— 距離空間 (X, d) 内の点列 $x_1, x_2, \ldots$ は，任意の $\varepsilon > 0$ に対して，「$m, n > N$ ならば $d(x_m, x_n) < \varepsilon$」となる整数 N が存在するとき，これを**コーシー列**という．任意のコーシー列 (x_n) が X 内で極限，つまり $n \to \infty$ のとき $d(x_n, x) \to 0$ となる点 $x \in X$ をもつとき，その空間 (X, d) は**完備**であるという．そのような極限は明らかに一意的に定まる．

実直線上のコーシー列は収束することはよく知られている．よって，(標準的な距離をもつ) 実直線は完備である．これを $\mathbf{R}^n$ の座標たちに適用することで，ユークリッド空間 $\mathbf{R}^n$ もまた完備であることが簡単にわかる．$\mathbf{R}^n$ の部分集合 X が完備であることと，それが閉集合であることは必要十分である．なぜなら，部分集合が閉集合であることと，すべての極限点がその部分集合に含まれることが同値な条件だからである．

このことからわかるように，$\mathbf{R}^2$ の単位開円板 D は完備ではない．しかしながら，D は完備である $\mathbf{R}^2$ と同相であることをすでに見た．したがって完備性は位相的性質ではなく，距離に依存する性質であることがわかる．このコースで扱う幾何のほとんどは，この完備という性質をもっている．

後の章でよく使われるのが，もう一つの性質であるコンパクト性である．コンパクト性は純粋に開集合の言葉で定義される位相的性質である．

● **定義 1.12** —— 距離空間 X に対し (あるいは，知っている読者はより一般に X を位相空間としてもよい)，開部分集合による X の任意の被覆が有限部分被覆をもつとき，X は**コンパクト**であるという．ここで開部分集合による X の**被覆**とは，ある集合 I を添え字集合とする開部分集合の集まり $\{U_i\}_{i \in I}$ で，その和集合が X 全体となるものである．また X の被覆 $\{U_i\}_{i \in I}$ に対し，I の有限部分集合 $J = \{i_1, \ldots, i_N\}$ が $X = \cup_{j=1}^N U_{i_j}$ を満たすとき，$\{U_i\}_{i \in J}$ を X の**有限部分被覆**という．コンパクト性は任意の被覆に対し，そのうちの有限

[*21) たとえば [内田] の §26, 27 を参照．

個の開部分集合を，その和集合が X 全体になるようにつねに選べることを意味している．

距離空間に関する標準的な結果として，コンパクト性はもう一つの条件，点列コンパクト性と同値であることが知られている（[13] の第 7 章）．距離空間 (X,d) のすべての点列が収束部分列を含むとき，(X,d) は**点列コンパクト**であるという．実直線上の有界[*22]な閉区間 $[a,b]$ はコンパクトであることは，初等解析のよく知られた基本結果である．コンパクト性の位相的定義を使うと，これはハイネ・ボレルの定理であり，点列コンパクト性によるコンパクト性の特徴付けを使うと，これはボルツァノ・ワイエルストラスの定理である[*23]．この結果は簡単な方法で $\mathbf{R}^n$ に一般化でき（たとえば，ボルツァノ・ワイエルストラスの定理を座標たちに適用すればよい），$\mathbf{R}^n$ 内の任意の閉直方体 $[a_1,b_1]\times\cdots\times[a_n,b_n]$ がコンパクトであることが導ける．

コンパクト性の点列コンパクト性への言い換えを使うと，コンパクト距離空間 X は完備であることがわかる．実際，X が完備でないとすると，コーシー列 (x_n) で X 内に極限をもたないものが存在する．ところが，収束部分列が存在することから，コーシー列の条件より点列全体が収束することがわかり，これはコーシー列 (x_n) の最初の選び方に矛盾する．ユークリッド平面 $\mathbf{R}^2$ と後で出てくる双曲平面が，完備であるがコンパクトでない距離空間の例である．

コンパクト距離空間の非常に有用な性質として，連続関数に関する次の事実を挙げておく．

● **補題 1.13** ── コンパクト距離空間 (X,d) 上の連続関数 $f:X\to\mathbf{R}$ は**一様連続**である．つまり，与えられた $\varepsilon>0$ に対し，「$d(x,y)<\delta$ ならば $|f(x)-f(y)|<\varepsilon$」となる $\delta>0$ が存在する．

証明 各 $x\in X$ について，「$d(y,x)<2\delta(x)$ ならば $|f(y)-f(x)|<\varepsilon/2$」となる $\delta(x)>0$ が存在する．X は開球体 $B(x,\delta(x))$ たちにより被覆される

[*22) $\mathbf{R}^n$ 内の集合 X が半径 r の開球体 $B(\mathbf{0},r)$ に含まれるとき，X は**有界**であるという．
[*23) ハイネ・ボレルの定理は「$\mathbf{R}$ の任意の閉区間はコンパクト」という定理で，位相空間の教科書に書かれている．たとえば [内田] の定理 22.1 を参照．ボルツァノ・ワイエルストラスの定理は「$\mathbf{R}$ 上の有界な数列はつねに収束する部分列をもつ」という定理で，数列の収束を扱っている解析学の教科書に載っている．たとえば [杉浦] の定理 3.4 あるいは [吹田・新保] の定理 5 を参照．

ので，コンパクト性からそれらのうちの有限個の開球体で被覆される．これを $B(x_i, \delta(x_i)), i = 1, \ldots, n$ として，$\delta = \min_i\{\delta(x_i)\}$ とおく．ここで $x, y \in X$ が $d(x, y) < \delta$ を満たすとき，$x \in B(x_i, \delta(x_i))$ となる i が存在することから，その i について $y \in B(x_i, 2\delta(x_i))$ が成り立つ．したがって $|f(x) - f(x_i)| < \varepsilon/2$ と $|f(y) - f(x_i)| < \varepsilon/2$ が成り立ち，よって $|f(x) - f(y)| < \varepsilon$ が得られる． □

コンパクト性に関する基本的な結果をさらに2つ示して，この節を終わりとする．

● **補題 1.14** ―― Y がコンパクト距離空間 X (あるいは位相空間 X) の閉部分集合ならば Y はコンパクトである．

証明 Y の開部分集合は，X のある開部分集合 U により $U \cap Y$ という形で書くことができる．X が距離空間である場合は理由は単に，開部分集合は開球体の和集合で与えられるという特徴付けがあり，$y \in Y$ を中心とする X 内の開球体を Y に制限したものが Y の開球体だからである．位相空間で考えた場合は，これは位相空間の部分空間の開集合の定義より正しいことがわかる．

ここで $\{V_i\}_{i \in I}$ を Y の開被覆，つまり開部分集合による Y の被覆としたとき，各 V_i は X の適当な開部分集合 U_i を使って $V_i = U_i \cap Y$ と表すことができる．したがって，これらの開集合 U_i の和集合は Y を含み，ゆえにこれらの開集合と開集合 $X \setminus Y$ は X の被覆となる．X のコンパクト性から有限部分被覆が存在し，したがって有限個の U_i をその和集合が Y を含むように選べることになる．よって，ある有限個の V_i が Y を被覆することがわかる． □

この結果とその前に述べた結果を合わせると，$\mathbf{R}^n$ の閉かつ有界な部分集合 X は $\mathbf{R}^n$ のある閉直方体の閉部分集合であるから，コンパクトであることがわかる．よって，たとえば単位球面 $S^n \subset \mathbf{R}^{n+1}$ はコンパクトである．簡単な方法で逆が正しいことも確認できる．つまり，$\mathbf{R}^n$ の任意のコンパクト部分集合は閉かつ有界である (演習 1.10)．

● **補題 1.15** ―― $f : X \to Y$ を距離空間 (あるいは，位相空間) の間の連続な全射とし，X をコンパクトとする．このとき Y もコンパクトである．

証明 これはコンパクト性の定義から直接従う．$\{U_i\}_{i \in I}$ を Y の開被覆とする．このとき $\{f^{-1}U_i\}_{i \in I}$ は X の開被覆であり，よって仮定から有限部分被覆

をもつ．全射という条件から，対応する有限個の U_i たちは Y を被覆する． □

この最後の補題を使うことで，演習 1.10 から，コンパクト距離空間上の連続な実数値関数は有界であり，最大値および最小値をもつというよく知られた結果が得られる．

後の章でトーラス面を扱うが，それがコンパクトであることを 2 通りの方法で示すことができる：トーラス面は $\mathbf{R}^3$ の閉かつ有界な部分集合として実現できることを使うか，あるいは，$\mathbf{R}^2$ 内の閉正方形からトーラス面への連続な全射があることを使えばよい．

1.6 | ユークリッド平面内の多角形

これから先の章では測地多角形という概念が鍵となる．この節では，$\mathbf{R}^2$ 内のユークリッド多角形を単純閉折れ線の '内側' として特徴付ける．ただし，これから示す結果はより一般の場合にも適用することができる．

● **定義 1.16** —— 距離空間 X について，曲線 $\gamma : [a,b] \to X$ が $\gamma(a) = \gamma(b)$ を満たすとき，γ は**閉じている**，あるいは γ は**閉曲線**であるという．また，$t_1 < t_2$ に対し $\gamma(t_1) \neq \gamma(t_2)$ が成り立つとき，γ は**単純**であるという．ただし，γ が閉曲線である場合に $\gamma(a) = \gamma(b)$ となるのは例外とする．

ここで有名な例として，$\mathbf{R}^2$ 内の単純閉曲線を挙げておく．この場合，$\mathbf{R}^2$ 内の単純閉曲線の補空間は (γ の**内側**と呼ばれる) 有界な弧状連結成分と (**外側**と呼ばれる) 有界でない弧状連結成分のちょうど 2 つの弧状連結成分に分かれるというジョルダンの閉曲線定理がある．一般には，連続な曲線 γ は非常に複雑になりえるので (それはたとえば局所的に演習 1.9 の曲線のように見えるかもしれない)，これは難易度の高い定理である．以下ではこの定理を γ が**折れ線**，つまり有限個のまっすぐな線分からなる曲線という簡単な場合について証明するが，その証明は後で必要となる他の場合についても適用することができる．証明は 2 つに分けられる：まず補集合が高々 2 つの弧状連結成分しかもたないことを示し，次にこれが実際に 2 成分であることを示す．

● **命題 1.17** —— $\gamma : [a,b] \to \mathbf{R}^2$ を単純閉折れ線とし，像 $\gamma([a,b])$ を $C \subset \mathbf{R}^2$ と書くことにする．このとき，$\mathbf{R}^2 \setminus C$ は高々 2 つの弧状連結成分しかもたない．

証明 各 $P \in C$ について，開球体 $B = B(P, \varepsilon)$ を，$C \cap B$ が半径を表す 2 つの線分となるように選ぶことができる (それらが直径の位置になることもある). 集合 C は補題 1.15 よりコンパクトであり，また，このような開球体の和集合に含まれる．補題 1.14 の証明のように議論を進めると，C はこれらの開球体のある有限個の和集合に含まれることがわかる．これを $U = B_1 \cup \cdots \cup B_N$ とする．

この設定から $U \setminus C$ は 2 つの弧状連結成分 U_1 と U_2 からなることがわかる．なぜなら，曲線 γ に沿って動くとすると，これらの成分のうちの 1 つはつねに左側にあり，もう一方はつねに右側にあるからである．U が有限個の開球体の和集合であるという事実から，下の図に示すように，U_1 の任意の 2 点 P, Q について，これらの点を結ぶ U_1 内の曲線が存在し，同じ議論が U_2 についても成り立つ．

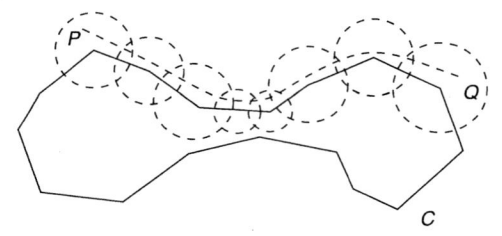

ここで，P, Q を $\mathbf{R}^2 \setminus C$ の任意の 2 点とする．各点に対し，その点と C 上の適当な点を結ぶ道 (たとえばまっすぐな道) を選ぶ．P, Q のいずれについても，C に最初に辿り着く直前に，開集合 U_1 と U_2 のいずれかに入る．もし P を始点とする道と Q を始点とする道が同じ U_i に入っているならば，U_i の弧状連結性から P から Q への $\mathbf{R}^2 \setminus C$ 内の道が存在することになる．よって $\mathbf{R}^2 \setminus C$ は高々 2 つの弧状連結成分しかもたない． □

○ **注意 1.18** ── 上の証明は，単純閉曲線が単に折れ線である場合よりも遥かに広い場合に適用することができる．たとえばこれは γ が円弧と線分で構成されている場合に明らかに拡張できる．さらに，より一般に，各点 $P \in C$ について $\mathbf{R}^2$ 内の開円板 B と**同相な開近傍**で，$C \cap V$ に対応する B 内の曲線が半径を表す 2 つの線分 (それらが直径の位置になることもある) となるものが存在すると仮定した場合も，上の証明を適用することができる．この考察は定理 8.15 の証明で用いられる．

$\mathbf{R}^2$ 内の単純閉折れ線 (そして同じような良い性質をもった曲線) について，補集合が 2 つ以上の弧状連結成分をもつという事実は，**回転数**を使った議論により簡単に従う．回転数はこの本では，適切に良い振舞いをする単純閉曲線の**内側**を厳密に識別するために使われる．ここでは回転数に関する全般的な解説はしない．複素解析のコースを受けた読者はそこで回転数について学んでいるはずである．ここではそうでない読者のために，その主な性質を簡単に述べておく．全般的な詳細については [1] の第 7.2 節を参照して欲しい．

集合 $A \subset \mathbf{C}^* = \mathbf{C} \setminus \{0\}$ に対し，各 $z \in A$ にその偏角 $\arg z$ を対応させる関数 $h : A \to \mathbf{R}$ が連続関数であるとき，h を A の**偏角の連続分岐**という．たとえば，ある $\alpha \in \mathbf{R}$ について $A \subset \mathbf{C} \setminus \mathbf{R}_{\geq 0} e^{i\alpha}$ である場合は[*24]，そのような h の値域は明らかに $(\alpha, \alpha + 2\pi)$ に含まれる．ここで $\mathbf{R}_{\geq 0} = \{r \in \mathbf{R} : r \geq 0\}$ である．他方，$\mathbf{C}^*$ 全体に対しては偏角の連続分岐を選ぶことはできない[*25]．これが回転数が存在する基本的な理由である．A 上に偏角の連続分岐が存在することと，**対数の連続分岐**，つまり各 $z \in A$ について $\exp g(z) = z$ を満たす連続関数 $g : A \to \mathbf{R}$ が存在することは必要十分である．なぜなら，関数 h と g はある $k \in \mathbf{Z}$ を使って関係式 $g(z) = \log|z| + i(h(z) + 2\pi k)$ により関係付けられるからである．

ここで $\gamma : [a, b] \to \mathbf{C}^*$ を任意の曲線とする．各 $t \in [a, b]$ に $\gamma(t)$ の偏角 $\arg(\gamma(t))$ を対応させる連続関数 $\theta : [a, b] \to \mathbf{R}$ を γ の**偏角の連続分岐**という．γ の 2 つの異なる偏角の連続分岐を θ_1 と θ_2 とすると，これらは $(\theta_1 - \theta_2)/2\pi$ が $[a, b]$ 上の連続な整数値関数であるという性質をもち，したがって，中間値の定理より $(\theta_1 - \theta_2)/2\pi$ は定数値関数ということになる．よって γ の 2 つの異なる偏角の連続分岐は 2π の整数倍の違いしかない．部分集合の偏角の連続分岐とは異なり，$\mathbf{C}^*$ 内の曲線の偏角の連続分岐はつねに存在する．曲線の連続性を使うとそれらが $[a, b]$ 上に**局所的**に存在することが簡単にわかり，$[a, b]$ のコンパクト性を使って $[a, b]$ 全体の連続関数を構成することができる ([1] の定理 7.2.1 を参照)．

ここで $\gamma : [a, b] \to \mathbf{C}^*$ を**閉曲線**とする．γ の偏角 θ の任意の連続分岐を 1 つ選んで

[*24] $\mathbf{C} \setminus \mathbf{R}_{\geq 0} e^{i\alpha} = \{z \in \mathbf{C} : z \neq 0 \text{ かつ } \arg z \neq \alpha + 2\pi k \ (k \in \mathbf{Z})\}$ という意味．
[*25] $\mathbf{C}$ の原点の周りを 1 周する $\mathbf{C}^*$ 内の閉曲線を考えると，1 周した際に偏角は必ず 2π ずれるので，連続にはならない．

$$n(\gamma, 0) = (\theta(b) - \theta(a))/2\pi$$

とおくと，この値は一意的に定まる整数になる．この整数 $n(\gamma, 0)$ のことを γ の原点周りの**回転数**あるいは**指数**という．より一般に，任意の閉曲線 $\gamma : [a,b] \to \mathbf{C} = \mathbf{R}^2$ と曲線上に乗っていない点 w について，γ の w 周りの回転数は整数 $n(\gamma, w) := n(\gamma - w, 0)$ で定義される．ここで $\gamma - w$ は $t \in [a, b]$ での値を $\gamma(t) - w$ とする曲線である．直感的には，この整数 $n(\gamma, w)$ は曲線 γ が「w の周りに（どの方向に）何回巻き付いているか」を表している．たとえば γ は3角形の境界を反時計方向に回るとし，w を3角形の内部の点とすると，$n(\gamma, w) = 1$ であることが簡単に確認できる．他方，γ を時計回りに定めると $n(\gamma, w) = -1$ となる．

閉曲線 γ の回転数の基本的性質を次に挙げておく（[1] の第 7.2 節を参照）．

- γ のパラメータを選び直すか，始点を曲線上の別の点に変えても，回転数は変わらない．しかしながら，$-\gamma$ を曲線 γ 上を逆の向きに動く曲線 $(-\gamma)(t) = \gamma(b - (b-a)t)$ とすると，曲線上に乗っていない任意の点 w について

$$n((-\gamma), w) = -n(\gamma, w)$$

  が成り立つ．定値写像が定める曲線 γ については，$n(\gamma, w) = 0$ となる．

- 曲線 $\gamma - w$ が，偏角の連続分岐が定義できる部分集合 $A \subset \mathbf{C}^*$ に含まれているならば，$n(\gamma, w) = 0$ である．これにより，γ が閉球体 $\bar{B}$ に含まれているならば，任意の $w \notin \bar{B}$ について $n(\gamma, w) = 0$ となることが簡単に従う．

- 回転数 $n(\gamma, w)$ は w を変数とする関数として $C := \gamma([a,b])$ の補集合の各弧状連結成分上で定数である．

- $\gamma_1, \gamma_2 : [0, 1] \to \mathbf{C}$ を $\gamma_1(0) = \gamma_1(1) = \gamma_2(0) = \gamma_2(1)$ を満たす2つの閉曲線とすると，

$$\gamma(t) = \begin{cases} \gamma_1(t) & (0 \leq t \leq 1 \text{ のとき}) \\ \gamma_2(t-1) & (1 \leq t \leq 2 \text{ のとき}) \end{cases}$$

  と定義することで，**つないだ道** $\gamma = \gamma_1 * \gamma_2 : [0, 2] \to \mathbf{C}$ を作ることができる．このとき，$\gamma_1 * \gamma_2$ の像に含まれない w について

$$n(\gamma_1 * \gamma_2, w) = n(\gamma_1, w) + n(\gamma_2, w)$$

が成り立つ．

● **命題 1.19** ── 単純閉折れ線 $\gamma : [a,b] \to \mathbf{C} = \mathbf{R}^2$ について，γ の像 C に乗っていない点 w で $n(\gamma, w) = 1$ あるいは $n(\gamma, w) = -1$ となるものが存在する．したがって，先程の結果を踏まえると，C の補集合の弧状連結成分はちょうど 2 つ存在する．

証明 $t \in [a,b]$ に対し，連続関数 $\|\gamma(t)\|$ を考える．これは閉区間上の連続関数であり，演習 1.10 より最大値と最小値をもつ．したがって，$d(0, P_2)$ が最大値となる点 $P_2 \in C$ が存在する．このとき P_2 が折れ線の頂点であることは明らかである．原点からの最大の距離 d を実現する折れ線上の点が 2 つ以上ある場合は，それらのうちの 1 つを P_2 として選び，図に示すように原点を微小距離 ε だけずらして，それを $0'$ することで，P_2 の一意性を確保しておく．C のすべての点は 0 を中心とする半径 d の閉円板に含まれ，よって P_2 以外のすべての点は $0'$ を中心とする半径 $d + \varepsilon$ の開円板に含まれる．

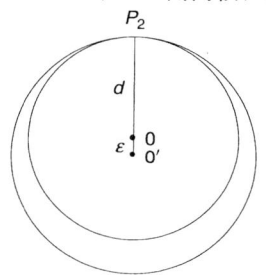

P_1 と P_3 を P_2 の直前および直後の頂点とし，l を P_1 から P_3 への適当にパラメータ付けされた線分とする．

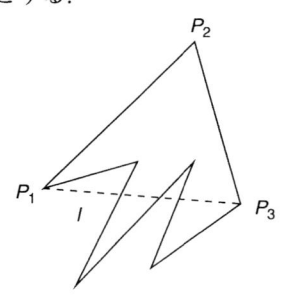

γ から頂点 P_2 をなくし，P_1 から P_3 まで l に沿ってまっすぐ進む（一般には，もはや単純ではない）閉折れ線を γ_1 とする．明らかに，γ_1 は $\delta < d(0, P_2)$ を

半径とする閉球体 $\bar{B}(0,\delta)$ に含まれる．よって P_2 に十分近い任意の点 w について，$n(\gamma_1,w)=0$ が成り立つ．3角形の道 $P_3P_1P_2P_3$ を γ_2 とする．ここで P_3 から P_1 への線分上のパラメータ付けは γ_1 の線分 P_1P_3 のパラメータとは反対向きになっているとする．回転数の基本的性質から，$\gamma_1 * \gamma_2$ の像に含まれないすべての点 w について $n(\gamma_1 * \gamma_2, w) = n(\gamma, w)$ となる（なぜなら，線分 l からの2つの寄与は逆向きであるから，よってキャンセルし合う）．さらに回転数の定義からすぐに，3角形 $P_1P_2P_3$ の内部にある任意の点 w について，回転数は $n(\gamma_2, w) = \pm 1$ となることがわかる．ここで符号は，γ_2 が3角形の周囲を反時計に回るときに正とする．これらの事実を合わせると，3角形の内部にあり，かつ P_2 に十分近い点 w に対して

$$n(\gamma, w) = n(\gamma_1 * \gamma_2, w) = n(\gamma_1, w) + n(\gamma_2, w) = \pm 1$$

が得られる．γ は閉球体に含まれているから，その球体の外側にある点 w に対しては $n(\gamma, w) = 0$ が成り立つ．よって後半の主張はこの2つの結果と回転数の3つ目の性質より従う． □

○ **注意 1.20** —— 上の証明は再び，単純閉折れ線に対してだけでなく，より広い場合に適用することができる．たとえば，γ は円弧と線分からなるとする．前と同様，$d(0,P_2)$ が最大となる点 $P_2 \in C$ を選ぶ．そのような点は前と同じ議論によりただ一つ存在すると仮定してよい．P_2 が頂点でなければ，それは P_1 と P_3 を端点とする円弧の内点でなければならない．P_2 が頂点である場合は，P_1 および P_3 を P_2 の直前および直後の頂点とする．前と同様，l を P_1 から P_3 への線分とする．γ_1 を γ から得られる，l に沿って P_1 から P_3 にまっすぐ動く曲線とし，γ_2 を P_1 から P_3 へ P_2 を経由して（曲線 γ に沿って）移動し，l に沿って P_1 に戻る道とすると，P_2 が頂点であるかないかに関わらず，先程の議論をそのまま適用することができる．

● **定義 1.21** —— $C \subset \mathbf{R}^2$ を像とする単純閉折れ線について，C はコンパクトであり，したがって演習 1.10 より有界である．よって C はある閉球体 $\bar{B}$ に含まれる．$\bar{B}$ の補集合にある任意の2点は道で結べることから，$\mathbf{R}^2 \setminus C$ の2つの連結成分のうち1つは，$\bar{B}$ の補集合を含む．つまり**有界ではない**．一方，$\mathbf{R}^2 \setminus C$ のもう一つの連結成分は $\bar{B}$ に含まれ，よって**有界である**．有界な連結成

分の閉包*26)は有界な連結成分それ自身と C との和集合であるが，これを $\mathbf{R}^2$ の**閉多角形**あるいは**ユークリッド多角形**と呼ぶ．ユークリッド多角形は $\mathbf{R}^2$ 内で閉かつ有界であるから，よってこれもコンパクトである．

演習問題

1.1 ABC を $\mathbf{R}^2$ 内の 3 角形とする．3 辺のそれぞれの垂直 2 等分線が一点 O で交わり，さらにそれは A, B, C を通る円の中心であることを示せ．

1.2 f をあるアファイン超平面 H 上のすべての点を固定する $\mathbf{R}^n$ の等長変換とする．このとき，f は恒等写像であるか，あるいは鏡映 R_H であることを示せ．

1.3 l と l' を $\mathbf{R}^2$ 上の 2 本の異なる直線で，点 P において角度 α で交わるとする．対応する鏡映の合成 $R_l R_{l'}$ が P を中心とする角度 2α の回転であることを示せ．また，l と l' が平行であるとき，その合成は平行移動であることを示せ．最後に，3 回以上の鏡映の合成を必要とする $\mathbf{R}^2$ の等長変換の例を挙げよ．

1.4 $R(P, \theta)$ を $\mathbf{R}^2$ 上の P を中心とする角度 θ の時計回りの回転とする．A, B, C を $\mathbf{R}^2$ 上の 3 角形の頂点とし，記号 A, B, C は時計回りに付けられているとする．3 角形 ABC の頂点 A, B, C における内角を α, β, γ としたとき，合成 $R(A, \theta) R(B, \phi) R(C, \psi)$ が恒等写像であることと $\theta = 2\alpha, \phi = 2\beta, \psi = 2\gamma$ が成り立つことが必要十分であることを示せ．

1.5 G を $\mathrm{Isom}(\mathbf{R}^m)$ の有限部分群とする．原点の G による軌道*27)の重心を考え，定理 1.5 を使うことで (あるいは他の方法で)，G が $\mathbf{R}^m$ 内に固定点をもつことを示せ．G を $\mathrm{Isom}(\mathbf{R}^2)$ の有限部分群とすると，それが巡回群か，**2 面体群**(つまり，$D_4 = C_2 \times C_2$ あるいは $n \geq 3$ について正 n 角形の対称群 D_{2n}) となることを示せ．ここで C_2 は位数 2 の巡回群を表す*28)．

1.6 $\mathbf{R}^2$ 内のユークリッド 3 角形の内部は単位開円板と同相であることを示せ．

1.7 (X, d) を距離空間とする．X のすべての点は弧状連結な開近傍をもつと

---

*26) 距離空間 X 内の集合 A について，A を含む X 内の最小の閉集合を A の**閉包**という．
*27) G の元による点 x の像全体の集合を G による x の**軌道**という．
*28) 有限群 G に含まれる元の個数を G の**位数**という．また，ある群の元 g に対し，$g^n = e$ となる最小の正の整数 n を元 g の**位数**という．

仮定する．X が連結のとき，それが弧状連結であることを示せ．また，$\mathbf{R}^n$ の連結な開部分集合はつねに弧状連結であることを導け．さらにこの場合，任意の 2 点は折れ線で結べることを示せ．

1.8 ユークリッド空間内の 2 点を結ぶ連続な最短曲線は単調にパラメータ付けされたまっすぐな直線であることを示せ．

1.9 $t > 0$ について $\gamma(t) = (t, t\sin(1/t))$ かつ $\gamma(0) = (0,0)$ で定まる平面曲線 $\gamma : [0,1] \to \mathbf{R}^2$ は有限の長さをもたないことを示せ[*29]．

1.10 点列コンパクト性を使って，$\mathbf{R}^n$ の任意のコンパクト部分集合が閉かつ有界であることを示せ．また，コンパクト距離空間上の連続な実数値関数は有界であり，最大値および最小値をもつことを導け．

1.11 $f : [0,1] \to \mathbf{R}$ を連続写像とする．f の像は $\mathbf{R}$ の閉区間であることを示せ．さらに f が単射のとき，f はその像への同相写像であることを示せ．

1.12 R を平面上の多角形とする．原点から最も遠い R 上の点を考えることで，内角が $< \pi$ となる R の頂点が少なくとも 1 つ存在することを示せ．

1.13 z_1 と z_2 を $\mathbf{C}^*$ 上の異なる 2 点とし，$\Gamma : [0,1] \to \mathbf{C}^*$ を $\Gamma(0) = z_1$ かつ $\Gamma(1) = z_2$ となる連続な曲線とする．さらに任意の $0 \leq t \leq 1$ について，半直線 $\arg(z) = \arg(\Gamma(t))$ が Γ とただ 1 点 $\Gamma(t)$ で交わると仮定する．半径方向の 2 つの線分 $[0, z_1]$，$[z_2, 0]$ と Γ をつないで得られる単純閉曲線を γ とする．この曲線の $\mathbf{C}$ 内での補集合がちょうど 2 つの連結成分からなり，1 つは有界であり，もう 1 つは有界ではなく，また，有界な連結成分の閉包は 0 と $\Gamma(t)$ を結ぶ線分の $0 \leq t \leq 1$ についての和集合であることを示せ．

1.14 前問の単純閉曲線 γ の $\mathbf{C}$ 内での補集合の有界な連結成分がユークリッド 3 角形の内部と同相であることを示せ．したがって，演習 1.6 より，これは $\mathbf{R}^2$ 内の開円板と同相である．[これは $\mathbf{R}^2$ 内の任意の単純閉曲線の補集合の有界成分に関して一般的に成り立つ結果である．]

1.15 $\mathbf{R}^3$ 内の原点を中心とする立方体について，回転群が S_4 と同型であることを示せ．ここで S_4 は 4 本の長い対角線の置換群と考える．また，対称群は $C_2 \times S_4$ と同型であることを示せ．この対称群の等長変換に回転鏡映はいくつあるか (そして純粋な鏡映でないものはいくつあるか)？さ

[*29] 平面内に像をもつ曲線のことを**平面曲線**という．

らに，これらの回転鏡映を，回転の軸と角度を具体的に与えることで幾何的に説明せよ．

1.16 距離空間 (X, d) の閉部分集合 F について，実数値関数 $d(x, F) := \inf\{d(x, y) : y \in F\}$ は連続であり，かつ x についての関数として F の補集合上で正であることを示せ．$K \subset X$ を F とは交わらない，X のコンパクトな部分集合としたとき，演習 1.10 から距離

$$d(K, F) := \inf\{d(x, y) : x \in K, y \in F\}$$

は正であることを導け．[$d(x, F)$ を x から F までの**距離**といい，$d(K, F)$ をこれらの 2 つの部分集合の間の**距離**という．]

1.17 (X, d_0) を任意の 2 点が有限の長さの曲線で結べる距離空間とし，d を第 1.4 節で定義した，曲線の長さの下限により誘導される距離とする．任意の曲線 $\gamma : [a, b] \to X$ について，2 つの距離から定まる γ の長さをそれぞれ $l_{d_0}(\gamma)$ および $l_d(\gamma)$ と書くことにする．

(a) $P, Q \in X$ に対し，$d_0(P, Q) \leq d(P, Q)$ となることを示せ．$l_{d_0}(\gamma) \leq l_d(\gamma)$ を導け．

(b) $[a, b]$ の任意の分割 $\mathcal{D} : a = t_0 < t_1 < \cdots < t_N = b$ に対し，$1 \leq i \leq N$ について

$$d(\gamma(t_{i-1}), \gamma(t_i)) \leq l_{d_0}(\gamma|_{[t_{i-1}, t_i]})$$

が成り立つことを示せ．

(c) (b) の不等式を足し上げることで，$l_d(\gamma) \leq l_{d_0}(\gamma)$ を導け．よって (a) より 2 つの長さは等しいことがわかる．

以上より，d が内在的距離であることを導け．

第2章
球 面 幾 何
Spherical Geometry

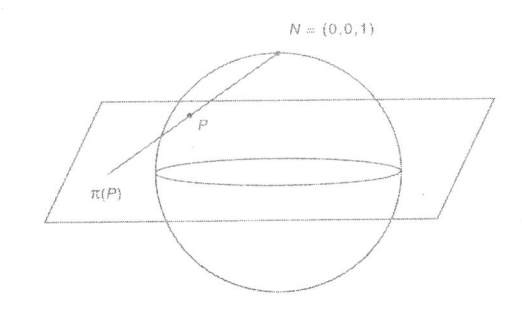

2.1 はじめに

　これからこの本で扱う最初の非ユークリッド2次元幾何，すなわち，球面上の幾何に話を進める．直感的には，これを目で見るのはユークリッド平面と比べても難しくはないはずである．なぜなら，最も身近なもので考えると，我々は球面上，すなわち地球の上に住んでおり，この幾何の上を移動することに慣れているからである．ここで，移動することは曲面上の曲線に対応している．この幾何を半径1の球面に正規化して球面幾何のモデルとする．この章では $O = \mathbf{0}$ を中心とする $\mathbf{R}^3$ 内の単位球面を $S = S^2$ と書き，この2つの表記の両方を適宜使うことにする．

　原点を通る平面と S との交わりを S の**大円**という．大円を S 上の (球面)**直線**と呼ぶことにしよう．対蹠[*30]の位置にない S 上の2点 P と Q を通る直線はただ1つ存在する (つまり，OPQ で定まる平面と S との交わりである)．

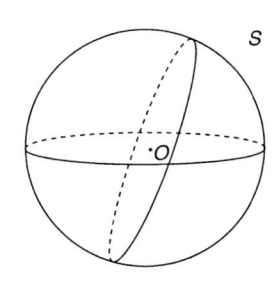

● **定義 2.1** —— S 上の点 P と Q の間の**距離** $d(P,Q)$ を，大円に沿った2つ

[*30] 対蹠は「たいせき」と読む．球面上の2点が原点に関して対称の位置にあるとき，この2点は**対蹠の位置にある**という．また，ある点の対蹠の位置にある点のことをその点の**対蹠点**という．

の線分 PQ の短い方の長さで定義する (ここで, P と Q が対蹠の位置にあるときは, その長さを π とする). この章では, この球面上の距離関数をつねに d で表すことにする.

注意として, $d(P,Q)$ はちょうど $\mathbf{P} = \overrightarrow{OP}$ と $\mathbf{Q} = \overrightarrow{OQ}$ の間の角度であり, $\mathbf{R}^3$ 上のユークリッド内積 $(\mathbf{P},\mathbf{Q}) = \mathbf{P} \cdot \mathbf{Q}$ を使うと, ちょうど $\cos^{-1}(\mathbf{P},\mathbf{Q})$ となる. 後で理由は明らかになるが, 球面直線を S^2 上の測地線あるいは測地直線と呼ぶこともある.

2.2 | 球面 3 角形

● **定義 2.2** —— S 上の球面 3 角形 ABC は頂点 $A, B, C \in S$ により定まる. ここで辺 AB, BC, AC は S 上の長さ $< \pi$ の球面線分[*31]とする.

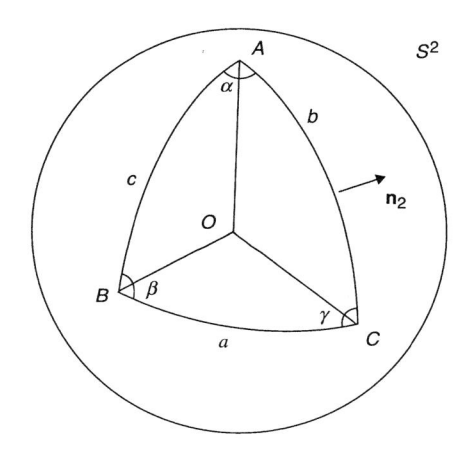

3 角形 ABC はこれらの辺に囲まれる面積 $< 2\pi$ の球面上の領域である —— 辺に関する仮定は, 3 角形がある開半球面に含まれているという仮定と同値である (演習 2.3).

$\mathbf{A} = \overrightarrow{OA}$, $\mathbf{B} = \overrightarrow{OB}$, $\mathbf{C} = \overrightarrow{OC}$ とおくと, 辺 AB の長さは $c = \cos^{-1}(\mathbf{A} \cdot \mathbf{B})$ となり, 辺 BC および CA のそれぞれの長さ a と b についても同様の公式

[*31] 球面直線上の閉区間のこと.

が成り立つ．$\mathbf{R}^3$ 内のベクトルの外積[*32)] を $\times$ と書くことにし，平面 OBC, OAC, OBA の単位法ベクトルを

$$\mathbf{n}_1 = \mathbf{C} \times \mathbf{B}/\sin a$$
$$\mathbf{n}_2 = \mathbf{A} \times \mathbf{C}/\sin b$$
$$\mathbf{n}_3 = \mathbf{B} \times \mathbf{A}/\sin c$$

とおく[*33)]（記号 A, B, C を頂点たちに反時計回りに付けたとすると，この3つの法ベクトルは多面体 $OABC$ の外を向いている）．球面3角形の角度を，辺を定める平面同士の角度で定義する．$\mathbf{n}_2$ と $\mathbf{n}_3$ の間の角度が $\pi + \alpha$ であることに注意すると，$\mathbf{n}_2 \cdot \mathbf{n}_3 = -\cos\alpha$ が得られる．同様に $\mathbf{n}_3 \cdot \mathbf{n}_1 = -\cos\beta$, $\mathbf{n}_1 \cdot \mathbf{n}_2 = -\cos\gamma$ が成り立つ．

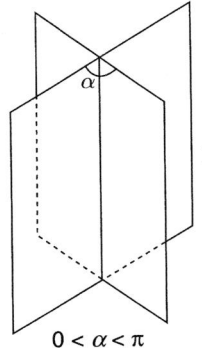

● **定理 2.3**　（球面余弦定理）

$$\sin a \sin b \cos\gamma = \cos c - \cos a \cos b.$$

証明　ベクトルの等式

$$(\mathbf{C} \times \mathbf{B}) \cdot (\mathbf{A} \times \mathbf{C}) = (\mathbf{A} \cdot \mathbf{C})(\mathbf{B} \cdot \mathbf{C}) - (\mathbf{C} \cdot \mathbf{C})(\mathbf{B} \cdot \mathbf{A})$$

を使う[*34)]．ここでは $\|\mathbf{C}\| = 1$ と仮定しているから，右辺は $(\mathbf{A} \cdot \mathbf{C})(\mathbf{B} \cdot \mathbf{C}) - (\mathbf{B} \cdot \mathbf{A})$ となる．したがって，

$$-\sin a \sin b \cos\gamma = \sin a \sin b \, \mathbf{n}_1 \cdot \mathbf{n}_2$$
$$= (\mathbf{C} \times \mathbf{B}) \cdot (\mathbf{A} \times \mathbf{C})$$
$$= (\mathbf{A} \cdot \mathbf{C})(\mathbf{B} \cdot \mathbf{C}) - (\mathbf{B} \cdot \mathbf{A})$$

[*32)] 2つのベクトル $\mathbf{A} = \begin{pmatrix} a_1 \\ a_2 \\ a_3 \end{pmatrix}$, $\mathbf{B} = \begin{pmatrix} b_1 \\ b_2 \\ b_3 \end{pmatrix}$ に対し，ベクトル $\begin{pmatrix} a_2 b_3 - a_3 b_2 \\ a_3 b_1 - a_1 b_3 \\ a_1 b_2 - a_2 b_1 \end{pmatrix}$ を $\mathbf{A}$ と $\mathbf{B}$ のベクトル積あるいは外積といい，$\mathbf{A} \times \mathbf{B}$ と書く．定義から $\mathbf{A} \times \mathbf{B} = -\mathbf{B} \times \mathbf{A}$ が成り立つ．また，$\mathbf{A} \times \mathbf{B}$ は $\mathbf{A}$ と $\mathbf{B}$ が生成する平面の法ベクトルであることが簡単に確認できる．さらに $\mathbf{A} \times \mathbf{B}$ の向きは，$(\mathbf{A}, \mathbf{B}, \mathbf{A} \times \mathbf{B})$ が $\mathbf{R}^3$ の通常の座標 (x, y, z) と同じ位置関係になるように定まる．これらの性質はこの節の証明において頻繁に使われる．

[*33)] $\|\mathbf{C} \times \mathbf{B}\|^2 = \|\mathbf{C}\|^2 \|\mathbf{B}\|^2 - (\mathbf{C} \cdot \mathbf{B})^2 = 1 - \cos^2 a = \sin^2 a$ より $\mathbf{n}_1$ が単位ベクトルであることが確認できる．最初の等号は直接確認する．$\mathbf{n}_2, \mathbf{n}_3$ についても同様．

[*34)] より一般に，ベクトルの等式 $(\mathbf{A} \times \mathbf{B}) \cdot (\mathbf{C} \times \mathbf{D}) = (\mathbf{A} \cdot \mathbf{C})(\mathbf{B} \cdot \mathbf{D}) - (\mathbf{A} \cdot \mathbf{D})(\mathbf{B} \cdot \mathbf{C})$ が成り立つ．この等式を確認せよ．

$$= \cos b \cos a - \cos c. \qquad \square$$

ユークリッド 3 角形と同じように，余弦定理の特別な場合として球面上のピタゴラスの定理が得られる．

● **系 2.4** （球面上のピタゴラスの定理） —— $\gamma = \frac{\pi}{2}$ のとき，
$$\cos c = \cos a \cos b. \qquad \square$$

また，ユークリッド平面の正弦定理に対応する公式もある．

● **定理 2.5** （球面正弦定理） —— 上の記号を用いて，
$$\frac{\sin a}{\sin \alpha} = \frac{\sin b}{\sin \beta} = \frac{\sin c}{\sin \gamma}.$$

証明 ベクトルの等式
$$(\mathbf{A} \times \mathbf{C}) \times (\mathbf{C} \times \mathbf{B}) = (\mathbf{C} \cdot (\mathbf{B} \times \mathbf{A}))\mathbf{C}$$
を使う[*35]．等式の左辺はここでは $-(\mathbf{n}_1 \times \mathbf{n}_2) \sin a \sin b$ である．明らかに $\mathbf{n}_1 \times \mathbf{n}_2$ は $\mathbf{C}$ の定数倍であり[*36]，$\mathbf{n}_1 \times \mathbf{n}_2 = \mathbf{C} \sin \gamma$ となることが簡単に確認できる[*37]．したがって，$\mathbf{C}$ の係数を等号で結ぶと
$$\mathbf{C} \cdot (\mathbf{A} \times \mathbf{B}) = \sin a \sin b \sin \gamma$$
が導ける．ここで等式 $\mathbf{C} \cdot (\mathbf{A} \times \mathbf{B}) = \mathbf{A} \cdot (\mathbf{B} \times \mathbf{C}) = \mathbf{B} \cdot (\mathbf{C} \times \mathbf{A})$ を使うと[*38]
$$\sin a \sin b \sin \gamma = \sin b \sin c \sin \alpha = \sin c \sin a \sin \beta$$
が成り立つことがわかり，これを $\sin a \sin b \sin c$ で割ると主張の式が得られる． $\square$

○ **注意 2.6** —— (i) a, b, c を小さくしていくと，その極限としてこれらの公式のユークリッド平面版を得ることができる．たとえば，定理 2.3 から

[*35] この等式を確認せよ．
[*36] $\mathbf{n}_1$ は平面 OBC の法ベクトルであり，とくに $\mathbf{n}_1 \cdot \mathbf{C} = 0$ が成り立つ．同様にして $\mathbf{n}_2 \cdot \mathbf{C} = 0$ も得られる．したがって $\mathbf{C}$ は $\mathbf{n}_1$ と $\mathbf{n}_2$ が生成する平面の法ベクトルである．$\mathbf{n}_1 \times \mathbf{n}_2$ もこの平面の法ベクトルであるから，よって主張は従う．
[*37] $\|\mathbf{n}_1 \times \mathbf{n}_2\|^2 = \|\mathbf{n}_1\|^2 \|\mathbf{n}_2\|^2 - (\mathbf{n}_1 \cdot \mathbf{n}_2)^2 = 1 - \cos^2 \gamma = \sin^2 \gamma$ となる．向きを考慮すると $\mathbf{n}_1 \times \mathbf{n}_2$ と $\mathbf{C}$ は同じ向きであることが確認でき，$\|\mathbf{C}\| = 1$ より主張が従う．
[*38] $\mathbf{A}, \mathbf{B}, \mathbf{C}$ を列とする行列の行列式を $\det(\mathbf{A}, \mathbf{B}, \mathbf{C})$ と書くと，等式 $\mathbf{C} \cdot (\mathbf{A} \times \mathbf{B}) = \det(\mathbf{A}, \mathbf{B}, \mathbf{C})$ が直接確認でき，これを使うと文中の等式はすぐに従う．

$$ab\cos\gamma = \left(1 - \frac{c^2}{2}\right) - \left(1 - \frac{a^2}{2}\right)\left(1 - \frac{b^2}{2}\right) + O(3)$$

が得られる[*39]．この 2 次の項がユークリッド平面の余弦定理となる．

(ii) 球面を回転させ，頂点 A が北極にある，つまり縦ベクトル $(0,0,1)^t$ に対応していると仮定することで，ベクトルの等式を使わずに議論を進めることもできる．後でこれらの公式の双曲版を証明する際は，対応するベクトルの等式が少し扱いにくく，馴染みの薄い計算になるので，そこではこの方法を使うことにする．

$a, b, c < \pi$ の仮定の下，定理 2.3 から

$$\cos c = \cos a \cos b + \sin a \sin b \cos\gamma$$

が得られる．よって $\gamma = \pi$（つまり，C が線分 AB 上にあり，よって $c = a+b$）でないならば，

$$\cos c > \cos a \cos b - \sin a \sin b = \cos(a+b),$$

したがって $c < a + b$ が成り立つ．

● **系 2.7** (3 角不等式) —— $P, Q, R \in S^2$ に対し，

$$d(P, Q) + d(Q, R) \geq d(P, R)$$

が成り立つ．等号成立の必要十分条件は，Q が線分 PR（の長さが短い方）上にあることである．とくに，この章の最初で定義した距離関数 d が実際に距離であることが従う．この距離を**球面距離**という．

証明 上の議論から，$d(P, R) = \pi$ の場合，つまり P と R が対蹠の位置にあるときのみを考えればよい．この場合，S 上の直線 PQ は R も通るから，

$$d(P, R) = d(P, Q) + d(Q, R)$$

が成り立つ． □

ユークリッド空間の場合と異なり，球面 3 角形の角度がわかれば辺の長さがわかるという，より有用な第 2 の余弦定理がある．

● **命題 2.8** (第 2 余弦定理) —— 先程と同様の記号を用いて，

[*39)] a, b, c に関する 3 次以上の項すべてをまとめて $O(3)$ で表している．

$$\sin\alpha\,\sin\beta\,\cos c = \cos\gamma - \cos\alpha\,\cos\beta.$$

証明 球面 3 角形 ABC に対し，先程と同様に $\mathbf{B}\times\mathbf{C}, \mathbf{C}\times\mathbf{A}, \mathbf{A}\times\mathbf{B}$ 方向の単位法ベクトル $-\mathbf{n}_1, -\mathbf{n}_2, -\mathbf{n}_3$ をそれぞれ $\mathbf{A}', \mathbf{B}', \mathbf{C}'$ と書くことにする —— これらは多面体 $OABC$ の内側を向く法ベクトルである．対応する球面上の点 A', B', C' から得られる球面 3 角形 $A'B'C'$ を元の 3 角形 ABC の**極 3 角形**という．$\mathbf{B}'$ と $\mathbf{C}'$ のなす角度は $\pi - \alpha$ であり，よって辺の長さも $\pi - \alpha$ となる．他の 2 辺の長さも同様に $\pi - \beta, \pi - \gamma$ となることがわかる．

極 3 角形の内角を調べるために，極 3 角形の極 3 角形は元の 3 角形であることを見る．たとえば，$\mathbf{B}'\times\mathbf{C}'$ 方向の単位ベクトルは $\pm\mathbf{A}$ であり[*40]，さらにそれが $\mathbf{A}$ であることも簡単に確認できるので，よって主張が従う．元の 3 角形の 3 辺の長さは a, b, c であるから，極 3 角形の内角は $\pi - a, \pi - b, \pi - c$ である．第 2 余弦公式は，単に第 1 余弦公式を極 3 角形に適用すれば得られる． □

2.3 | 球面上の曲線

ここまでの話から，球面上には $\mathbf{R}^3$ 上のユークリッド距離を S に制限したものと，前節で定義した球面距離という 2 つの自然な距離が考えられる．これらのいずれの距離についても，それを出発点として，与えられた曲線 $\Gamma : [a, b] \to S^2$ に対し (定義 1.9 のレシピに従って) 長さを定義することができる．

● **命題 2.9** —— P と Q を結ぶ S 上の曲線 Γ に対し，これら 2 つの長さの概念は一致する．

証明 曲線 $\Gamma : [a, b] \to S$ をユークリッド距離をもつ $\mathbf{R}^3$ 内の曲線として見たときの Γ の長さを l とする．$[a, b]$ の任意の分割 $\mathcal{D}$ が $a = t_0 < t_1 < \cdots < t_N = b$ で与えられているとし，$P_i = \Gamma(t_i)$，

$$\tilde{s}_{\mathcal{D}} := \sum_{i=1}^{N} d(P_{i-1}, P_i) \;>\; s_{\mathcal{D}} = \sum_{i=1}^{N} \|\overrightarrow{P_{i-1}P_i}\|$$

とおく．Γ の球面距離に関する長さは $l' = \sup_{\mathcal{D}} \tilde{s}_{\mathcal{D}}$ である．これは明らかに $\geq l$ である．さらに次の議論で逆向きの不等号もまた正しいことが示され，よって $l = l'$ が従う．

[*40] 35 ページの脚注 36 と同様の議論により確認できる．

ここで $l < l'$ と仮定して矛盾を導く．この不等式が成り立つならば，$(1+\varepsilon)l < l'$ となる ε を選ぶことができる．$\theta \to 0$ のとき $\frac{\sin\theta}{\theta} \to 1$ となるから，十分小さい θ に対して $2\theta \leq (1+\varepsilon)2\sin\theta$ が成り立つ．Γ の一様収束性と，そして分割の幅を十分小さくすることで[*41]，(ある十分大きい N に対し) すべての $1 \leq i \leq N$ について

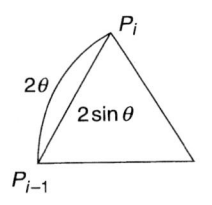

$$d(P_{i-1}, P_i) \leq (1+\varepsilon)\|\overrightarrow{P_{i-1}P_i}\|$$

となるように分割 $\mathcal{D}$ を選ぶことができる．そのような分割に対して

$$\tilde{s}_\mathcal{D} \leq (1+\varepsilon)s_\mathcal{D} < (1+\varepsilon)l$$

が成り立つ．これらの分割すべての上限をとることで $l' \leq (1+\varepsilon)l < l'$ が導け，よって矛盾が得られる． □

● **命題 2.10** ── P と Q を結ぶ S 上の曲線 Γ について，$l = \Gamma$の長さ $\geq d(P, Q)$ が成り立つ．さらに $l = d(P, Q)$ ならば，Γ の像は S 上の球面線分 PQ となる．

証明 P から Q への S 上の任意の曲線 Γ について，上の議論からその長さ l が $\sup_\mathcal{D} \tilde{s}_\mathcal{D}$ であることがわかる．2点による分割 $a = t_0 < t_1 = b$ を考えると，$d(P, Q) \leq l$ が導ける．

ここである Γ について $l = d(P, Q)$ であるとする．このとき任意の $t \in [a, b]$ について

$$\begin{aligned}
d(P, Q) = l &= \Gamma|_{[a,t]}\text{の長さ} + \Gamma|_{[t,b]}\text{の長さ} \\
&\geq d(P, \Gamma(t)) + d(\Gamma(t), Q) \\
&\geq d(P, Q) \qquad\qquad \text{(系 2.7 を使う)}
\end{aligned}$$

が成り立つ．よって，すべての t に対して $d(P, Q) = d(P, \Gamma(t)) + d(\Gamma(t), Q)$ が成り立つ．系 2.7 を再び適用することで，すべての t について $\Gamma(t)$ は S 上の (短い方の) 球面線分 PQ 上にあることがわかり，よって Γ の像は球面線分であることがわかる． □

[*41] 分割の幅が十分小さいとは $\mathrm{mesh}(\mathcal{D}) = \max\{t_i - t_{i-1} : i = 1, \ldots, N\}$ が十分小さいという意味．

○ **注意 2.11** —— よって Γ が P と Q を結ぶ最短の曲線であるならば，それは球面線分である．さらに命題 2.10 の証明から，すべての t について

$$\Gamma|_{[0,t]} \text{の長さ} = d(P, \Gamma(t))$$

となることがわかる．よって $d(P, \Gamma(t))$ は t の関数として狭義単調増加[*42)]であり，これは曲線のパラメータ付けが**単調**になっていることを意味する．

この節の結果をまとめると，ここまでで S^2 の球面距離が内在的距離，すなわち距離が与えられた 2 点を結ぶ曲線の長さの下限で定められることを見てきた．この距離での 2 点間の長さはそれらを結ぶある曲線 (つまり，測地線分) の長さで実現されることから，この距離をもつ球面は測地空間である．さらに，代わりに $\mathbf{R}^3$ のユークリッド距離の制限として定まる S^2 上の距離から始めても，命題 2.9 から (点を結ぶ曲線の長さの下限として定義される) その内在的距離は球面距離に他ならないことがわかる．

2.4 | 等長群とその有限部分群

S^2 上に自然な距離を定めることができたので，その等長群 $\mathrm{Isom}(S^2)$ について考えてみよう．第 1 章で，原点を固定する $\mathbf{R}^3$ の等長変換が行列 $O(3, \mathbf{R})$ で定まることを説明した．このような行列は標準的な内積を保つので，ベクトルの長さとベクトル同士の角度の両方を保つことになる．S^2 上の 2 点間の距離は対応する単位ベクトルの間の角度で定義されることから，そのような $\mathbf{R}^3$ の等長変換を S^2 に制限することで，明らかに S^2 の等長変換が得られる．さらに，$O(3)$ の任意の行列は $\mathbf{R}^3$ の標準基底をなす 3 つ組のベクトルへの作用により定まることから，$O(3)$ の異なる行列は S^2 の異なる等長変換を作り出すことも明らかである．

ここで任意の等長変換 $f: S^2 \to S^2$ が上の形で書けることを見てみよう．任意の等長変換 f は，$\mathbf{0}$ でないベクトル $\mathbf{x}$ に対して

$$g(\mathbf{x}) := \|\mathbf{x}\| f(\mathbf{x}/\|\mathbf{x}\|)$$

とすることで，原点を固定する写像 $g: \mathbf{R}^3 \to \mathbf{R}^3$ に拡張することができる．$\mathbf{R}^3$ の標準的な内積を $(\ ,\ )$ と書くと，任意の $\mathbf{x}, \mathbf{y} \in \mathbf{R}^3$ に対して

[*42)] 関数 $f: \mathbf{R} \to \mathbf{R}$ について，任意の $t < s$ に対し $f(t) < f(s)$ が成り立つとき，f は**狭義単調増加**であるという．

$(g(\mathbf{x}), g(\mathbf{y})) = (\mathbf{x}, \mathbf{y})$ が成り立つ．実際，ベクトル $\mathbf{x}, \mathbf{y}$ が $\mathbf{0}$ でなければ，f が2つの単位ベクトルの角度を保つという性質と内積の双線形性より

$$(g(\mathbf{x}), g(\mathbf{y})) = \|\mathbf{x}\| \|\mathbf{y}\| \left(f(\mathbf{x}/\|\mathbf{x}\|), f(\mathbf{y}/\|\mathbf{y}\|)\right)$$
$$= \|\mathbf{x}\| \|\mathbf{y}\| \left(\mathbf{x}/\|\mathbf{x}\|, \mathbf{y}/\|\mathbf{y}\|\right) = (\mathbf{x}, \mathbf{y})$$

となり，上の等式が従う．これにより g が原点を固定する $\mathbf{R}^3$ の等長変換であることがわかり，よって定理 1.5 を使うと，g は $O(3)$ の行列で与えられることがわかる．以上をまとめると，$\mathrm{Isom}(S^2)$ は自然に群 $O(3, \mathbf{R})$ と同一視されることがわかった．したがって，第1章で $O(3, \mathbf{R})$ について証明した各結果について，それに対応する $\mathrm{Isom}(S^2)$ についての命題が必ず成り立つことになる．

S^2 上の球面直線 l（大円，つまり原点を通るある平面 H との交わり $l = H \cap S^2$）に関する**鏡映**を $\mathbf{R}^3$ の等長変換 R_H の S^2 への制限として定義する．ここで R_H は超平面 H に関する $\mathbf{R}^3$ の鏡映である．したがって，ユークリッド空間における結果からただちに $\mathrm{Isom}(S^2)$ の任意の元が高々3回の鏡映の合成で表されることがわかる．ちなみに，前章で示したように，ユークリッド平面 $\mathbf{R}^2$ の等長変換についても酷似した結果が成り立つ．さらに $\mathrm{Isom}(S^2)$ は部分群 $SO(3) \subset O(3)$ に対応する指数2の部分群をもっている[*43]．この等長変換は単に S^2 の回転であり，2回の鏡映の合成で表される．群 $O(3)$ の任意の元は行列 $A \in SO(3)$ を使って $\pm A$ という形で表されることから，$O(3)$ は $SO(3) \times C_2$ と同型であることが従う．

ここで $\mathrm{Isom}(S^2)$ の有限部分群について考えてみよう．上で見たように，これらは $\mathrm{Isom}(\mathbf{R}^3)$ の有限部分群に対応していると考えられる．逆に $\mathrm{Isom}(\mathbf{R}^3)$ の任意の有限部分群 G は $\mathbf{R}^3$ 内に固定点

$$\frac{1}{|G|} \sum_{g \in G} g(\mathbf{0}) \in \mathbf{R}^3$$

をもち（演習 1.5），よってこれは $\mathrm{Isom}(S^2)$ の有限部分群に対応している．$\mathrm{Isom}(\mathbf{R}^2)$ の任意の有限部分群は固定点をもつことから，それは巡回群か，あるいは2面体群であった（演習 1.5）．同じ主張が双曲平面の等長変換の任意の有限部分群についても成り立つことが後でわかる（演習 5.16）．ただし，この場合は

[*43] 群 G の部分群 H による剰余類の数を H の**指数**という．たとえば $SO(3)$ は $O(3)$ の指数2の部分群である．群論の教科書を参照．またこの本で必要な集合や群の言葉を調べるだけなら，たとえば [加藤] の §1 などにも簡潔に書かれている．

固定点の存在を示すために少し異なる議論が必要となる．群 $\mathrm{Isom}(S^2) = O(3)$ は確かにこれらの部分群も含むが，S^2 の等長群のすべての有限部分群が S^2 内に固定点をもつわけではない．考えるべき部分群が他にも存在するのである．

まず回転群 $SO(3)$ を考える．$2\pi/n$ の倍数を角度とする z-軸回りの S^2 の回転を考えると，$SO(3)$ は巡回群 C_n を複数含むことがわかる．また，S^2 の x-軸回りの角度 π の回転を合わせることで，$n > 2$ に対し，正 n 角形の対称群 D_{2n} と同型な $SO(3)$ の新しい部分群を作ることができる．$n = 2$ については，$D_4 = C_2 \times C_2$ という特別な場合が得られる．

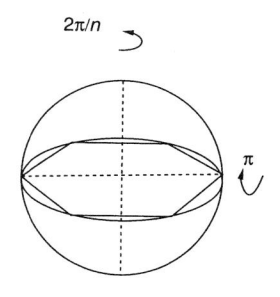

さらに他にも正多面体の回転群に対応する $SO(3)$ の有限部分群がある．正 4 面体は回転群 A_4 を，そして演習 1.15 より立方体は回転群 S_4 をもつ．立方体の各面の中点を新たに頂点とすることで正 8 面体が得られることから，正 8 面体は立方体の**双対**である．よって立方体のすべての対称性は正 8 面体の対称性となり，逆も成り立つ．つまり立方体の回転群と対称群は正 8 面体のそれと同じになる．正 12 面体 (12 個の 5 角形の面と 20 個の頂点をもつ) については，内接する立方体 (5 角形の各面はそれぞれ 5 つの対角線をもち，その 1 つ 1 つの対角線は内接する立方体のいずれかの 1 辺となる) が 5 つあり，回転はこれらの立方体の偶置換によって作用するので，標準的な古典的群論により正 12 面体の回転群は A_5 であることがわかる．正 20 面体 (12 個の頂点と 20 個の 3 角形の面をもつ) は正 12 面体の双対であるから，これも同じ回転群と対称群をもつ．初等的な群論 [4] を使った簡単だが少し長い議論により，ここで説明した $SO(3)$ の有限部分群がすべてであることが従う．

● **命題 2.12** —— $SO(3)$ の有限部分群は $C_n(n \geq 1)$, $D_{2n}(n \geq 2)$, A_4, S_4, A_5 のいずれかと同型である．最後の 3 つは正多面体の回転群として得られ

る.

$O(3)$ の有限部分群について述べておくと，$-I \in O(3) \setminus SO(3)$ であるから，G が $SO(3)$ の有限部分群であるならば，$H = C_2 \times G$ は $A \in G$ に対し元 $\pm A$ が対応するので，位数が2倍の $O(3)$ の部分群となる．しかしながら，G の2倍の位数をもち，$H \cap SO(3) = G$ となる部分群 H の同型類はこれで尽くされるわけではない．たとえば，立方体と正12面体の対称群は $-I$ を含んでいるので，必ず $C_2 \times S_4$ および $C_2 \times A_5$ と同型になるが，正4面体の場合はすべての対称性を含む対称群は $C_2 \times A_4$ ではなく S_4 である．$O(3)$ の有限部分群の完全な分類については，たとえば [4] を参照して欲しい．

○ **注意 2.13** ── このような特別な有限群はユークリッド平面や双曲平面では存在しないのに，球面に対してだけ現れるのには理由がある．内角が $\pi/p, \pi/q, \pi/r$ $(r \geq q \geq p \geq 2)$ の球面3角形 $\triangle$ に対し，この3角形の辺に関する鏡映により生成される等長群の部分群 G を考えることができる．**鏡映群** の理論から，S^2 は G の元の作用による $\triangle$ の像により**タイル張り**される ([2] の第9.8節を参照)．つまり，S^2 は $g \in G$ の像である球面3角形 $g(\triangle)$ により，任意の2つの像の内部が互いに交わらないように被覆される．そのような S^2 のタイル張りは**測地3角形分割** (これは第3章で定義する) の，すべての3角形が合同という特別な形になっている．したがってとくに鏡映群 G は有限群である．

次の節で証明されるガウス・ボンネの定理から3角形 $\triangle$ の面積は $\pi(1/p + 1/q + 1/r - 1)$ となり，よって $1/p + 1/q + 1/r > 1$ が成り立つことがわかる．この不等式の解は次のようになる：

- $(p, q, r) = (2, 2, n)$. $\triangle$ の面積は π/n (ただし $n \geq 2$).
- $(p, q, r) = (2, 3, 3)$. $\triangle$ の面積は $\pi/6$.
- $(p, q, r) = (2, 3, 4)$. $\triangle$ の面積は $\pi/12$.
- $(p, q, r) = (2, 3, 5)$. $\triangle$ の面積は $\pi/30$.

(面積 4π の) S^2 が $\triangle$ の G による像でタイル張りされることから，これらの場合，G の位数はそれぞれ $4n, 24, 48, 120$ となる．すると簡単な方法により，最初の場合は G は $C_2 \times D_{2n}$ となり，残りの場合は G はそれぞれ正4面体，立方体，正12面体の対称群であることがわかる．

最初の場合の S^2 のタイル張りの図は簡単に作れるので，残りの場合につい

て，$(p,q,r) = (2,3,4)$ の場合を例として考えてみよう．立方体から同じ中心をもつ球面への，原点から伸びる半直線により定まる射影を考えると，S^2 の球面 4 角形による分割が得られる．立方体の各辺は $\mathbf{R}^3$ 内の原点を通る平面に対応し，よって S^2 上の球面線分に移る．これらの球面 4 角形では 1 つの頂点に 3 つの面が集まっていることから，その内角は $2\pi/3$ となる．ここで図にあるように各球面 4 角形を 8 個の合同な 3 角形に分割すると，そのような球面 3 角形の内角は $\pi/2, \pi/3, \pi/4$ となり，S^2 の 48 個の 3 角形によるタイル張りが得られる．他の 2 つの場合のタイル張りも，正 4 面体や正 12 面体から始めて同様の方法で作ることができる[*44]．

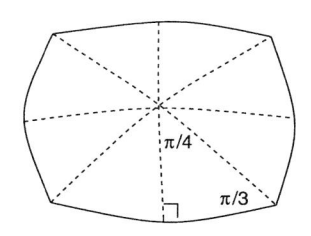

ユークリッド平面と双曲平面のいずれの場合でも，π を正の整数で割った値を内角とするユークリッド（あるいは双曲）3 角形は面白い鏡映群を作る．とくに双曲平面の鏡映群は非常に豊かであり，それにより得られる双曲平面のタイル張りは M. C. エッシャーの絵にたいへん美しく利用されている．ユークリッド平面と双曲平面はともに無限の面積をもつので，対応する鏡映群も有限ではなく無限個の元をもつことになる．

2.5 ガウス・ボンネと球面多角形

前節の議論では球面 3 角形の面積を使う必要があった．そこで使った面積の公式はガウス–ボンネの定理の球面版である．ガウス–ボンネのユークリッド版は単に，ユークリッド 3 角形の内角の和は π であるというよく知られた命題である．

● **命題 2.14** —— 内角が α, β, γ で与えられる球面 3 角形 $\triangle$ の面積は $(\alpha + \beta + \gamma) - \pi$ である．

[*44)] たとえば [加藤] の 63 ページに球面のタイル張りの図が描かれている．

証明 対蹠の位置にある S 上の 2 点を通る, 角度 α $(0 < \alpha < \pi)$ で交わる 2 つの平面で S を切ったときに, 角度 α で交わる 2 つの半大円[*45] に囲まれた領域のことを角度 α の**球面 2 角形**と呼び, 対蹠の位置にある角度 α の球面 2 角形 2 つのことを角度 α の**球面 2 角形対**と呼ぶことにする. S^2 の面積が 4π であることから, 球面 2 角形対の面積は 4α であることがすぐにわかる.

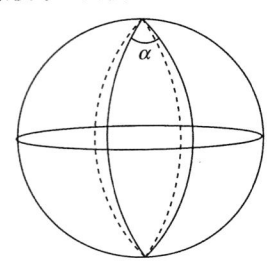

球面 3 角形 $\triangle = ABC$ は 3 つの球面 2 角形の共通部分として表すことができる —— 実際には 2 つで十分である. よって, 次の図から読み取れるように, $\triangle$ とその対蹠の位置にある 3 角形 $\triangle'$ はともに, それら 3 つの球面 2 角形対たち (その面積はそれぞれ $4\alpha, 4\beta, 4\gamma$) に含まれ, 球面上の他の点はすべて, それらの球面 2 角形対の 1 つにのみ含まれている.

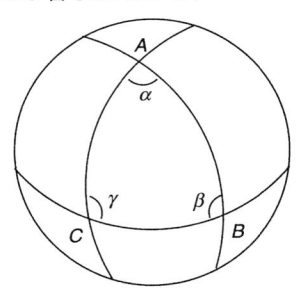

したがって $A = \triangle$ の面積 $= \triangle'$ の面積 とすると, S^2 全体の面積は 4π であるから,

$$4(\alpha + \beta + \gamma) = 4\pi + 2 \times 2 \times A$$

が成り立ち, よって主張が従う. $\square$

○ **注意 2.15** —— (i) 球面 3 角形の場合には, $\alpha + \beta + \gamma > \pi$ が成り立つ.

[*45] 対蹠の位置にある 2 点を端点とする球面線分のこと. 大円の半分.

△ の面積 → 0 としたときの極限を考えると $\alpha + \beta + \gamma = \pi$ が得られる. これはユークリッド 3 角形の場合に対応する.

(ii) 辺の長さが π より短いという約束をなくして, 球面 3 角形の定義を弱めることができる. 1 辺しか長さを $\geq \pi$ にできない (そうでなければ隣り合う辺が 2 回交わり, 3 角形が得られない) ため, これは大きな変更にはならない. 1 辺の長さが $\geq \pi$ である場合には, その 3 角形を辺の長さが π より短いより小さな 2 つの 3 角形に分割することができる. ガウス・ボンネをこの 2 つの小さい 3 角形に適用し, 和をとることで, 元の 3 角形の面積が再び

$$\alpha + \beta + \gamma + \pi - 2\pi = \alpha + \beta + \gamma - \pi$$

を満たすことがわかる.

ガウス・ボンネを S^2 上の球面多角形に拡張しよう. S^2 上の球面線分からなる単純閉折れ線 C を考える. 北極点が C 上にないと仮定し, (次節で定義される) 立体射影による C の像 Γ を考えると, それは $\mathbf{C}$ 内の単純閉曲線になる. 注意 2.24 より, Γ における C の各線分の像は円弧か, あるいは線分となる.

命題 1.17 と 1.19, というよりはむしろ注意 1.18 と 1.20 を Γ に適用すると, $\mathbf{C}$ 内の Γ の補集合が有界な成分とそうでない成分との 2 つの弧状連結成分をもつことがわかる. したがって S^2 内での C の補集合もまた 2 つの弧状連結成分をもち, そのいずれについても, 適当な立体射影を選んで立体射影による像を有界な成分にすることができる. 単純閉折れ線 C の情報が与えられ, S^2 内のその補集合の連結成分が 1 つ選択されると, **球面多角形**が 1 つ定まる. 多角形に関するガウス・ボンネの公式は, 後の章でオイラー数とその位相不変性を扱う際に重要な役割を果たす.

S^2 の部分集合 A について, 任意の点 $P, Q \in A$ に対し P と Q を結ぶ最短の球面線分が一意的に存在し, その線分が A に含まれているとき, A は**凸**であるという. とくに, A 内にある最短の球面線分たちは互いに高々 1 回交わる. 任意の開半球面は S^2 の凸な開部分集合であることが確認できる.

次に扱う定理 2.16 で, 開半球面内に含まれる球面 n 角形の面積に関する公式を証明する. 公式は α_i を内角としたとき $\alpha_1 + \cdots + \alpha_n - (n-2)\pi$ で与えられる. その証明は組み合わせ的で, 多角形の頂点の数による数学的帰納法により進められる. この話の前に, 球面**凸**多角形に対しては公式が簡単に示せる

ことを説明しておく．球面凸 n 角形は $n-2$ 個の球面 3 角形に分解できるので，球面 3 角形に関するガウス・ボンネの公式から上の公式はただちに従う．わかりやすいように，球面多角形をユークリッド多角形として描いた図を下に書いておく (ユークリッド多角形に対してもここでの議論は適用できる)．

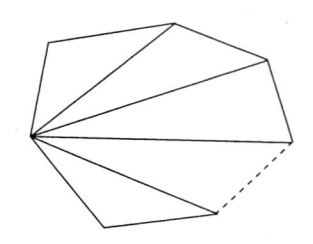

より一般に，この面積に関する公式が**加法的**であることが簡単に確認できる．Π_1 と Π_2 を，1 辺を共有し，他辺は交わらない球面多角形とすると，その和集合もまた球面多角形 Π となる．貼り合わせる前の小さい多角形の辺の数をそれぞれ n_1, n_2 とすると，貼り合わせてできる大きい多角形の辺の数は n_1+n_2-2 になる．すると，Π の面積の式はちょうど Π_1 の式と Π_2 の式の和になる．よって，球面多角形の面積の公式が Π_1 と Π_2 の両方で正しいならば，その和集合に対しても正しいことがわかる．

● **定理 2.16** —— $\Pi \subset S^2$ を，ある開半球面に含まれる，内角が $\alpha_1, \ldots, \alpha_n$ の球面 n 角形とすると，その面積は

$$\alpha_1 + \cdots + \alpha_n - (n-2)\pi$$

である．

証明 ここでは開半球面は凸であるという性質を使う．n に関する数学的帰納法により証明する．$n=3$ の場合はガウス・ボンネから従う．そこで $n>3$ と仮定し，**対角線**(つまり，隣り合っていない頂点を結ぶ球面線分で，その内部が Π の内部 $\mathrm{Int}\,\Pi$ に含まれているもの) がつねに存在することを示す；そうであれば，この対角線は Π を 2 つの多角形に分割し，それら各々の辺の数は n より少なくなるので，数学的帰納法により主張が従う．

一般性を失うことなく，Π は南半球[*46)]にあると仮定してよい．まず，**局所**

[*46)] ここでは南半球は赤道を含まない開半球面としている．

的に凸である頂点 P が存在することを示す；Π の境界上において，P の両側十分近くにある点 P', P'' に対し球面 3 角形 $P'PP''$ が Π に含まれるとき，Π は P において局所的に凸という．そのような頂点の存在を示すために，南極点から最も遠い Π の点 P を考える．南半球にある任意の球面線分に対し，南極から最も遠いのはその端点である．よって P は Π の (内角が $\alpha < \pi$ の) 頂点のはずであり，Π は P において局所的に凸になる (下図参照)．これらの主張はともに Π が開半球面に含まれていなければ成り立たない．

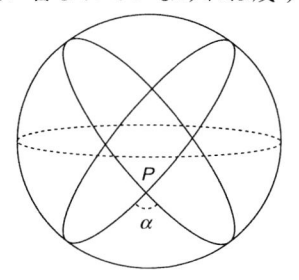

局所的に凸な頂点を見つけたので，残りの証明は本質的には単なる組み合わせ的議論になる．残りの証明は他の幾何においても，適当な凸開集合に含まれる測地 n 角形に対して適用できる．ここで球面直線の次の 2 つの性質が必要になる．いずれも後々で扱う，より一般の幾何に対して適当に一般化できる性質である．

 (i) 2 本の異なる球面直線は，任意に与えられた開半球面の中に交点を高々 1 つもつ．
 (ii) 2 本の異なる球面直線は，任意の交点において異なる接線をもつ (つまり**横断的**に交わる)．

上で見つかった局所的に凸である頂点を P_2 とし，Π の隣り合う頂点 P_1, P_2, P_3 を考えよう．したがって，P_2 は球面線分 P_1P_3 上にないと仮定できる．P_1 と P_3 を結ぶ最短の球面線分を l と書くことにする．よって球面 3 角形 $\triangle = P_1P_2P_3$ が得られる．開半球面に含まれる球面 3 角形についてはすでに主張が示されているから，$n > 3$, つまり $\Pi \neq \triangle$ と仮定してよい．l の内部が $\mathrm{Int}\,\Pi$ に含まれているとすると，それは対角線であり，示すべきことは何もなくなる．よって，以下ではそうでないと仮定する．

点 Q_t を，S^2 上の標準的な距離 d と $0 \leq t \leq 1$ に対し

$$d(P_2, Q_t) = t\, d(P_2, P_3)$$

となる球面線分 P_2P_3 上の点とする．最短の球面線分 P_1Q_t を l_t と書く．とくに $l_1 = l$ である．十分小さい $t > 0$ に対し，l_t と Π の境界との交わりは端点 P_1 と Q_t のみである．このことは上の性質 (i) から従う．なぜなら，十分小さい $t > 0$ に対して l_t は点 P_1 を端点とする Π の 2 辺とは点 P_1 でしか交わらず，t に関する連続性により Π と l_t との交わりは P_1 以外には辺 P_2P_3 上の点のみとなり，その交点が Q_t だからである．さらに頂点 P_2 は局所的に凸という性質から，Q_t の近くの l_t の内点は，t が小さければ $\mathrm{Int}\,\Pi$ に含まれることになる．l_t の内部は連結であるから，十分小さい $t > 0$ に対し，l_t の内部は $\mathrm{Int}\,\Pi$ に含まれることが従う（なぜなら，そうでなければ l_t の内部は 2 つの空でない，互いに交わらない開部分集合，つまり $\mathrm{Int}\,\Pi$ に含まれる点の集合と Π の補集合に含まれる点の集合の和集合で表されてしまう）．

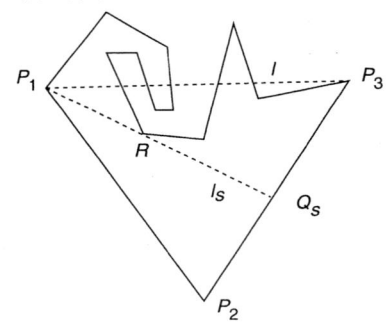

ここで l_t の内部が $\mathrm{Int}\,\Pi$ に含まれるような値 t の上限 s を考える．とくに $0 < s \leq 1$ である．注意として，l_s は Π に含まれるが，P_1 と Q_s 以外の Π の境界 $\partial\Pi$ の点を含むことになる．実際，異なる球面直線は横断的にしか交わらないという事実を使うと，l_s が Π の辺の内点を含むならば，それはその辺全体を含まなければならないことがわかる；そうでなければ，$s - \varepsilon < t \leq s$ を満たすすべての t に対して l_t の内部と $\partial\Pi$ が交わるように $\varepsilon > 0$ を選べることになり，これは s が上限であるという仮定に反する．よって $l_s \cap \partial\Pi$ は端点 P_1 と Q_s の他に，Π の頂点または辺を含むことがわかる．いずれの場合においても，それは P_1 と P_3 以外の Π の頂点 R を含むことになる．

以上をまとめると，球面 3 角形 $\triangle' = P_1P_2Q_s$ の内部は $\mathrm{Int}\,\Pi$ に含まれ，s はそれを満たす最大値となる．すると明らかに球面線分 P_2R の内部は $\mathrm{Int}\,\triangle'$

に含まれ，よって $\mathrm{Int}\,\Pi$ に含まれる．よってこれは Π を辺の数が n より少ない2つの球面多角形に分割する．必要としていた対角線である． □

2.6 | メビウス幾何

球面幾何と非常に近いのは，拡張した複素平面 $\mathbf{C}_\infty = \mathbf{C} \cup \{\infty\}$ のメビウス変換の幾何である．複素平面の座標を ζ としよう．2つの幾何の関係は下図で示すように幾何的に定義される**立体射影**

$$\pi : S^2 \to \mathbf{C}_\infty$$

により与えられる．ここで $\pi(P)$ は，$P \neq N$ の場合は $\mathbf{C}$ を平面 $z=0$ と同一視したときの N と P を通る直線と $\mathbf{C}$ との交点であり，$P = N$ の場合は $\pi(N) := \infty$ で定義する．明らかに π は全単射である．

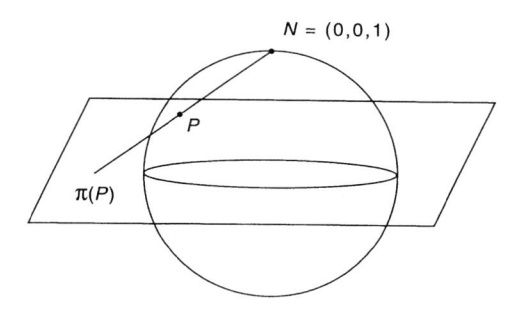

3角形の相似を使うことで，π の具体的な公式を作ることができる．つまり，下図において $\frac{r}{R} = \frac{1-z}{1}$ であるから $R = \frac{r}{1-z}$ となり，よって

$$\pi(x, y, z) = \frac{x + iy}{1 - z}$$

が成り立つ．

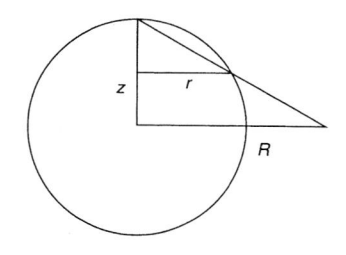

南極点からの射影との関係は次で与えられる．

●**補題 2.17** ── $\pi' : S^2 \to \mathbf{C}_\infty$ を南極点からの立体射影とすると,任意の $P \in S^2$ に対し

$$\pi'(P) = 1/\overline{\pi(P)}$$

が成り立つ.

証明 $P = (x, y, z)$ とすると,$\pi(P) = \frac{x+iy}{1-z}$,$\pi'(P) = \frac{x+iy}{1+z}$ となり,よって

$$\overline{\pi(P)}\, \pi'(P) = \frac{x^2 + y^2}{1 - z^2} = 1$$

が得られる. □

○**注意 2.18** ── よって,写像 $\pi' \circ \pi^{-1} : \mathbf{C}_\infty \to \mathbf{C}_\infty$ は単位円に関する反転 $\zeta \mapsto 1/\bar{\zeta}$ である.

この本では射影の向きは北極点からのものに統一することにしよう.後で使うため,対蹠の位置にある点の π による像の間の簡単な関係について述べておく.
$P = (x, y, z) \in S^2$ に対し,$\pi(P) = \zeta = \frac{x+iy}{1-z}$ である.対蹠点 $-P = (-x, -y, -z)$ に対しては $\pi(-P) = -\frac{x+iy}{1+z}$ となるから,

$$\pi(P)\overline{\pi(-P)} = -\frac{x^2 + y^2}{1 - z^2} = -1$$

が成り立つ.よって

$$\boxed{\pi(-P) = -1/\overline{\pi(P)}}$$

ここで $\mathbf{C}_\infty$ に対するメビウス変換の群 G の作用を思い出してみる.$A = \begin{pmatrix} a & b \\ c & d \end{pmatrix} \in GL(2, \mathbf{C})$ とすると,

$$\zeta \mapsto \frac{a\zeta + b}{c\zeta + d}$$

とすることで $\mathbf{C}_\infty$ のメビウス変換が 1 つ定まる.

任意の $\lambda \in \mathbf{C}^* = \mathbf{C} \setminus \{0\}$ に対し,λA は同じメビウス変換を定める.逆に A_1 と A_2 が同じメビウス変換を定めるとすると $A_2^{-1} A_1$ は恒等変換を定める.この場合,$\lambda \in \mathbf{C}^*$ により $A_2^{-1} A_1 = \lambda I$ と表されることが簡単に確認でき,よって $A_1 = \lambda A_2$ と表される.以上より

$$G = PGL(2, \mathbf{C}) := GL(2, \mathbf{C})/\mathbf{C}^*$$

と書くことができる．ここで右辺は $GL(2, \mathbf{C})$ から 0 以外の定数倍となる元たちを同一視して得られる群である —— 形式的に書くと，$GL(2, \mathbf{C})$ の正規部分群 $\mathbf{C}^* I$ による商である[*47]．ここで A を $\det A = 1$ となるように正規化することがつねにできる．$\det A_1 = 1 = \det A_2$ かつ $A_1 = \lambda A_2$ より $\lambda^2 = 1$ がわかり，よって $\lambda = \pm 1$ が得られる．したがって

$$G = PSL(2, \mathbf{C}) := SL(2, \mathbf{C})/\{\pm 1\}$$

と書くこともできる．ここで右辺は $SL(2, \mathbf{C})$ の元で符号のみ違うものを同一視して得られる群である．商写像 $SL(2, \mathbf{C}) \to G$ は 2 対 1 の全射な群の準同型写像[*48]である．$SL(2, \mathbf{C})$ は G の **2 重被覆**であるという．

ここで後のために，メビウス変換の初等的性質をいくつか思い出しておこう．

(i) メビウス変換の群 G は

- $z \mapsto z + a \quad (a \in \mathbf{C})$
- $z \mapsto az \quad (a \in \mathbf{C}^* = \mathbf{C} \setminus \{0\})$
- $z \mapsto 1/z$

という形の元により生成される．

(ii) $\mathbf{C}$ 内の任意の円および直線は，$a, c \in \mathbf{R}$ と $|w|^2 > ac$ を満たす $w \in \mathbf{C}$ を使って

$$az\bar{z} - \bar{w}z - w\bar{z} + c = 0$$

という式で表され，したがってそれらは $|w|^2 > ac$ を満たす 2×2 エルミート行列

$$\begin{pmatrix} a & w \\ \bar{w} & c \end{pmatrix}$$

により定まる．

(iii) (i) と (ii) から，メビウス変換は円および直線を円または直線に移す．

(iv) 与えられた異なる点 $z_1, z_2, z_3 \in \mathbf{C}_\infty$ に対し，$T(z_1) = 0$, $T(z_2) = 1$, $T(z_3) = \infty$ となるメビウス変換 T が一意的に存在し，それは

$$T(z) = \frac{z - z_1}{z - z_3} \frac{z_2 - z_3}{z_2 - z_1}$$

[*47] 正規部分群については群論の教科書，あるいは [加藤] の §1 などを参照．
[*48] 2 つの群 G, H の間の写像 $\varphi : G \to H$ について，G の任意の 2 つの元 g_1, g_2 に対し $\varphi(g_1 g_2) = \varphi(g_1)\varphi(g_2)$ が成り立つとき，φ を G から H への**準同型写像**という．

で与えられる (この式は無限大も含んだ式である). これはとくに G の作用が 3 重に推移的である, つまり, 任意に与えられた異なる点 $w_1, w_2, w_3 \in \mathbf{C}_\infty$ に対し, $R(z_i) = w_i$ $(i = 1, 2, 3)$ となるメビウス変換が (一意的に) 存在することを意味している.

(v) $\mathbf{C}_\infty$ の異なる 4 点の**非調和比** $[z_1, z_2, z_3, z_4]$ は, 上の (iv) において定義された一意的な写像 T による z_4 の像で**定義**される.

メビウス変換による非調和比の不変性はすぐに示すことができる；ここで採用したダイナミックな定義から始めると, この不変性はトートロジーである. 与えられた異なる点 z_1, z_2, z_3, z_4 とメビウス変換 R に対し, $R(z_1), R(z_2), R(z_3)$ を $0, 1, \infty$ に移すメビウス変換 T が一意的に存在する. したがって, 合成 TR は z_1, z_2, z_3 を $0, 1, \infty$ に移す唯一のメビウス変換である. 上で述べた非調和比の定義から

$$[Rz_1, Rz_2, Rz_3, Rz_4] = T(Rz_4) = (TR)z_4 = [z_1, z_2, z_3, z_4]$$

がただちに従う.

2.7 │ $SO(3)$ の 2 重被覆

$\mathbf{C}_\infty$ に対し群 $PSU(2) = SU(2)/\{\pm 1\}$ が作用するが, これを $SU(2) \subset SL(2, \mathbf{C})$ の元により定義されるメビウス変換の群と同一視することができる. $SU(2)$ は $|a|^2 + |b|^2 = 1$ を満たす a, b を使って $\begin{pmatrix} a & -b \\ b & \bar{a} \end{pmatrix}$ という形で表される行列からなることを思い出そう. S^2 に対し, 等長群 $O(3)$ の指数 2 の部分群である回転群 $SO(3)$ が考えられる. この節の目的は, 立体射影 π により群 $SO(3)$ が同型として群 $PSU(2)$ と同一視できることを示すことである. とくに, 群の間の 2 対 1 の全射準同型写像 $SU(2) \to SO(3)$ が存在する.

● **定理 2.19** ── π により, S^2 のすべての回転は $PSU(2)$ による $\mathbf{C}_\infty$ のメビウス変換に対応する.

証明 第 1 段階：z-軸を中心とする (ベクトル $(0, 0, 1)^t$ 方向に向いて時計回りの) 角度 θ の回転 $r(z, \theta)$ は, π により, 行列

$$\begin{pmatrix} e^{i\theta/2} & 0 \\ 0 & e^{-i\theta/2} \end{pmatrix} \in SU(2)$$

で定義されるメビウス変換 $\zeta \mapsto e^{i\theta}\zeta$ に対応する.

2.7 | $SO(3)$ の 2 重被覆

第 2 段階：次に行列

$$\begin{pmatrix} 0 & 0 & 1 \\ 0 & 1 & 0 \\ -1 & 0 & 0 \end{pmatrix}$$

で与えられる回転 $r(y, \pi/2)$ を考える．$\mathbf{C}_\infty$ 上では，この写像は

$$\frac{x+iy}{1-z} = \zeta \mapsto \zeta' = \frac{z+iy}{1+x}$$

に対応する．

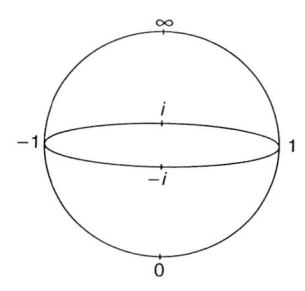

S^2 上の点を対応する $\mathbf{C}_\infty$ の元の記号で呼ぶことにすると，この写像がメビウス変換に対応するならば，(メビウス変換はそれの 3 点への作用により定まり，$-1 \mapsto \infty, 1 \mapsto 0$ そして $i \mapsto i$ となることから) $\zeta' = \frac{\zeta-1}{\zeta+1}$ が満たされることがわかる．これは次のように確認できる：

$$\begin{aligned}
\frac{\zeta-1}{\zeta+1} &= \frac{x+iy-1+z}{x+iy+1-z} \\
&= \frac{x-1+z+iy}{x+1-(z-iy)} \\
&= \frac{(z+iy)(x-1+z+iy)}{(x+1)(z+iy)+x^2-1} \\
&= \frac{(z+iy)(x-1+z+iy)}{(x+1)(z+iy+x-1)} = \zeta'.
\end{aligned}$$

このメビウス変換は行列

$$\frac{1}{\sqrt{2}} \begin{pmatrix} 1 & -1 \\ 1 & 1 \end{pmatrix} \in SU(2)$$

により定まる．

第 3 段階：$SO(3)$ が $r(y, \pi/2)$ と，$0 \leq \theta < 2\pi$ に対し $r(z, \theta)$ の形をした回転により生成されることを示す．最初に，任意の角度 ϕ に対し，回転 $r(x, \phi)$ は

$$r(x, \phi) = r(y, \pi/2)\, r(z, \phi)\, r(y, -\pi/2)$$

よりこれらの生成元の合成で表されることがわかる．また，任意の $\mathbf{v} \in S^2$ に対し，$g = r(z, \psi)\, r(x, \phi)$ が $\mathbf{v}$ を $(1,0,0)^t$ に移すように ϕ, ψ を選ぶことができ（まず $\mathbf{v}$ を水平になるように回転し，そして $(1,0,0)^t$ まで回転する）．よってこの g もまた，主張した形の生成元の積で表される．$\mathbf{v}$ に関する角度 θ の（$\mathbf{v}$ 方向を向いて時計回りの）回転は

$$r(\mathbf{v}, \theta) = g^{-1} r(x, \theta) g$$

と書くことができ，これにより任意の回転 $r(\mathbf{v}, \theta)$ が主張した形の元の積で書けることがわかる．

第 4 段階：したがって，π を経由すると，S^2 の任意の回転はこれらの生成元に対応する $\mathbf{C}_\infty$ のメビウス変換の積で表され，これらはすべて $SU(2)$ の行列により定義されることがわかる．よって主張は証明された． □

● **定理 2.20** ── S^2 に作用する回転群 $SO(3)$ は，$\mathbf{C}_\infty$ に作用するメビウス変換の群の部分群 $PSU(2) = SU(2)/\{\pm 1\}$ に同型として対応する．

証明 前の定理において，回転群 $SO(3)$ からメビウス変換の群の部分群 $PSU(2)$ への単射準同型を作った．ここではこの写像が全射であることを示す必要がある．つまり，与えられたメビウス変換 $g \in PSU(2)$ を

$$g(z) = \frac{az - b}{\bar{b} z + \bar{a}}$$

とすると，これが π により S^2 の回転に対応することを示さなければならない．まず $g(0) = 0$ と仮定する．すると $b = 0$ かつ $a\bar{a} = 1$ であるから，ある θ を使って $a = e^{i\theta/2}$ と表され，よって g は $r(z, \theta)$ に対応する．

一般の場合は，$g(0) = w \in \mathbf{C}_\infty$ とし，$Q \in S^2$ を $\pi(Q) = w$ となる点とする．$A(Q) = (0, 0, -1)^t$ となる S^2 の回転 A を選び，対応する $PSU(2)$ の元を α とすると，$\alpha(w) = 0$ が成り立つ．$\alpha \circ g$ は 0 を固定するので，先程の考察からこれは回転 $B = r(z, \theta)$ に対応する．よって g は回転の合成 $A^{-1} B$ に対応する． □

● **系 2.21** ── 回転以外の S^2 の等長変換は，立体射影により，$|a|^2 + |b|^2 = 1$ を満たす a, b に対して

2.7 | $SO(3)$ の **2** 重被覆

$$z \mapsto \frac{a\bar{z} - b}{\bar{b}\bar{z} + \bar{a}}$$

という形で与えられる $\mathbf{C}_\infty$ の変換にちょうど対応している．

証明 R を S^2 の xz-平面に関する鏡映とすると，S^2 の回転以外の任意の等長変換は $A \in SO(3)$ を使って AR という形で書くことができる．R は $\mathbf{C}$ の複素共役に対応するから，主張は定理より従う． $\square$

以上より，2 対 1 の写像

$$SU(2) \to PSU(2) \cong SO(3)$$

が存在することがわかった．この写像は通例，4 元数を使って構成される．詳細については，たとえば [10] の第 8 章を参照して欲しい．

この対応から，$SU(2)$ 内の I と $-I$ を結ぶ変換の閉じていない道[*49]で，$SO(3)$ 内の

$$\begin{pmatrix} 1 & 0 & 0 \\ 0 & 1 & 0 \\ 0 & 0 & 1 \end{pmatrix}$$

を始点かつ終点とする閉じた道に対応するものが存在することがわかる．

この最後の事実は次の実験により実証できる．掌を上に向けた状態で皿を指の上に乗せる．そして，皿を乗せた状態で腕を捻って皿を回す．理論的には，皿の中心を固定したままこの操作を行うことができ，任意に与えられた時間での皿の位置は回転 $SO(3)$ の元により表され，この操作全体は皿の視点で見ると $SO(3)$ 内の道で表される．ここで，皿が回転してスタートの位置に最初に戻ったとき，腕はまだ捻られた状態にあることがわかる．皿と腕を捻り続けると，(皿がスタートの位置に 2 回目に戻ったときに) 腕もまた，捻られていないスタートの状態に戻ることが発見できる．よって，皿の位置と腕の捻りの経過は $SU(2)$ 内の閉じた単純な道により表され，皿の位置は $SO(3)$ へ射影した像に対応している．実験からわかるように，射影された $SO(3)$ 内の道は実験の

[*49] $SU(2)$ は $|a|^2 + |b|^2 = 1$ を満たす複素 2×2 行列 $\begin{pmatrix} a & -b \\ b & \bar{a} \end{pmatrix}$ の集合であるが，これを $\mathbf{C}^2 = \mathbf{R}^4$ 内の部分集合とみなして，$\mathbf{R}^4$ から定まる距離 (あるいは位相) 空間と考える．$SU(2)$ 内の変換の道とはこの空間内の曲線を意味し，曲線上の各点には $SU(2)$ の行列 (による変換) が対応する．$SO(3)$ は実 3×3 行列なので，たとえば $\mathbf{R}^9$ 内の距離 (あるいは位相) 空間とみなして同様に考えればよい．

半ばですでにスタート地点に戻ってしまう．この実験を想像するのが難しい読者は，[3] の 166 ページにそれを説明するための連続写真が載っているので参照して欲しい．ちなみに，写真では皿ではなくマグカップが回転している．

○ **注意 2.22** ―― (i) $SU(2)$ は $|a|^2 + |b|^2 = 1$ を満たす a, b により $\begin{pmatrix} a & -b \\ b & \bar{a} \end{pmatrix}$ という形の行列で表されるから，これは幾何的には $S^3 \subset \mathbf{R}^4$ である．S^3 は非自明な被覆をもたないことが知られている．この性質は S^3 は**単連結**，つまり S^3 内の任意の閉じた道は連続的に 1 点に潰せる，という性質と同値である．

(ii) $SO(3)$ の有限部分群，つまり巡回群，2 面体群，そして正 4 面体，立方体，正 12 面体の回転群に対応して，それらの 2 倍の位数をもつ $SU(2)$ の有限部分群が存在する．$SO(3)$ の部分群 C_n に対応して，定理 2.19 の第 1 段階より巡回部分群 C_{2n} が得られることは明らかである．$SO(3)$ の 2 面体群 D_{2n} に対応する $SU(2)$ の部分群は **2 重巡回群**と呼ばれる．この群は C_{2n} を部分群として含み，また S^2 の x-軸回りの角度 π の回転により生成される D_{2n} の位数 2 の部分群は位数 4 の巡回部分群に持ち上がる．$D_4 = C_2 \times C_2$ の場合は，ここで得られる 2 重巡回群はよく知られた位数 8 の 4 元数群である．正多面体の 3 つの回転群に対応する位数が 24, 48, 120 の $SU(2)$ の部分群は，通常，**2 重正 4 面体群**，**2 重正 8 面体群**，**2 重正 20 面体群**と呼ばれる．

2.8 | 球面上の円

S^2 上の与えられた点 P と $0 \le \rho < \pi$ に対し，P からの球面距離が ρ である点の集合を考えよう．つまり，これは球面幾何における**円**である．下図のように，球面を回転させて P が北極点であると仮定しておく．

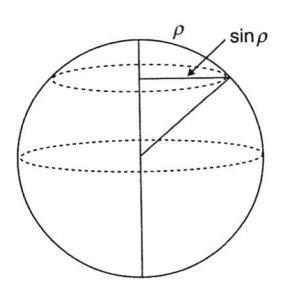

この円はユークリッド空間の意味で半径が $\sin \rho$ の円であり，ある平面と S^2 との交わりになっている．逆に，S^2 と交わる任意の平面について，交わりが1点でなければ，それにより円を切り出すことができる．大円が原点を通る平面に対応していることを思い出しておこう．演習 2.6 で，S^2 上の円で囲まれる領域の面積が

$$2\pi(1-\cos\rho) = 4\pi \sin^2(\rho/2)$$

であることを計算する．これによりこの面積はユークリッド平面の場合の面積 $\pi\rho^2$ よりもつねに小さくなることがわかる．また，ρ が十分小さい場合には展開式

$$\pi\rho^2 \left(1 - \frac{1}{12}\rho^2 + O(\rho^4)\right)$$

が得られる[*50]．

北極点を通る S^2 上の円は，北極点を通る $\mathbf{R}^3$ 内の平面 H により切り出され，立体射影によりこの円は $\mathbf{C}$ 上の直線，つまり H と (赤道に位置する) 複素平面との交わりに射影される．逆に，$\mathbf{C}$ 上の任意の直線 l は北極点を通る平面 H を定め，よって立体射影により北極点を通る S^2 内の円に対応する．

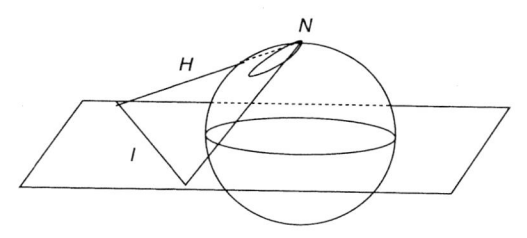

● **命題 2.23** ── 立体射影により，北極点を通らない S^2 上の円は $\mathbf{C}$ 上の円に対応する．

証明 まずはじめに北極点を通らない S^2 上の任意の円 C が，立体射影により $\mathbf{C}$ 上の円に射影されることを示す．C の中心を北極点に移す S^2 の回転 A を選ぶ．A による C の像を C' とすると，対称性から明らかに C' の立体射影による像 Γ は $\mathbf{C}$ 上の円になる．定理 2.19 を使い，回転 A に対応する $\mathbf{C}_\infty$ のメビウス変換を α とする．C は A^{-1} による C' の像であるから，C の立体射

[*50] $O(\rho^4)$ はランダウの記号．ρ に関する 4 次以上の項すべてをまとめて表している．

影による像は円 Γ のメビウス変換 α^{-1} による像であり，よって円か直線である．C は北極点を通らないと仮定しているので，直線が対応することはない．

逆に，Γ を $\mathbf{C}$ 上の円とし，S^2 上の異なる3点で，その立体射影による像が Γ 上にあるものを任意に選ぶ．これらの3点は $\mathbf{R}^3$ 内の平面を定め，よって S^2 上の円 C を定める．前の議論により，C の立体射影による像 Γ' は円か直線であり，元の円 Γ とは少なくとも3つの異なる点で交わる．よって $\Gamma = \Gamma'$ となり，それが円 C の立体射影による像であることがわかる．Γ は円であると仮定していたから，C は北極点を通らない． □

○ **注意 2.24** —— S^2 の大円には3つのタイプがある．北極点を (よって南極点も) 通る大円は $\mathbf{C}$ 上の原点を通る直線に対応する．赤道もまた特別な場合であり，$\mathbf{C}$ の単位円に対応する．S^2 上の他の任意の大円は単位円とちょうど2点で交わる $\mathbf{C}$ 上の円に射影される．交点の1つは，もう1つの交点の反対の位置にある (これは S^2 上の大円と赤道との交わりの2点が対蹠の位置にあることに対応している)．逆に，単位円とちょうど互いに反対の位置にある2点で交わる $\mathbf{C}$ 上の円が与えられたとする．命題 2.23 より，これは赤道でなく北極点も通らない S^2 上の円に対応し，仮定からこの円は赤道と対蹠の位置にある2点で交わる．よってこれは大円である．

演習問題

2.1 球面 S^2 上の与えられた2点 P, Q に対し，補題 1.6 の結果を使って，P と Q から等距離にある球面上の点の集合は大円であることを示せ．

2.2 球面 S^2 上の球面直線 l と l 上にない点 P に対し，P を通り l と直角に交わる球面直線 l' が存在することを示せ．また，P から l 上の点 Q までの距離 $d(P, Q)$ の最小値は，l と l' の交わりの2点のうちの1つで実現されること，そして最小値が $\pi/2$ より小さいなら l' が一意的に定まることを示せ．

2.3 (辺の長さが π より短い) 球面3角形は S^2 のある開半球面に含まれることを示せ．

2.4 与えられた球面直線 l_1, l_2 により定まる球面の鏡映を R_1, R_2 としたとき，合成 $R_1 R_2$ を幾何的に説明せよ．演習 1.4 で述べたユークリッド3角形に関する結果について，対応する球面3角形における主張を作り，そ

れを証明せよ．

2.5 球面 S^2 上の 2 つの球面 3 角形 $\triangle_1, \triangle_2$ に対し，$\triangle_1$ を $\triangle_2$ に移す S^2 の等長変換が存在するとき，2 つの球面 3 角形は**合同**という．$\triangle_1, \triangle_2$ が合同であることと，それらの内角が等しいことが同値であることを示せ．他にどのような合同条件があるか？

2.6 球面上の距離で半径が ρ である S^2 上の円の面積は $2\pi(1-\cos\rho)$ であることを示せ．

2.7 正 12 面体の存在を仮定して，内角を $\pi/2, \pi/3, \pi/5$ とする球面 3 角形による S^2 のタイル張りの存在を証明せよ．同様にして，同じタイル張りの存在を正 20 面体を使って直接証明せよ．

2.8 S^2 上の球面 3 角形 $\triangle$ の補集合を $\triangle^c$ とし，$\triangle^c$ の内角を α, β, γ とする．

$$\triangle^c \text{の面積} = \alpha + \beta + \gamma - \pi$$

が成り立つことを示せ．

2.9 Γ を複素平面上の円または直線とし，z_1, z_2, z_3 を Γ 上の異なる点とする．T を点 z_1, z_2, z_3 をそれぞれ $0, 1, \infty$ に移す一意的に定まる $\mathbf{C}_\infty$ のメビウス変換としたとき，(z_1, z_2, z_3 とは異なる) 第 4 の点 z_4 が Γ 上にあることと，$T(z_4)$ が実数であることは同値であることを示せ．また，複素平面上の 4 つの異なる点が円または直線上にあることと，その非調和比が実数であることが同値であることを導け．

2.10 球面上の異なる 2 つの円は高々 2 点で交わることを示せ．

2.11 $u, v \in \mathbf{C}_\infty$ が立体射影により S^2 上の点 P, Q に対応するとし，d を P から Q までの球面距離とする．点 $u, v, -1/\bar{u}, -1/\bar{v}$ を $-\tan^2 \frac{1}{2} d$ がそれらの非調和比になるように適当な順番に並べよ．

2.12 S^2 上の 2 つの球面線分が (北極点以外の) 点 P で，角度 θ で交わっているとする．立体射影 π により，対応する $\mathbf{C}$ 上の円弧あるいは線分は $\pi(P)$ で，同じ角度，同じ向きで交わることを示せ．[メビウス変換は角度とその向きを保つと仮定することができる．実際にこれは複素 1 変数の複素解析関数に関する第 4.1 節の議論から従う．]

2.13 任意の球面 3 角形 $\triangle = ABC$ に対し，$a < b+c, b < c+a, c < a+b$ そして $a+b+c < 2\pi$ が成り立つことを示せ．逆に，π より小さい任意の正

の実数 a, b, c が上の条件を満たすとき，$\cos(b+c) < \cos a < \cos(b-c)$ が成り立つこと，またこれらを辺とする球面 3 角形が存在することを示せ (そのような球面 3 角形は S^2 の等長変換で必ず移り合う).

2.14 $\mathbf{C}_\infty$ の恒等変換でない任意のメビウス変換 T は，1 つあるいは 2 つの固定点をもつことを示せ．とくに，(立体射影により) 角度 0 以外の S^2 の回転に対応するメビウス変換はちょうど 2 つの固定点 z_1 と $z_2 = -1/\bar{z}_1$ をもつことを示せ．逆に，T を $z_2 = -1/\bar{z}_1$ を満たす 2 点 z_1 と z_2 を固定点とするメビウス変換としたとき，T は S^2 の回転に対応するか，**あるいは固定点の 1 つが吸い込み型の固定点**であること，つまり z_1 をその固定点とすると，$z \neq z_2$ に対し $n \to \infty$ としたとき $T^n z \to z_1$ となることを示せ．

2.15 ユークリッド平面上の任意の有限個の点に対し，それらを囲む最小半径の円が一意的に存在することを示せ (それらの点のうち 1 つはもちろんその円の上に乗る)．正多面体の頂点に対応する S^2 上の有限個の点の集合を考えたとき，それらすべてを囲むような円は**一意的**には定まらないことを示せ．[ヒント：対応する等長群が S^2 上に固定点をもたないことを示せ．]

2.16 球面多角形の面積に関する公式が，開半球面に含まれていない球面多角形についても成り立つことを示せ．[ヒント：極限を考えることで，閉半球面に含まれる球面多角形に対しても公式が成り立つことが確認できる．S^2 上の一般の多角形については，それを赤道を用いて，1 つ 1 つが 2 つの閉半球面のうちのいずれかに含まれるような有限個の多角形に分割すればよい．]

第3章
3角形分割とオイラー数
Triangulations and Euler Numbers

3.1 | トーラス面の幾何

この章の本題に入る前に，球面幾何とは異なる幾何の例として，局所ユークリッド幾何をもつトーラス面を導入する．

● **定義 3.1** —— トーラス面 $T = T^2$ は集合としては，単に $\mathbf{R}^2/\mathbf{Z}^2$ で定義するのが最も簡単な方法である．ここで $\mathbf{R}^2/\mathbf{Z}^2$ は $(x,y) \in \mathbf{R}^2$ で表される点を同値関係 $(x_1, y_1) \sim (x_2, y_2) \iff x_2 - x_1 \in \mathbf{Z}$ かつ $y_2 - y_1 \in \mathbf{Z}$ で同一視した集合である．商写像を $\varphi : \mathbf{R}^2 \to T$ と書くことにする[*51]．

$\mathbf{R}^2$ 上の点 $(p,q), (p+1,q), (p,q+1), (p+1,q+1)$ を頂点とする閉正方形 Q について，Q の辺を2辺ずつ組にして図のように同一視して得られる空間も T である．Q を T の**基本正方形**という．

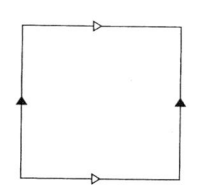

T の最初の定義を使うと，T 上の距離関数 d は次のように定義できる：
$d(P_1, P_2) = \min\{\|\mathbf{x}_1 - \mathbf{x}_2\| : \mathbf{x}_1, \mathbf{x}_2 \in \mathbf{R}^2 \text{ はそれぞれ } P_1, P_2 \text{ を表すベクトル}\}$.
d が距離であることは簡単に確認できる —— 実際には，第8章で述べるように T は滑らかな曲面であるなど，ここで扱うよりももっと豊かな構造をもっている．

上の設定における正方形の内部 $\operatorname{Int} Q$ について，自然な写像 $\varphi|_{\operatorname{Int} Q} : \operatorname{Int} Q \to T$

[*51] T はトーラスあるいは**輪環面**とも呼ばれる．

は T のある開部分集合 W への全単射である (集合 W は,Q の水平な辺および垂直な辺に対応する,1 点で交わる T 上の 2 つの円の補集合である).

任意の $P \in \mathrm{Int}\,Q$ に対し,P を中心とする十分小さな開球体 B への φ の制限は等長写像である ── よって $\varphi|_{\mathrm{Int}\,Q} : \mathrm{Int}\,Q \to W$ は**同相写像**($\mathrm{Int}\,Q$ 上の写像 $\varphi|_{\mathrm{Int}\,Q}$ と W 上の逆写像がともに連続) である.

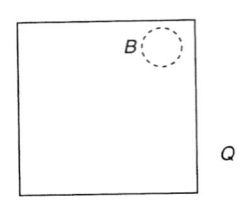

もしここで Q_1 を $(p,q), (p+1/2, q), (p, q+1/2), (p+1/2, q+1/2)$ を頂点とする,$\mathbf{R}^2$ 上の辺の長さが $1/2$ の閉正方形とすると,φ を $\mathrm{Int}\,Q_1$ に制限した写像はその像への**等長写像**であることが簡単に確認できる (演習 3.3).さらに,$\mathrm{Int}\,Q_1$ の像は定義 3.3 の意味で T の**凸開部分集合**になる.

○ **注意 3.2** ── 上でトーラス面上に定義した距離 d は十分小さい円板上のユークリッド距離と一致する.それゆえ**局所ユークリッド距離**と呼ばれる.これはさまざまな目的に対して選ばれる最も自然な距離である.水平と垂直の 2 つの方向について縮尺の異なる距離を選んだり,あるいは代わりに**長方形の格子**による $\mathbf{R}^2$ の商でトーラス面を表したりすることもできる.より一般に,$\mathbf{R}^2$ の任意の格子 (実数上で線形独立な 2 つのベクトルで生成される $\mathbf{R}^2$ のアーベル部分群[*52]) による商を考えると,$\mathbf{R}^2$ 上のユークリッド距離はトーラス面上に局所ユークリッド距離を誘導する.これらの空間の幾何は非常に似ているが,たとえば与えられた点を固定する等長群は長方形格子の場合は $C_2 \times C_2$,正方形格子の場合は 2 面体群 D_8 となるという違いがある (演習 3.4).話を固定するために,ここではつねに単位正方形格子による $\mathbf{R}^2$ の商で与えられる,$\mathbf{R}^2$ の距離から誘導される局所ユークリッド距離をもつトーラス面 T のみを考えることにする.

話を進める前に,T 上にこれとはまったく別の距離が定義できることを述べ

[*52] 群 G の任意の 2 元 g, h に対して交換法則 $gh = hg$ が成り立つとき G を**アーベル群**という.アーベル群 G における積 gh のことを和といい,$g+h$ と書くことが多い.たとえば $\mathbf{R}^2$ 上のベクトルは和に関してアーベル群をなす.

ておく．トーラス面は，たとえば

$$\sigma(u,v) = ((2+\cos u)\cos v, (2+\cos u)\sin v, \sin u)$$

で与えられる写像 $\sigma: \mathbf{R}^2 \to \mathbf{R}^3$ を使って $\mathbf{R}^3$ 内に埋め込む[*53)]ことができ，埋め込まれたトーラス面上の曲線の長さから T の距離を定義することができる．同値なこととして，これは単に $\mathbf{R}^3$ のユークリッド距離を埋め込まれたトーラス面に制限して得られる距離から始め，第 1.4 節のレシピに従って得られる T 上の内在的距離である．

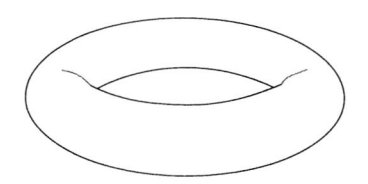

T を $\mathbf{R}^3$ に埋め込まれた曲面として考えたときに得られる距離が定める幾何は，局所ユークリッド距離の幾何とは大きく異なる．このような埋め込まれた曲面は第 6 章で体系的に扱う予定である．ここでは上で定義した局所ユークリッド距離の場合だけに集中することにしよう．

ここで，T 上のどの曲線がこの幾何における (測地) 直線なのか考えてみよう．T 上の与えられた 2 点 P_1 と P_2 は，定義より，$d(P_1, P_2)$ がちょうど $\mathbf{x}_1$ と $\mathbf{x}_2$ のユークリッド距離になるような $\mathbf{R}^2$ 上の 2 点 $\mathbf{x}_1$ と $\mathbf{x}_2$ で表すことができる．まっすぐな線分は $\mathbf{x}_1$ と $\mathbf{x}_2$ の間に一意的に定まる最短の曲線であり，その T 上の像は P_1 と P_2 を結ぶ最短の曲線であることが簡単に確認できる．このことが次に述べる定義を導入する動機であり，この定義は第 7 章以降においてより一般的な文脈に置き換えられる．ここで曲線の定義を拡張して，任意の実区間 I (それが有界な区間かそうでないか，端点が開か閉かなどは定めない) に対する連続関数 $\gamma: I \to X$ を X 上の**曲線**と呼ぶことにする．

● **定義 3.3** —— T の開集合と $\mathbf{R}^2$ の基本正方形の内部との局所的な同一視の下，T 上の曲線 $\gamma: I \to T$ が局所的に平面上の線分であるとき，γ を**測地**

[*53)] $\mathbf{R}^3$ 内の単位球面のように，$\mathbf{R}^3$ 内に実現されている曲面のことを**埋め込まれた曲面**という．正確な定義は第 6 章を参照．

線という．l が有界な実閉区間のとき，曲線 γ のことを**測地線分**という．曲線 $\gamma : [a,b] \to T$ が有限個の測地線分をつないだ道であるとき，それを**折れ線**という．

球面のときと同様に，T の部分集合 A について，任意の 2 点 $P, Q \in A$ に対しそれらを結ぶ T 内の最短の測地線分が一意的に存在し，その測地線分が A に含まれているとき，A は**凸**であるという．たとえば，半径が $1/4$ より短い T の任意の開球体は，$\mathbf{R}^2$ 上の点 $(p,q), (p+1/2, q), (p, q+1/2), (p+1/2, q+1/2)$ を頂点とするある正方形 Q_1 の内部の像 $\varphi(\text{Int } Q_1)$ に含まれる．よってそれは $\mathbf{R}^2$ 内の開球体に等長写像で移るので，T の凸開部分集合である (演習 3.3)．

S^2 の場合と同様，T 上にも単純閉曲線となる測地線があり，よって T 上の 2 点を結ぶ測地線分は最短の曲線ではないかもしれない．さらに，閉測地線がトーラス面上を 2 つの方向に何周まわっているかに従って，違ったタイプの閉測地線が得られる．下図にはトーラス面上を一方向に 4 周，もう一方に 1 周まわっている測地線が描かれている．

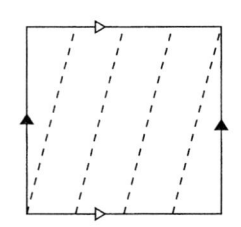

実際，互いに**素**な正の整数 p, q に対し，有理数 p/q を傾きとする $\mathbf{R}^2$ 上の直線が，T 上で一方向に p 周，もう一方に q 周まわる閉測地線を定めることが簡単に確認できる．しかし，もっと特異な現象も起こる．傾きが**無理数**で与えられる $\mathbf{R}^2$ 上の直線を考えると，その像は T 上の閉じていない，長さが無限大の測地線になることが確認できる．対応する点の集合を考えると，それは T 内で**稠密**であること，つまり測地線の閉包は T 全体になることがわかる．

これまでに採用してきた曲面上の多角形の定義を修正する必要もある．なぜなら，一般には単純閉曲線 (あるいは単純閉折れ線) はトーラス面を 2 つの連結成分に分けないからである．たとえばトーラス面を正方形の対辺を同一視したものとして表すと，1 組の対辺の中点同士を結ぶ線分は明らかに閉測地線を定

めるが，その補空間は1つの連結成分しかもたない．より複雑な曲面 S を考えた場合，S を2つの連結成分に分ける単純閉曲線はあるが，そのいずれの成分も位相的には円板にはならないこともある．下図に描かれているように，2個の穴をもつトーラス面を2つに分割する曲線がその例である．

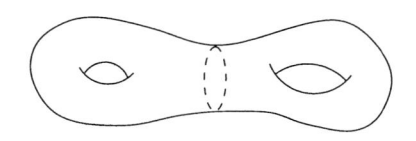

以下で用いる多角形の定義は，内側と外側をもち，**内側**が単位円板と同相になるような単純閉折れ線と同値であることが示せる．球面 S^2 の場合は前章からこれらは明らかに同値である．この定義はまた，次章以降で扱うように，より一般の曲面に対しても測地線分の定義がわかればそのまま一般化することができる．

● **定義 3.4** —— $X = S^2$ あるいは T 上の (測地) **多角形**は以下のように定義される．次の2つの性質を満たす X 上の単純閉折れ線 Γ が存在すると仮定する：

(i) $\mathbf{R}^2$ の開部分集合から Γ を含む X の開部分集合 V への同相写像 $f : U \to V$ が存在する．

(ii) $\mathbf{R}^2$ 上の単純閉曲線 $f^{-1} \circ \Gamma$ の補集合は2つの連結成分からなり，有界成分の方は U に含まれている．

X の**開多角形**をこの有界成分の f による像で定義し，(閉) **多角形**を単にその閉包で定義する．とくに多角形は単純閉折れ線 Γ を境界としている．

第2章では，S^2 上の与えられた単純閉折れ線に対し，曲線の内側としてどちらを選ぶかによって2つの多角形が得られた．

局所ユークリッド距離をもつトーラス面 T 上の単純閉折れ線 Γ で，$\mathbf{R}^2$ 上のある基本単位正方形 Q の内部の像 $W = \varphi(\operatorname{Int} Q)$ に含まれるものを考える．Γ の $\operatorname{Int} Q$ への持ち上げ，つまり $\Gamma = \varphi \circ \tilde{\Gamma}$ を満たす $\operatorname{Int} Q$ 内の一意的な曲線を $\tilde{\Gamma}$ とする．命題 1.19 から，$\mathbf{R}^2$ 内の $\tilde{\Gamma}$ の補集合は2つの成分をもち，1つは $\operatorname{Int} Q$ の補集合を含み，もう1つは $\operatorname{Int} Q$ に含まれる平らな多角形になる．後者は上で定義した意味で，W に含まれるトーラス面上の多角形を定める．逆

に，$\varphi|_{\mathrm{Int}\,Q}: \mathrm{Int}\,Q \to W$ は同相写像であることから，W に含まれ Γ を境界とする T 上の任意の多角形は，$\tilde{\Gamma}$ を境界とする $\mathrm{Int}\,Q$ 内の多角形に一意的に持ち上がり，よって上の形で表される．射影 φ は局所的に等長写像であるから，W 内の多角形の内角を，$\mathrm{Int}\,Q$ 内に持ち上げられたユークリッド多角形の内角で定義することができる．

前章で球面多角形の面積に関するガウス・ボンネの公式を証明した．$\mathbf{R}^2$ 上のユークリッド多角形に対するガウス・ボンネの公式は，n 角形の内角の和は $(n-2)\pi$ という公式である．このガウス・ボンネのユークリッド版は，3角形の場合に帰着できることを定理 2.16 の組み合わせ的証明により直接示すか，あるいはその代わりとして，定理 2.16 の多角形の面積を 0 にもっていったときの極限として得ることができる．局所ユークリッド距離をもつトーラス面 T 上の多角形についても同じ公式が成り立つが，ここではある基本単位正方形 $Q \subset \mathbf{R}^2$ に対応する開集合 $W = \varphi(\mathrm{Int}\,Q)$ に含まれる多角形に対する公式しか必要としない．そのような多角形に対しては，(前段落の説明から) ユークリッド版に帰着することができる．

● **補題 3.5** ── ある基本単位正方形 $Q \subset \mathbf{R}^2$ に対し，$W = \varphi(\mathrm{Int}\,Q)$ に含まれる T 上の n-辺の多角形について，その内角の和は $(n-2)\pi$ である． □

3.2 | 3 角 形 分 割

● **定義 3.6** ── 距離空間 X 上の**位相 3 角形**を，$\mathbf{R}^2$ 内の閉 3 角形 R の (十分小さい $\epsilon > 0$ に関する) ϵ-近傍 U から X の開部分集合 V への同相写像 $f: U \to V$ による R の像で定義する．したがって位相 3 角形の境界は X 内の単純閉曲線であり，位相 3 角形の内部は R の内部と同相，よって演習 1.6 より開円板と同相である．

○ **注意 3.7** ── 定義より，$\mathbf{R}^2$ 内の R の ϵ-近傍 U は，R からの**距離**

$$d(\mathbf{z}, R) := \inf\{\|\mathbf{z} - \mathbf{w}\| : \mathbf{w} \in R\}$$

が ϵ より短い点 $\mathbf{z} \in \mathbf{R}^2$ 全体からなる．そのような R の ϵ-近傍 U の境界は 3 本のまっすぐな線分と 3 つの円弧からなる $\mathbf{R}^2$ 上の単純閉曲線 C であり，よって命題 1.17 より $\mathbf{R}^2$ 内の U の補集合は連結である (C の補集合は 2 つの連結成分からなり，有界な連結成分が U である)．

S^2 上の球面3角形は位相3角形の例である．このことは球面の中心から伸びる半直線により定まる射影を使えば簡単に確認できる (演習 3.5)．

● **定義 3.8** ── コンパクト距離空間 X の (位相) **3角形分割**とは，和集合が X 全体となる有限個の位相3角形の集まりで，次の性質を満たすものである：
- 2つの3角形は互いに交わらないか，あるいは交わりは共通の頂点1つまたは辺1つである．
- 各辺はちょうど2つの3角形の辺になっている．

3角形分割の**オイラー数**(あるいは**オイラー標数**) を，$F = $ 3角形の数，$E = $ 辺の数，$V = $ 頂点の数 に対し

$$e = F - E + V$$

で定義する．

○ **注意** ── 混乱する危険を避けるため，まず次のことを注意しておく．ここで与えた3角形分割の定義から，3角形分割をもつ任意の空間は2次元空間である (なぜなら，それは局所的に $\mathbf{R}^2$ の開部分集合と同相だからである)．位相3角形の概念を高次元の**単体**という概念に拡張することで，任意の次元で適用できる3角形分割の別の定義が与えられる．このコースでは曲面の3角形分割しか扱わず，その場合はこの2つの定義は一致している．

球面とトーラス面の両方について，3角形分割が存在することと，オイラー数が3角形分割の選び方によらないことを以下で示す．後者の事実は，通常は(たとえば [7] の第 IX 章のように) 代数トポロジーにおけるホモロジー群の理論を使って証明されるが，この章では S^2 と T に対して初等的な手法のみを使って証明する．以下で示す球面とトーラス面に対する証明は，第8章で任意のコンパクト曲面を扱う際に一般化される．したがって，S^2 と T のオイラー数はいずれも，それぞれの場合について単に1つの3角形分割を書き下すことで難なく計算でき，$e(S^2) = 2$ および $e(T) = 0$ であることがわかる．

○ **例** ── (i) 内角がすべて $\pi/2$ である8つの球面3角形からなる S^2 の3角形分割が存在する．これは $F = 8, E = 12, V = 6$ であるから $e = 2$ が得られる．

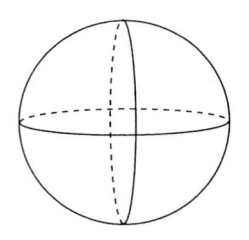

(ii) トーラス面 T は (基本正方形上で) 下図のような 3 角形分割をもつ.

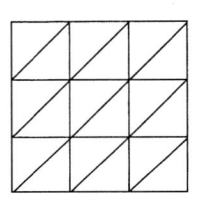

これは $F = 18, E = 27, V = 9$ であるから $e = 0$ が得られる.

これらはともに**測地 3 角形分割**の例であり，S^2 の場合は各 3 角形の各辺は球面線分であり，トーラス面の場合の各辺はある基本正方形 $Q \subset \mathbf{R}^2$ の内部 $\mathrm{Int}\, Q$ に含まれる線分に対応している．次の分割がなぜ T の 3 角形分割ではないのかについては，上で述べた定義に厳密に従って考えれば納得できるはずである．

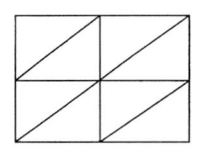

ここで距離空間 X の 3 角形分割について，各位相 3 角形をより小さい 3 角形に細分し，かつオイラー数を変えないような 3 角形分割の細分の構成法を説明する．この構成法はコンパクト曲面のオイラー数が位相 3 角形分割の選び方によらないことを証明する際に使われる．

○ **構成法 3.9** —— $\mathbf{R}^2$ 内の任意の 3 角形 R と，その各辺について任意に選ばれた内点に対し，図に示すように R を 4 つのより小さい 3 角形に細分することができる．さらに，図に示すように，この構成法を繰り返すことができる．

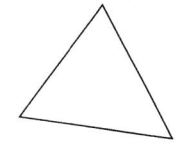

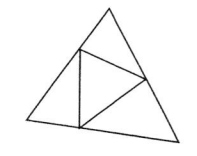

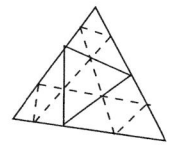

ここで，与えられた距離空間 (X,d) の 3 角形分割について，3 角形分割の各辺に対し内点を 1 つ選んでおく．$\hat{R}$ を X 内の位相 3 角形とすると，ユークリッド 3 角形 $R \subset \mathbf{R}^2$ のある ϵ-近傍から $\hat{R}$ の X 内での開近傍への同相写像 f が存在し，$\hat{R}$ の辺上の選ばれた内点に対して R の辺の内点が対応する．これらの点により決定される R の細分を作ると，R の 4 つの部分 3 角形の各々の f による像として，4 つの小さい位相 3 角形が得られる．この方法で 3 角形分割のすべての 3 角形を細分すると，4 倍の数の 3 角形からなる X の新しい 3 角形分割が得られる．この細分がオイラー数を変えないことは初等的な方法で確認できる．

● **定義 3.10** —— 距離空間 (X,d) に対し，$\sup\{d(P,P') : P, P' \in Y\}$ を部分集合 $Y \subset X$ の**直径**という．

次の結果により，必要に応じて 3 角形分割のすべての 3 角形は適当に小さいと仮定できる．

● **命題 3.11** —— 与えられた距離空間 X と実数 $\varepsilon > 0$ に対し，(上の構成法の繰り返しの応用として) X の任意の 3 角形分割を，同じオイラー数をもつが，すべての 3 角形の直径が ε より短いものに置き換えることができる．

証明 まず与えられた 3 角形分割の位相 3 角形のうちの 1 つ，$\hat{R}$ についてのみ考える．定義から，これはユークリッド 3 角形 R の同相写像 $f : R \to \hat{R}$ による像である．R はコンパクトだから，f は R 上で一様連続であり (補題 1.13)，したがって，「$\mathbf{x}, \mathbf{y} \in R$ が $\|\mathbf{x}-\mathbf{y}\| < \delta$ を満たすならば $d(f(\mathbf{x}), f(\mathbf{y})) < \varepsilon$」となる $\delta > 0$ が存在する．R の辺の長さの最大値を l とする．ここで R の辺の中点で R を細分すると，これは $\hat{R}$ の対応する辺の内点を定める．3 角形分割の他の辺の内点を任意に選び，構成法 3.9 のように細分することで，位相 3 角形が 4 つの小さい位相 3 角形に置き換えられた新しい 3 角形分割が得られる．辺の中点による R のこの細分操作を m 回繰り返し，構成法 3.9 のように 3 角形分割の残りの 3 角形に適切に拡張していくと，最初の 3 角形分割の各

位相 3 角形を 4^m 個の小さい位相 3 角形に置き換えた細分が得られる．ユークリッド 3 角形 R は 4^m 個の 3 角形に細分され，その各辺の長さは R の辺の長さの 2^{-m} 倍になっているから，その直径は $2^{-m}l$ になる (演習 5.15 を参照)．$2^{-m}l < \delta$ となるように m を選べば，位相 3 角形 $\hat{R}$ は，1 つ 1 つの直径が ε より短い，X 内の 4^m 個の位相 3 角形に分割されたことになる．

ここで最初の 3 角形分割の他の位相 3 角形 $\hat{R}'$ を考える．$\hat{R}'$ は $\mathbf{R}^2$ 上のユークリッド 3 角形 R' の同相写像 h による像であるとする．前と同様に，「$\mathbf{x}, \mathbf{y} \in R'$ が $\|\mathbf{x} - \mathbf{y}\| < \delta'$ を満たすならば $d(h(\mathbf{x}), h(\mathbf{y})) < \varepsilon$」となる $\delta' > 0$ が存在する．R' の辺の長さの最大値を l' とする．R の細分に合わせて 3 角形分割全体が細分され，とくに R' は 4^m 個の小さい 3 角形に分割されていることを思い出そう．ここで $2^{-m'}l' < \delta'$ を満たす m' を選び，これらの小さい 3 角形の各々にこの (辺の中点で細分するという) 操作を m' 回実行し，それを 3 角形分割の残りの部分に適当に拡張することができる．この方法で最初の 3 角形分割を，$4^{m+m'}$ 倍の数の 3 角形からなり，かつ $\hat{R}$ と $\hat{R}'$ がともに直径が ε よりも短い位相 3 角形に細分されている 3 角形分割に置き換えることができる．最初の 3 角形分割の各 3 角形にこの操作を順番に繰り返すことで，オイラー数は最初のものと同じだが，すべての位相 3 角形の直径が ε よりも短い X の 3 角形分割が得られる． □

3.3 | 多角形分割

代数トポロジーの立場から考察する際には 3 角形分割がコンパクト空間の自然な分割になるのだが，この節では曲面の多角形への分割について扱う．ここでは多角形分割を S^2 と T に対してのみ定義するが，第 8 章で扱うように，これは任意のコンパクト曲面にそのまま一般化される．

● **定義 3.12** —— $X = S^2$ あるいは T について，X を被覆する有限個の多角形の集まりで，その内部 (つまり**面**) が互いに交わらないものを X の**多角形分割**という．分割の**辺**は多角形の辺に対応し，分割の**頂点**は多角形の頂点に対応する．さらに，各辺の内部は頂点を含まず，分割のちょうど 2 つの多角形の共通の 1 辺になっているという条件も加えておく[*54]．

[*54] 多角形分割の各多角形の境界は定義から単純閉折れ線であり，つまり測地線分をつないだ道である．この点で 3 角形分割とは本質的に異なっている．

ここでの定義から，たとえば辺の2つの端点は頂点でなくてはならないことが従う．多角形分割のオイラー数は前とまったく同様に定義される．つまり，$F = $ 面の数, $E = $ 辺の数, $V = $ 頂点の数 に対し

$$e = F - E + V$$

で定義される．

コンパクト曲面のオイラー数を計算するには，3角形分割よりも多角形分割を使った方が効率がよい．上で挙げたトーラス面の8つの3角形への多角形分割（これは3角形分割ではなかった）を使って計算すると，$F = 8, E = 12, V = 4$ であり，よって $e = 0$ という正しい値が得られる．

ここではオイラー数が (少なくとも S^2 と T について) 3角形分割の選び方によらないことを示すために，与えられた任意の3角形分割を**多角形分割**に置き換えるという手法を用いる．この置き換えは，3角形分割のオイラー数が多角形分割のオイラー数と同じになるように行われる．すると次の結果から主張は従う．

● **命題 3.13** —— S^2 および T の多角形分割が与えられているとし，ガウス・ボンネの公式が分割の多角形に対して成り立つと仮定する．このとき，この分割のオイラー数 $e = F - E + V$ はそれぞれ 2 および 0 である．

証明 多角形を $\Pi_1, \ldots, \Pi_F$ とし，P_i の辺の数を n_i とする．Π_i の内角の和を τ_i とすると，各頂点での角の和が 2π であることから，$\sum_{i=1}^{F} \tau_i = 2\pi V$ が成り立つ．

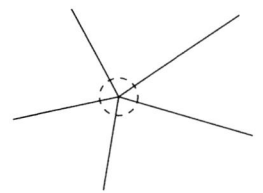

また (辺を数えることで) $\sum_{i=1}^{F} n_i = 2E$ が成り立ち，よって $2E - 2F = \sum_{i=1}^{F}(n_i - 2)$ が得られる．

S^2 の場合のガウス・ボンネの公式より

$$\Pi_i \text{の面積} = \tau_i - (n_i - 2)\pi$$

が成り立つ．したがって

$$4\pi = \sum_{i=1}^{F} \Pi_i \text{の面積} = \sum_{i=1}^{F}(\tau_i - (n_i - 2)\pi)$$
$$= 2\pi V - \pi(2E - 2F) = 2\pi V - 2\pi E + 2\pi F$$

となり，$e = 2$ が得られる．

トーラス面 T の場合はガウス・ボンネの公式より，すべての i について $\tau_i = (n_i - 2)\pi$ が成り立つ．したがって

$$2\pi V = \sum_{i=1}^{F} \tau_i = \sum_{i=1}^{F} (n_i - 2)\pi = (2E - 2F)\pi$$

となり，$e = 0$ が得られる． □

○ **例** —— 凸多面体 $K \subset \mathbf{R}^3$，たとえば正多面体を 1 つ与え，原点が K の内部にあるとすると，原点から伸びる半直線に従って K を，その外側にある同じく原点を中心とする球面 S^2 に射影することができる．この方法で，S^2 の多角形分割で，面，辺そして頂点が K の面，辺，頂点に対応するものが得られる．したがって，任意の凸多面体 K のオイラー数が $e(K) = 2$ という良く知られた結果がここでも得られる．

ここで，$X = S^2$ あるいは T の任意の 3 角形分割が与えられたとする．そのオイラー数が 3 角形分割によらないことを示すための方針は，X の 3 角形分割を同じオイラー数をもつ多角形分割に置き換え，命題 3.13 に帰着させるというものであった．この方針で証明を完成させるためには，次の結果が必要になる．

○ **主張** —— 与えられた 3 角形分割の各辺を次の条件を満たす (同じ端点をもつ) 単純折れ線に置き換えることができる:
 (i) これらの折れ線は他の交点をもたず，各位相 3 角形は (境界がちょうど位相 3 角形の境界の折れ線による近似となるような) 多角形に置き換えられている．
 (ii) 3 角形分割の各 3 角形について，それを含む X の開部分集合が与えられているとき，(十分に誤差の少ない折れ線近似を選ぶことで) 対応する多角形が同じ開部分集合に含まれるようにできる．
 (iii) 得られた多角形たちは X の多角形分割になっている．この分割のオイ

ラー数が最初の 3 角形分割のものと同じであることは簡単に確認できる.

この主張の証明のアイデアは非常に直感的な形で述べることはできるが, 詳細を正しく理解するためには注意が必要になる. X の位相 3 角形の辺が非常に複雑であるかもしれず, 3 角形分割の辺に対して折れ線近似が構成できることを証明抜きで済ませてしまうと, 当然ながら話を多少ごまかすことになる. この主張の証明はこの章の最後の付録に置いた. リズムよく読みたい読者は, この証明には深い発想は何も含まれていないことだけを頭に入れて, 主張の内容を信用して先に進むことを勧める.

もしここで, 上で得られた分割のすべての多角形についてガウス・ボンネが成り立つならば, 命題 3.13 により (3 角形分割によらずに) 球面のオイラー数が 2 であり, トーラス面のオイラー数が 0 であることが導ける.

S^2 上の開球体は半径が $\pi/2$ より短いときに S^2 内で凸であり, T 内の開球体は半径が $1/4$ より短いときに T 内で凸であった. 実際に, 一般のコンパクト曲面を扱うところまで進めば, 十分小さい半径の開球体は凸であることがわかる. S^2 および T 内のそのような凸球体に含まれる多角形に対してガウス・ボンネの公式が成り立つことはすでに確認した (定理 2.16 および補題 3.5). このことを使って, (少なくとも球面とトーラス面について) 次の定理で述べるようにオイラー数は 3 角形分割によらないことを示すことができる. とくにこのことから, (空間の任意の 3 角形分割に対して, 同相な空間にも同じオイラー数をもつ 3 角形分割が作れるので) 球面とトーラス面は同相でないことがわかる.

● **定理 3.14** ── 球面の任意の 3 角形分割のオイラー数は 2 である. トーラス面の任意の 3 角形分割のオイラー数は 0 である.

証明 球面のときは $\varepsilon = \pi/2$,トーラス面の場合は $\varepsilon = 1/4$ とし,考えている空間 (球面かトーラス面) を X とする.

X の与えられた任意の 3 角形分割に対し,X の 3 角形分割で,そのオイラー数は変わらないが,その 3 角形の直径がすべて ε より短いものに細分することができる (命題 3.11).すると上の主張により,この 3 角形分割はオイラー数を同じくする X の多角形分割で,それを構成している各多角形はすべて半径 ε の凸開球体に含まれるものに置き換えることができる.ガウス・ボンネの公式はそれらの多角形に対して成り立つので,定理は命題 3.13 より従う. □

○ **注意** ── 一度適当な凸開近傍の存在を証明してしまえば,この節での各証明および付録にある関連する命題の証明は,第 8 章で述べるように,実際に何も変えずに一般のコンパクト曲面の場合に適用することができる.この節および付録での証明は,その際に大きな変更が必要ないように意識して書かれている.

○ **注意** ── 上の定理はもちろん純粋に位相的なものであり,球面やトーラス面上の距離の選び方には依存しない.しかし,ここで与えた証明では扱いやすい距離を選んでから話を進めている.この特徴,つまり位相的な主張の証明において距離が選択されるという特徴はより専門的な幾何学ではよく起こる.さらに 3 次元あるいはもっと高い次元では,'扱いやすい' 距離を見つけることは,最近解かれたポアンカレ予想の解決法からも実証されるように,現在の研究において非常に活発な分野になっている.

3.4 | 種数 g の閉曲面の貼り合わせ構成法

球面とトーラス面は,g 個の穴の空いたトーラス面 ($g \geq 2$) のような他のコンパクト曲面を作る部品と思うことができる.穴の数 g を**種数**といい,穴を g 個もつ曲面のことを**種数 g の閉曲面**という[*55].この節では種数 g の閉曲面は位相的に,標準的な貼り合わせ構成法で得られることを説明する.第 8 章では各部品に適当な距離を入れたものを考え,この構成法のアイデアを拡張する.距離が貼り合わさると,曲面を単に位相的に理解するのではなく,より幾何的

[*55] 正確には種数 g の向き付け可能なコンパクト曲面であるが,ここでは簡単のため種数 g の閉曲面と呼ぶことにする.

3.4 | 種数 g の閉曲面の貼り合わせ構成法

に理解することができるようになる.

簡単のため, $g = 2$ の場合について具体的に説明する. 種数の高い場合はこの場合の簡単な拡張として説明することができる. 第3.1節に描かれているような $\mathbf{R}^3$ に埋め込まれた種数 2 の閉曲面を考える. 点線で切り開くと下図に描かれているような2つの曲面が得られ, その2つの曲面の各々は位相的にはトーラス面から円板1つを取り除くことで得られる. よって種数 2 の閉曲面は, 円板を1つ除いたトーラス面2つを境界で貼り合わせる (つまり, 2つの円を同一視して境界に戻す) ことで得られる.

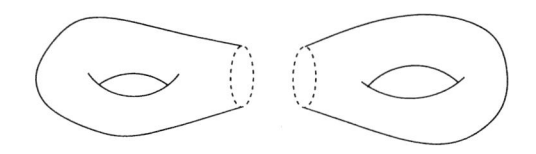

位相的な見地からこの貼り合わせだけに興味があるならば, 2つのトーラス面を3角形分割し, それぞれから3角形を1つ取り除き, そして境界に沿って同一視することができる. 貼り合わせ構成法は通常は距離を歪めるので, ここではこの結果を距離空間よりも位相空間として見る方がより自然である. すると, (円板1つを除いた) トーラス面2つの3角形分割の貼り合わせが種数 2 の閉曲面の3角形分割を与えることは明らかである. (円板を除く前の) トーラス面2つの3角形分割のオイラー数は 0 である. ここで2つの面を取り除き, 3角形で同一視すると, 同一視の際には辺の数と頂点の数はともに3ずつ減るので, この3角形分割のオイラー数は -2 になる. 第8章でオイラー数が3角形分割によらないことを示すので, それを踏まえると, オイラー数は3角形分割によらずつねに -2 となる.

さて, ここで正方形の辺を適当に貼り合わせて得られるトーラス面を2つ考えよう. それぞれのトーラス面から位相的な円板で, その境界が正方形の角に対応する点を通るものを取り除く. すると次のページにある2つの図形が得られる. ここで点線で囲まれた領域と正方形のすべての頂点は取り除かれている.

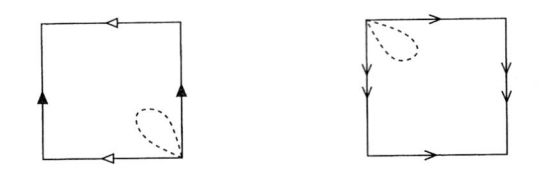

両方の図について，点線を開くと 2 つの 5 角形が得られる．これら 2 つの 5 角形の境界に取り除かれた点をすべて戻すことは，実際には円板を除いたトーラス面 2 つのそれぞれに境界 S^1 を戻すことに対応する．よってこれら 2 つの境界の円を貼り合わせることは，2 つの 5 角形を点線の辺に沿って貼り合わせることに対応する．この貼り合わせは下図の両矢印が指し示す 2 辺に対して行われ，以上より，種数 2 の閉曲線は，8 角形から図に示す同一視により得られることがわかる．

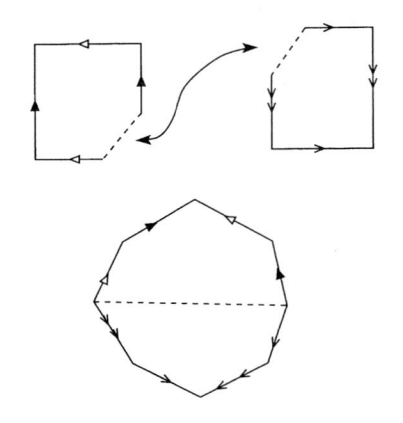

この構成はすべて，種数が 3 以上の場合に対しても拡張でき，結果として，種数 g の閉曲面は円板 1 つを除いたトーラス面 2 つと円板 2 つを除いたトーラス面 $g-2$ 個を自然に貼り合わせて得られることがわかる．また，それぞれのトーラス面の 3 角形分割において，除かれた円板を (互いに交わらない) 3 角形で表すと，種数 g の閉曲面の 3 角形分割が存在し，そのオイラー数は $2-2g$ であることがわかる．さらに (上で述べた議論を拡張した) 帰納的な議論により，種数 g の閉曲面は位相的に，$4g$ 角形から 4 つの隣り合う辺の組を g 組作り，それぞれの組について 4 つの隣り合う辺を $g=1$ および 2 の場合と似たようなルールで同一視することで得られることが従う．

この $4g$ 角形のすべての頂点は種数 g の閉曲面上の 1 点に同一視される．$g = 1$ の場合，ユークリッド正方形の内角の和は 2π である．これが正方形のユークリッド距離からトーラス面上に局所ユークリッド距離が誘導される理由であった．よって，正方形の頂点に対応するトーラス面上の点の周りの小さな開球体は小さなユークリッド開球体と等長になる．

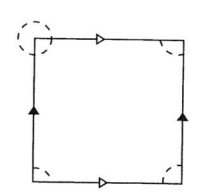

種数 $g \geq 2$ の閉曲面の場合はユークリッド $4g$ 角形の頂点における内角の和は 2π よりも大きくなることから，同じような構成法ではこの曲面上には局所ユークリッド距離は誘導できないことも同時に理解できる．この曲面を平面上の $4g$ 角形の辺を同一視したものと位相的に同一視したが，これは歪んだ距離を含まなくてはならない．実際，第 8 章で示す一般化されたガウス・ボンネの定理は，種数 $g \geq 2$ の閉曲面は負のオイラー数をもつという，曲面上に局所ユークリッド距離が定まるのを妨げる具体的な障害を与える．種数 $g \geq 2$ の閉曲面上には**局所双曲距離**が定義できることを後で説明する (命題 5.23 の後のコメントを参照)．

代数トポロジーのどの最初のコースでも必ず証明される標準的な結果の 1 つにコンパクト位相曲面の同相類の分類がある[*56] — たとえば [7] の第 1.7 節を参照して欲しい．この分類は 2 つの曲面の列からなる．**向き付け可能曲面**は単に上で述べた種数 g の閉曲面 ($g \geq 0$) である．それ以外にも，S^2 から g 個の互いに交わらない開円板を取り除き，そこに g 個のメビウスの帯を貼り合わせて得られる**向き付け不可能**な例がある．メビウスの帯とは，正方形の対辺の 1 組を，円柱面が得られるのとは逆の向きで同一視して得られる曲面であり，その境界は位相的には S^1 と同相である．これらのコンパクトで向き付け不可能な曲面の最初の，そして最も幾何的な例は実射影平面である．

[*56] この場合，同相類とはコンパクト位相曲面の間の同相写像を同値関係とする同値類のこと．閉曲面の分類定理については，たとえば [加藤] の §4.2 あるいは [川崎] の §2.8.2 を参照．

○ 例　（実射影平面）——　実射影平面 $\mathbf{P}^2(\mathbf{R})$ は $\mathbf{R}^3$ の原点を通る直線を点とする空間である．同値なこととして，S^2 上の対蹠の位置にある点を同一視するという同値関係を $\sim$ として，$S^2/\sim$ として定義することもできる．すると，S^2 上の球面距離を使って $\mathbf{P}^2(\mathbf{R})$ 上の距離が定義できる．S^2 内の点 $\mathbf{x}$ と $\mathbf{y}$ により定まる $\mathbf{P}^2(\mathbf{R})$ 上の 2 点に対し，それらの間の距離は S^2 上の球面距離 d を使って単に

$$\min\{d(\pm\mathbf{x}, \pm\mathbf{y})\}$$

で定義される．重要な考察として，$\mathbf{P}^2(\mathbf{R})$ 内の半径が $\pi/4$ より短い任意の球体は S^2 上の対応する球体と等長であることから，この距離は局所的には球面距離とまったく同じになる．商写像 $S^2 \to S^2/\sim$ は連続かつ全射であり，よって補題 1.15 より $\mathbf{P}^2(\mathbf{R})$ はコンパクトである．この商写像は 2 対 1 の局所同相写像であり，S^2 は実射影平面の**2 重被覆**になっている．

実射影平面の同値な表し方として，S^2 の北半球面の閉包を，赤道上の対蹠の位置にある点を同一視して閉じた空間ともいえる．この射影平面のモデルでは，赤道上の対蹠の位置にある点の間の'自由な転送'を許すことにしておけば，その距離は球面距離そのもので与えられている．

ある意味，$\mathbf{P}^2(\mathbf{R})$ の幾何は S^2 の幾何よりも良い性質をもっている．$\mathbf{P}^2(\mathbf{R})$ の測地線は定義から $\mathbf{R}^3$ 内の原点を通る平面に対応している．あるいは同値なこととして，S^2 上の大円に対応している．S^2 の場合と同様に 2 つの直線はいつも交わるが，$\mathbf{P}^2(\mathbf{R})$ の場合は，それらはちょうど 1 点で交わる (なぜなら，S^2 上の対蹠の位置にある 2 点は $\mathbf{P}^2(\mathbf{R})$ の同じ点を表すからである)．

射影平面を北半球面モデルを使って見ると，$\mathbf{P}^2(\mathbf{R})$ の (測地) 3 角形分割を書き下すことは簡単である．たとえば，対蹠の位置にある頂点や辺が同一視されるように半球面を 8 つの線分で細分すればよい．下図は上から見た図で，中心は北極点を表している．

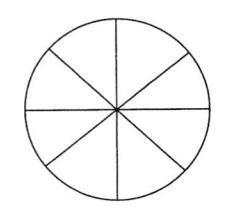

この 3 角形分割は 8 つの 3 角形からなり，(同一視を考慮に入れると) 12 の辺と

5つの頂点があるから，よってオイラー数は 1 である．実際，構成法 3.9 と 3.15 を用いて球面の場合と同様に議論を進めると，実射影平面の任意の位相 3 角形分割に対して，まず最初に細分してすべての位相 3 角形が半径が $\pi/4$ よりも短いある凸球体に含まれるようにでき，さらに各 3 角形を (その凸球体に含まれる) 多角形で近似することができる．これらは球面多角形であるから，その面積についてガウス・ボンネの公式が適用でき，命題 3.13 における議論によりオイラー数は 1 であることがわかる (これは $\mathbf{P}^2(\mathbf{R})$ の面積がちょうど半球面の面積，つまり 2π であるという事実に対応している).

実射影平面は正方形の対辺たちを下図のように同一視したものとして位相的に表すこともできる (これは境界上の対蹠の位置にある点の同一視に対応している).

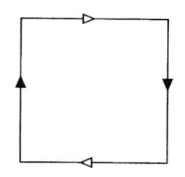

これとトーラス面を構成したときの対辺の同一視を比較してみる．トーラス面の場合は 4 つの頂点がすべて同一視されたが，今回は対角線の位置にある頂点のみが同一視されている．また，トーラス面のときの同一視とは異なり，平面上の距離を歪めることなしに，同一視により実射影平面を得ることはできない．

正方形の対辺たちの同一視の方法は，トーラス面や実射影平面が得られるもの以外にも 2 通り存在する．そのうちの 1 つは単に球面を，残りの 1 つは**クラインの壺**を構成するもので，後者は下図に描いた同一視により得られる．

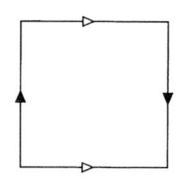

図の正方形の上の辺と下の辺を同一視すると，2 つの円を端にもつ円柱面が得られる．ここでこれらの端の円を，トーラス面を作ったときとは逆の向きで同一視する．正方形の頂点はすべてクラインの壺上の 1 点に同一視されており，

クラインの壺にも局所ユークリッド距離が定義できることになる (演習 3.11).
また，クラインの壺のオイラー数は 0 であることが確認できる (演習 3.10).

演習問題

3.1 小さい円の円周を考えることで，球面と局所ユークリッド距離をもつトーラス面は空でない等長な開部分集合を含まないことを示せ.

3.2 局所ユークリッド距離をもつトーラス面 T 上の任意の異なる 2 点について，それらを結ぶ測地線が無限個存在することを示せ.

3.3 Q_1 を $\mathbf{R}^2$ 内の $(p,q), (p+1/2,q), (p,q+1/2), (p+1/2,q+1/2)$ を頂点とする閉正方形とする. T を $\mathbf{R}^2$ の単位正方格子による商空間としたとき, 商写像 $\varphi: \mathbf{R}^2 \to T$ を $\mathrm{Int}\, Q_1$ に制限したものは $\mathrm{Int}\, Q_1$ からその像への**等長写像**であることを示せ. また, $\mathrm{Int}\, Q_1$ の像は T の凸開部分集合であることを示せ.

3.4 T を $\mathbf{R}^2$ 内の単位正方格子により定義される局所ユークリッド距離をもつトーラス面とする. T はアーベル群の構造をもち, それは等長群 $\mathrm{Isom}(T)$ の部分群とみなせることを示せ. $\mathrm{Isom}(T)$ が T に推移的に作用することを導け. また, T の与えられた点を固定する等長群は位数 8 の 2 面体群, つまり正方形の対称群であることを示せ.

3.5 S^2 の中心からの半直線により定まる射影を用いて, あるいは他の方法を用いて, 任意の球面 3 角形は S^2 の位相 3 角形であることを示せ.

3.6 T を $\mathbf{R}^2$ 上の単位正方格子により定義される局所ユークリッド距離をもつトーラス面とする. $m_1 n_2 - m_2 n_1 = 1$ を満たす整数を成分とするベクトル $\mathbf{m} = (m_1, m_2)$, $\mathbf{n} = (n_1, n_2)$ と任意のベクトル $\mathbf{a} \in \mathbf{R}^2$ に対し, $\mathbf{a}, \mathbf{a}+\mathbf{m}, \mathbf{a}+\mathbf{n}, \mathbf{a}+\mathbf{m}+\mathbf{n}$ を頂点とする平行 4 辺形を Π とする. 商写像 $\varphi: \mathbf{R}^2 \to T$ を $\mathrm{Int}\, \Pi$ に制限すると, $\mathrm{Int}\, \Pi$ からその像への同相写像が得られることを示せ. いかなる単位正方形の φ による像にも含まれない T 上の凸多面体が存在することを導け.

3.7 S^2 あるいは T の多角形分割があるとする. ちょうど n 個の辺をもつ面の数を F_n で, ちょうど m 個の辺が集まっている頂点の数を V_m で表すことにする. 辺の合計数を E としたとき, $\sum_n n F_n = 2E = \sum_m m V_m$ が成り立つことを示せ.

　各面が少なくとも 3 つの辺をもち, 各頂点に少なくとも 3 つの辺が集

まっているとする．$V_3 = 0$ のとき，頂点の合計数 V について $E \geq 2V$ となること，$F_3 = 0$ のとき，面の合計数 F について $E \geq 2F$ となることを導け．また，球面の場合について $V_3 + F_3 > 0$ となることを導け．トーラス面の場合について $V_3 = 0 = F_3$ となる多角形分割を作れ．

3.8 前問と同じ記号を用いて，S^2 の与えられた多角形分割について，等号
$$\sum_n (6-n)F_n = 12 + 2\sum_m (m-3)V_m$$
を示せ．各面が少なくとも3つの辺をもち，各頂点に少なくとも3つの辺が集まっているとしたとき，不等式 $3F_3 + 2F_4 + F_5 \geq 12$ を導け．

　　サッカーボールの表面は，各頂点にちょうど3つの面が集まるようにして，球面6角形と球面5角形に分割されている．球面5角形の数はいくつか？そのような分割で，各頂点がちょうど1つの5角形に含まれているものが存在することを実証せよ．

3.9 実射影平面内の半径が $\pi/2$ より短い2つの異なる円で，4点で交わる例を見つけよ．

3.10 クラインの壺の3角形分割を作り，そのオイラー数が0であることを確認せよ．

3.11 トーラス面からクラインの壺への連続かつ全射な2対1の局所同相写像が存在することを示せ（つまり，トーラス面はクラインの壺の2重被覆である）．これにより，あるいは他の方法で，クラインの壺上に局所ユークリッド距離が定義できることを示せ．

付録：折れ線近似に関する証明

　第3.3節の主張の証明を完成させるのがこの付録の目標である．この証明が完成すると，球面あるいはトーラス面 X に対して，その3角形分割を同じオイラー数をもつ多角形分割に置き換えることが可能になる．構成法3.15で3角形分割の辺を折れ線でどのように近似するかを詳細に説明し，命題3.16でこの構成法が主張にある性質を満たす X の多角形分割を与えることを示す．この構成法では，辺の頂点に近い部分を測地線分で最初に近似することが重要になる．これが行われた後，辺の残った（頂点から離れた）部分の良い近似を見つけることは比較的簡単である．仮に辺たちが頂点の近くで異なる接方向をもつ

滑らかな曲線であったとすると，証明の最初の部分も簡単になる．しかしながら，一般には辺は連続としか仮定していないため，ひどく複雑な曲線であるかもしれず，よってもう少し微妙な議論が必要になる．命題 3.16 の証明では，多角形の内側を見分け，多角形を 3 角形分割の位相 3 角形と関連付けるために，(第 1 章で導入した) 回転数を使う．前に注意したように，この付録の内容は，適切な凸開近傍の存在さえ示してしまえば，第 8 章で扱う一般のコンパクト曲面の場合についてもほとんど変更なしで適用することができる．

○ **構成法 3.15** —— 3 角形分割の位相 3 角形を $\hat{R}_j = f_j(R_j)$ と書くことにする．ここで $R_j \subset \mathbf{R}^2$ はユークリッド 3 角形，U_j は R_j のある ϵ_j-近傍，$f_j : U_j \to V_j \subset X$ は U_j から X (今のところ，X は球面かトーラス面) の開部分集合への同相写像とする．添え字の数字 j は 1 から面の数 F まで動く．各 j について R_j の内部の点 (たとえば R_j の重心) を 1 つ固定して，それを z_j とし，d_j を R_j の境界から z_j までの距離とする．$\hat{R}_j$ 内の像を $\hat{z}_j = f_j(z_j)$ と書くことにする．また，R_j の近傍 U_j を十分小さく選ぶことで，X の開集合 $V_j = f_j(U_j)$ がすべての $k \neq j$ について点 $\hat{z}_k$ を含まず，さらに 3 角形分割における $\hat{R}_j$ の 3 つの頂点以外のいかなる頂点も含まないと仮定することができる．なぜなら，もし V_j 内にそのような点たち $\hat{z}$ があった場合には，R_j の ϵ_j-近傍が U_j 内の $\hat{z}$ の逆像をすべて避けるように ϵ_j を十分小さく選べばよいからである (これらの逆像を中心とする ϵ_j-球体が R_j と交わらないようにすればよいので，これは可能である)．

　これから述べる構成法の重要なアイデアは，3 角形分割の辺の**頂点に近い部分**を最初に変形することである．ここで頂点 1 つに注目し，それを P とし，P を頂点にもつすべての位相 3 角形 $\hat{R}_j$ を考える．添え字の番号を付け直して，これらの 3 角形は $\hat{R}_j, j = 1, \ldots, s$ であると仮定する．各 $1 \leq j \leq s$ について，P に対応する R_j の頂点を中心とする小さい開円板 $D_j \subset U_j$ を選ぶ (D_j の半径は $d_j/2$ より短いと仮定しておく)．各 $f_j(D_j), j = 1, \ldots, s$, は P の X 内での開近傍であり，それらすべてに含まれる，P を中心とする凸開球体 $B(P, \delta)$ を選ぶことができる (ここで δ は頂点 P に依存する)．P を端点とする 3 角形分割の辺に名前 $C_1, \ldots, C_s$ を，C_i と C_{i+1} が位相 3 角形 $\hat{R}_i$ の辺 (そして C_s と C_1 は $\hat{R}_s$ の辺) になるように付けておく．また，$B(P, \delta)$ と交わる 3 角形分割の辺はこれらのみとなるよう，δ は十分小さく選ばれていると仮定

しておく．

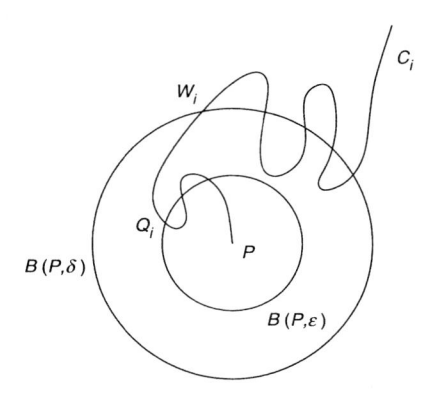

1 ≤ i ≤ s について，P から C_i に沿って見ていったときに，C_i が $\bar{B}(P,\delta)$ の境界と出会う**最初の点** W_i を考える．ここで W_i を越えた後の C_i のすべての点 x について距離 $\rho(P,x)$ が $\rho(P,x) > \varepsilon$ を満たすように $0 < \varepsilon < \delta$ を選ぶことができる —— ここで P を含まない閉集合（ここでは W_i と W_i を越えた後の点からなる C_i の部分集合）から P までの距離が正であることを使っている．さらにすべての $i = 1, \ldots, s$ に対して上の性質が成り立つように $\varepsilon > 0$ を選んでおく．したがって $\varepsilon = \varepsilon(P)$ は頂点 P のみに依存する．

ここで Q_i を，P からスタートして C_i が $\bar{B}(P,\varepsilon)$ の境界と出会う**最後の点**とする．別の言い方をすると，W_i からスタートして反対方向に移動したときに最初に出会う点ともいえる．C_i 上の，P から移動して Q_i を越えた後のすべての点は $\bar{B}(P,\varepsilon)$ の外側にあり，C_i 上の，Q_i までの部分は $B(P,\delta)$ に含まれていることがわかる．ここで P と Q_i の間の C_i の区間を測地線分 PQ_i で**置き換える**．ここまでの手続きを 3 角形分割の各頂点について繰り返す．

ここまでの構成で，3 角形分割の辺 C_j たちは，端点である頂点以外では互いに交わらない近似した辺 γ_j により置き換えられた．これからこれらの曲線を，それを近似する折れ線に順番に置き換えていく．そのような曲線の 1 つ $\gamma = \gamma_i$ を連続写像 $\gamma : [0,1] \to X$ で与える．構成から $\gamma(0)$ と $\gamma(1)$ は 3 角形分割の頂点であり，ある $\kappa_1, \kappa_2 > 0$ について $[0, \kappa_1]$ および $[1 - \kappa_2, 1]$ の両区間において曲線 γ は測地線分になっている．さらに，曲線 γ は 3 角形分割の辺 C_i を置き換えたものである．C_i を辺とする 2 つの位相 3 角形を $\hat{R}_k$ と $\hat{R}_l$ とする．曲線 $G = \gamma([\kappa_1, 1 - \kappa_2])$ はすべての他の曲線 γ_j ($j \neq i$) の補集合（これは開

集合) に含まれる．G の各点 y について，y の周りの凸開球体 B で次の性質を満たすものを選ぶことができる：

- B は $j \neq i$ について，他の曲線 γ_j と交わらない．
- B は $V_k = f_k(U_k)$ と $V_l = f_l(U_l)$ の両方に含まれる．ここで k と l は上で定めた 2 つの位相 3 角形の添え字とする．
- 3 角形分割の任意の頂点 P について，B は閉球体 $\bar{B}(P, \varepsilon(P)/2)$ と交わらない．
- $j = k$ と l の両方について，逆像 $f_j^{-1}(B)$ は R_j の境界上の点 $f_j^{-1}(y)$ を中心とする半径が $d_j/2$ よりも短い U_j 内の球体に含まれる．

さらに，曲線 $G = \gamma([\kappa_1, 1-\kappa_2])$ は補題 1.15 よりコンパクトであるから，有限個の凸開球体 $B_1, \ldots, B_m$ で被覆することができる．被覆している B_r たちから 1 つでも除くと G を被覆していないと仮定し，B_r を並べ替えて，$\kappa_1 < s_1 < s_2 < \cdots < s_{m-1} < 1 - \kappa_2$ に対し

$$G \cap (B_1 \cup \cdots \cup B_r) = \gamma([\kappa_1, s_r]) \qquad (r = 1, \ldots, m-1)$$
$$= G \qquad (r = m)$$

とすることができる．よって，すべての $1 < r < m$ について $\gamma(t_r) \in B_r \cap B_{r+1}$ となるような閉区間 $[\kappa_1, 1-\kappa_2]$ の分割

$$\kappa_1 = t_0 < t_1 < \ldots < t_{m-1} < t_m = 1 - \kappa_2$$

を見つけることができる (ここで各 $r \leq m-1$ について $s_{r-1} < t_r < s_r$ が成り立つ)．各 $\gamma(t_r)$ と $\gamma(t_{r+1})$ を B_r 内の測地線分で結ぶことで，問題となっている曲線 G をそれを近似する折れ線に，したがって辺全体をそれを近似する折れ線 $\tilde{\gamma} : [0,1] \to X$ で開区間 $(0,1)$ の像が他の曲線 γ_j ($j \neq i$) と交わっていないものに置き換えることができる．この方法で構成された折れ線 $\tilde{\gamma}$ はもはや単純折れ線でなくなってしまうかもしれないが，この問題は回避することができる：ある $\sigma_1 < \sigma_2$ について $\tilde{\gamma}(\sigma_1) = \tilde{\gamma}(\sigma_2)$ が成り立つならば，$\tilde{\gamma}$ の σ_1 と σ_2 の間の部分を単に省略すればよい．この方法で，γ は**単純折れ線** γ^* に置き換えられる．頂点 P が γ^* の始点であるとすると，$B(P, \varepsilon(P)/2)$ に含まれている γ^* の部分は最初の測地線分だけであることがわかる．

この手続きを順番にすべての曲線 γ_j に対し，次のルールに従って適用する：上の構成において凸開球体 B を選ぶ際に，B を近似する前の曲線 γ_i と交わら

ないように選ぶと同時に，すでに折れ線近似された曲線 γ_i^* とも交わらないように選ぶ．この作業が完了すると，最初の3角形分割のすべての辺が，近似する折れ線で置き換えられたことになる．よって，各位相3角形 $\hat{R}_j$ について，境界の曲線 Γ_j（始点と終点は同じ点とする）は，γ_i^* により与えられる3つの単純折れ線からなる単純閉折れ線近似 Γ_j^* で置き換えられたことになる．

第3.3節で後に回したこの付録で示すべき主張は次の結果から従う．

● **命題 3.16** ── 上の構成法の記号を用いて，各 Γ_j^* は，$\hat{z}_j = f_j(z_j)$ を内部にもち，他のすべての点 $\hat{z}_k$ $(k \neq j)$ を含まない，一意的に定まる X 上の多角形の境界である．これらの多角形は X の多角形分割を構成している．さらに，3角形分割の位相3角形が X の与えられた開部分集合に含まれるならば，対応する多角形が同じ開部分集合に含まれるようにすることができる．

証明 与えられた j に対し，ユークリッド3角形 R_j の境界は f_j により曲線 Γ_j に対応しており，折れ線近似 Γ_j^* に対応する U_j 内の連続な閉曲線を Υ_j と書くことにする．上の構成から，Υ_j は単純折れ線 γ_k^* に対応する3つの曲線 η_1, η_2, η_3 からなることがわかる．各 η_i は3角形 $R_j \subset U_j$ のある辺 L_i を置き換えたものである．

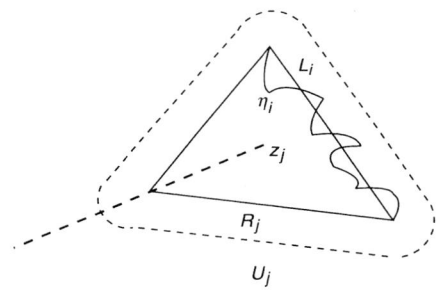

折れ線近似の構成法（とくに，先に構成した凸開球体 B の選び方）から，η_i の各点は辺 L_i から距離 $d_j/2$ の内にある．よって，L_i の向きを反対にした線分と η_i をつなげて得られる U_j 内の閉曲線は，z_j からスタートして L_i と反対側にある R_j の頂点を通る半直線の $\mathbf{C} = \mathbf{R}^2$ 内における補集合に含まれる．（z_j を原点としておくと，この半直線の補集合内に偏角の連続分岐が存在していることから）回転数の基本的性質により，この閉曲線の z_j における回転数は 0 であることがわかる．

3角形 R_j の境界の z_j 周りの回転数は ± 1 である．ここで第 1 章で述べた 2 つの曲線をつなげた際の回転数に関する性質を使うと，各辺 L_i を順番に，回転数を保ったまま対応する曲線 η_i に置き換えることができる．よって，これを 3 つの辺 L_i すべてに適用した後でも Υ_j の z_j 周りの回転数はなお ± 1 となる．

命題 1.17 の議論から，X 内の単純閉折れ線 Γ_j^* の補集合は高々 2 つの連結成分しかもたないことがわかる．もし 2 つであるならば，これらは Γ_j^* の両側に対応する．単純閉曲線 Υ_j の z_j 周りの回転数は ± 1 であることから，$\mathbf{C}$ 内における Υ_j の補集合は 2 つの成分をもち，有界な方が z_j を含んでいることが従う．$\mathbf{C}$ における U_j の補集合は注意 3.7 より連結であるから（U_j を R_j のある ϵ_j-近傍として選んでおいたことを思い出すと）それは有界でない成分に含まれている．とくに $\mathbf{C}$ における Υ_j の補集合の有界成分は U_j に含まれ，したがって $\hat{z}_j$ を内点とする X 内の多角形を特定する．さらにこの多角形はいかなる他の点 $\hat{z}_k$ ($k \neq j$) も，また，最初の 3 角形分割の $\hat{R}_j$ の 3 つの頂点以外のいかなる頂点も含まない．なぜなら，それらが U_j に含まれているとすると最初の仮定に反してしまう．

ここでこれらの多角形が X の多角形分割を構成していることを示す必要がある．最初に，Π_1 と Π_2 を上で構成した多角形のうちの 2 つとし，それぞれが最初の 3 角形分割の位相 3 角形 $\hat{R}_1$ と $\hat{R}_2$ に対応しているとして，**Π_1 の内部は Π_2 の境界の点を含まないことを主張する**．$\hat{R}_1$ と $\hat{R}_2$ が共通の辺 C をもつ場合は，Π_1 と Π_2 の境界は対応する共通の単純折れ線 γ^* をもち，これは Π_1 の内部とは交わらない．共通の辺がない場合には，$\hat{R}_2$ の辺 C から，端点のうち少なくとも 1 つが Π_1 に含まれていない単純折れ線 γ^* が（Π_2 の境界の一部として）得られる（なぜなら，3 角形分割の定義における性質から，その端点は最初の 3 角形分割の $\hat{R}_1$ の 3 つの頂点以外の頂点であり，よって構成法からそれは Π_1 には含まれない）．ここで γ^* は Π_1 の内点を含まないことが導ける；そうでなければ，曲線 γ^* はある途中の点で Π_1 の境界と交わることになるが，構成法から γ^* の内点は Π_1 の境界の点にはなりえない（さもなければ，折れ線 γ_j^* たちのうちの 2 つが共通の端点以外の点で交わることになってしまう）．

ここで，上のことから $\mathrm{Int}\,\Pi_1$ と $\mathrm{Int}\,\Pi_2$ は互いに交わらないことが導ける．もし交わりがあったとすると，その点 $\hat{z}$ について $\mathrm{Int}\,\Pi_1$ 内に $\hat{z}_1$ と $\hat{z}$ を結ぶ曲線 ξ が見つかる．構成法より $\hat{z}_1 \notin \mathrm{Int}\,\Pi_2$ が成り立つことから，曲線 ξ は Π_1 の内部のある点で Π_2 の境界と交わることになるが，これは前の段落で証

明したことに反する.

　想定している多角形分割の各辺 χ は単純折れ線 γ^* の測地線分であり，最初の 3 角形分割のある辺 C を近似し，ちょうど 2 つの位相 3 角形の共通の辺になっている．よって χ は確かに対応する 2 つの多角形の辺になっている．もしこれが 2 つ以上の多角形の辺になっていたとすると，その多角形たちの内部は交わりをもつことになり，上で証明したことに反する.

　X の多角形分割がすでに得られていることを見るために，X が閉多角形 $\Pi_1, \ldots, \Pi_F$ の和集合 Y であることを示す必要がある．明らかに Y は閉集合である．ここでは Y が開集合でもあり，よって連結性から $Y = X$ となることを示す[*57]．多角形の内点 $P \in Y$ について，Y に含まれる開近傍は明らかに存在する．$P \in Y$ が最初の 3 角形分割の頂点でなく，分割のいかなる多角形の内部でもないならば，上の理由からそれはある単純折れ線 γ^* の 1 つの内点で，ちょうど 2 つの多角形の境界にあることになる．これにより，P のある開近傍が Y に含まれることがここでも従う．よって P が最初の 3 角形分割の頂点である場合について考えればよいことになる．この場合，$\Pi_1, \ldots, \Pi_s$ を P を頂点とする多角形とすると，構成法 3.15 から開球体 $B(P, \varepsilon(P)/2)$ は扇形 $B(P, \varepsilon(P)/2) \cap \Pi_i$ $(i = 1, \ldots, s)$ の和集合であり，これは Y に含まれることになる．よって Y は主張していたように開集合であり，X の多角形分割が得られたことになる.

　命題の最後の主張は簡単である．3 角形分割の与えられた位相 3 角形 $\hat{R}$ はユークリッド 3 角形 R の，$\mathbf{R}^2$ 内での R のある ϵ-近傍 U から X のある開部分集合 V への同相写像 $f : U \to V$ による像である．$\hat{R}$ が X の開集合 V' に含まれているならば，R は U の開部分集合 $f^{-1}(V')$ に含まれていることになる．コンパクト集合 R の，$\mathbf{R}^2$ 内の $f^{-1}(V')$ の補集合 (これは閉集合) からの距離が正であるという事実 (演習 1.16 を参照) を用いると，$f^{-1}(V')$ に含まれる R の ϵ'-近傍を見つけることができる．よって，最初の ϵ を十分小さく選ぶことにより，ϵ-近傍 U が像 $V \subset V'$ をもつようにできる．我々が構成した $\hat{R}$ に対応する多角形が V に含まれることから，それは与えられた開部分集合 V' に含まれている． $\square$

[*57)]　Y が開かつ閉であれば，$Y \subset X$ より Y と $X \setminus Y$ はともに開集合であり，Y の連結性から $X \setminus Y = \emptyset$，つまり $X = Y$ となる.

第4章
リーマン計量
Riemannian Metrics

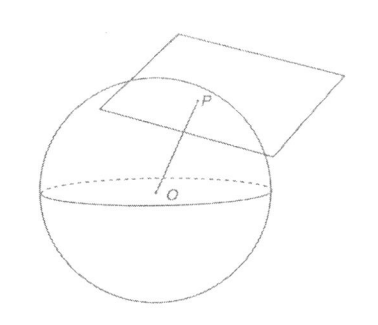

　この本の中心にある概念は，曲線の長さという概念である．これまでに扱ったのは，球面線分のような扱いやすい曲線の具体的な長さだけであった．より一般の曲線については，$\mathbf{R}^2$ 内の曲線の場合でさえも，単純曲線 Γ の長さを $\|\Gamma'(t)\|$ の積分の言葉で置き換える命題 1.10 を使う必要がある．よってその積分を実行するために微積分法が必要になる．

　微積分法が必要になる他の理由としては，一般に空間の幾何が点から点に移るに従って変化するかもしれないことが挙げられる．イギリスのある地域の地図について考えたとき，単に縮尺を使って地図上での距離を測るだけでは，旅行する距離を正確に予測することは難しい．別の言い方をすると，地面の上で測った距離は，単に地図上のユークリッド距離を拡大したものとは異なる．その理由の 1 つとして地球の曲率が挙げられるが，ここで議論されている地図の縮尺については，曲率はそれほど重要ではない．別の理由として，地図が表す場所の地形が挙げられる．東イングランドにあるケンブリッジの町の近くでは土地は非常に平らであり，よって旅行する距離を地図を使ってかなり正確に測ることができる．しかし，見ている地図がもし，多くの山や谷を地形にもつ北ウェールズのどこかであったならば，単に地図上の対応する曲線の長さから旅行の距離を測るだけでは，それは極めて不正確なものになってしまうであろう．地図では山や谷の起伏は等高線により表されており，地図を読むのに慣れた人はこれらを使って旅行する距離を推測することができる．計算を正確に行うために必要なのは，各点における各方向に関する縮尺の情報である．このことから，$\Gamma'(t) \in \mathbf{R}^2$ のノルムを測ったとき，このノルムは地図上の点 $\Gamma(t)$ に依存するべきであるという考え方が得られる．$\mathbf{R}^2$ 上のノルムの滑らかな族，つまり平面上のある開部分集合の点に依存しているノルムというこの考え方から，この本の残りの章で最も大切な概念となる**リーマン計量**の概念に辿り着くので

ある．

続く第5章では幾何の重要な例である**双曲平面**を詳細に扱うので，この章の内容を具体的に理解するのに役立つはずである．

4.1 | 導関数と連鎖律の復習

リーマン計量の概念を導入する前に，解析学における多変数関数の微分に関するいくつかの事実を思い出しておこう．この節では必要と思われる結果を復習すると同時に，少なくともここでの目的に合うように，導関数の最も扱いやすい記法を固定する．たとえば**微分**の概念はある学部の教科書，とくに応用数学ではもっと天下り的に扱われたりするが，記法を正しく選択することで，微分という考え方の正確な意味を理解することが可能になる．

U を $\mathbf{R}^n$ の開部分集合とする．写像 $f : U \to \mathbf{R}^m$ は座標ごとに与えられる U 上の実数値関数 $(f_1, \ldots, f_m)$ により定義される．写像 f は，各 f_i のすべての高階偏導関数が存在するとき**滑らか**（あるいは C^∞ **級**）であるという．滑らかな写像はとくに微分可能である（そのためには偏導関数が連続関数であれば十分である）．f の $\mathbf{a} \in U$ における**導関数**とは，$\mathbf{h} \neq \mathbf{0}$ について

$$\frac{\|f(\mathbf{a}+\mathbf{h}) - f(\mathbf{a}) - df_\mathbf{a}(\mathbf{h})\|}{\|\mathbf{h}\|} \to 0 \qquad (\mathbf{h} \to \mathbf{0} \in \mathbf{R}^n)$$

を満たす線形写像 $df_\mathbf{a} : \mathbf{R}^n \to \mathbf{R}^m$ のことである（本によっては $Df_\mathbf{a}$ あるいは $f'(\mathbf{a})$ と書くこともある）．$m = 1$ の場合は，線形写像 $df_\mathbf{a} : \mathbf{R}^n \to \mathbf{R}$ は f の $\mathbf{a}$ における偏導関数を成分とする行列 $\left(\frac{\partial f}{\partial x_1}(\mathbf{a}), \ldots, \frac{\partial f}{\partial x_n}(\mathbf{a})\right)$ による積，つまり

$$(h_1, \ldots, h_n) \mapsto \sum_i \frac{\partial f}{\partial x_i}(\mathbf{a}) h_i$$

により定まる．一般に m が任意の自然数であるとき，$df_\mathbf{a} : \mathbf{R}^n \to \mathbf{R}^m$ は $\mathbf{a}$ における偏導関数が定める $m \times n$ 行列

$$J(f) = \left(\frac{\partial f_i}{\partial x_j}\right)$$

により決定される[*58)]．この行列のことを**ヤコビ行列**という．

○ **例** ── $\mathbf{C}$ の開部分集合 U に対し，z を複素変数とする1変数の複素解

[*58)] この行列の表記は $\frac{\partial f_i}{\partial x_j}$ が行列 $J(f)$ の (i,j) 成分という意味．

析関数 $f: U \to \mathbf{C}$ を考える．定義から，これは任意の $z \in U$ に対し
$$\frac{|f(z+w) - f(z) - wf'(z)|}{|w|} \to 0 \qquad (0 \neq w \to 0 \in \mathbf{C})$$
が成り立つことを意味する．ここで f' は (複素変数に関する) 導関数 df/dz を表す．$P \in U$ に対し $f'(P) = a + ib, w = h_1 + ih_2$ とおくと
$$wf'(P) = (ah_1 - bh_2) + i(bh_1 + ah_2)$$
となる．ここで f を写像 $U \to \mathbf{R}^2$ とみなすと，線形写像 $df_P: \mathbf{R}^2 \to \mathbf{R}^2$ は行列
$$\begin{pmatrix} a & -b \\ b & a \end{pmatrix}$$
により表される．開集合 $U \subset \mathbf{R}^2$ 上の任意の滑らかな実数値関数 $u(x,y)$, $v(x,y)$ について，$f(x+iy) = u(x,y) + iv(x,y)$ とおいたとき，f が $z = x + iy$ に関する複素解析関数であるための必要十分条件は，**コーシー・リーマンの微分方程式**を満たすこと，すなわち，$\partial u/\partial x = \partial v/\partial y$ と $\partial u/\partial y = -\partial v/\partial x$ が任意の点で成り立つことである．上の計算内容はこの事実に対応している．

とくに f を $U \subset \mathbf{C}$ 上の複素解析関数とし，P を $f'(P)$ が 0 でない U 上の点とすると，0 でないベクトルはすべて同じ角度，すなわち複素数 $f'(P)$ の偏角だけ回転することから，df_P は角度と向きを保つことがわかる．点 $P \in U$ を通る 2 つの滑らかな曲線を γ_1, γ_2 とすると，それらの交点における角度は P における導関数 γ_1' と γ_2' の角度で定義される．2 つの曲線が P において角度 α で交わっているとすると，連鎖律を使うことでそれらの像 $f \circ \gamma_1$ と $f \circ \gamma_2$ は $f(P)$ で同じ角度，同じ向きで交わることがわかる．

この本の残りの章では連鎖律が中心的役割を果たす．$U \subset \mathbf{R}^n$ と $V \subset \mathbf{R}^p$ を開部分集合とする．滑らかな写像 $f: U \to \mathbf{R}^m$ と $g: V \to U$ が与えられたとすると，合成 $fg: V \to \mathbf{R}^m$ は滑らかな写像となり，$P \in V$ における導関数は
$$d(fg)_P = df_{g(P)} \circ dg_P$$
となる．一言でいうと，合成の導関数は単に導関数の合成ということである．ヤコビ行列を使って書くと
$$J(fg)_P = J(f)_{g(P)} J(g)_P$$

となる[*59]．ここでの積は単に行列の積である．

U が $\mathbf{R}^n$ の開部分集合で，$f : U \to \mathbf{R}$ が滑らかなときがとくに重要な場合となる．各 $P \in U$ に対し，線形写像 $df_P : \mathbf{R}^n \to \mathbf{R}$ が得られる (これは $\mathbf{R}^n$ の**双対空間**の元である[*60])．よってこれらから滑らかな写像

$$df : U \to \mathrm{Hom}(\mathbf{R}^n, \mathbf{R})$$

が得られる．ここで $\mathrm{Hom}(\mathbf{R}^n, \mathbf{R})$ は $\mathbf{R}^n$ 上の線形形式からなる**双対ベクトル空間**を表す．双対空間は $\mathbf{R}^n$ と同一視することもできる．より一般的に，U をパラメータ空間とする滑らかに変化する $\mathbf{R}^n$ 上の線形形式の族 (すなわち，滑らかな写像 $g : U \to \mathrm{Hom}(\mathbf{R}^n, \mathbf{R})$) のことを U 上の**微分**という．

この概念を具体的に理解するためには，座標を使って考えればよい．$\mathbf{R}^n$ の標準基底を $e_1, \ldots, e_n$ と書くと，i 番目の座標への射影により定義される座標関数 $x_i : \mathbf{R}^n \to \mathbf{R}$ が考えられる．これはすでに $\mathbf{R}^n$ 上の線形形式であり，その導関数 $(dx_i)_P$ は P に依存しない線形形式になる[*61]．よって微分 dx_i は変数 P についての定値関数であり，したがって

$$dx_i(a_1, \ldots, a_n) = a_i$$

で定まる固定された線形形式，つまり，対応する $\mathbf{R}^n$ 上の座標関数とみなすことができる．線形形式 $dx_1, \ldots, dx_n$ はすべての $1 \le i, j \le n$ について $dx_i(e_j) = \delta_{ij}$ を満たし[*62]，よって $\mathbf{R}^n$ の標準基底の双対基底，つまり標準双対基底になっている．$\mathbf{R}^n$ の原点を変えたいと考えた場合，関数 x_i たちには定数項が加えられることになるが，対応する線形形式 dx_i は標準双対基底の元のままである．したがって，U 上の一般の微分は，定義から，U 上の滑らかな関数 g_i を使って $\sum_{i=1}^n g_i \, dx_i$ の形で書き表される．あるいは線形写像を行列で表すと，滑らかな関数の横ベクトル $(g_1, \ldots, g_n)$ で表される．

[*59] $J(fg)_P$ は点 P における写像 fg のヤコビ行列という意味．$J(f)_{g(P)}, J(g)_P$ についても同様．

[*60] ベクトル空間 V から $\mathbf{R}$ への線形写像を V 上の**線形形式**といい，線形形式全体のなす空間 V^* を V の**双対空間**という．$f, g \in V^*$ に対し $(f+g)(\mathbf{x}) = f(\mathbf{x}) + g(\mathbf{x}), (cf)(\mathbf{x}) = cf(\mathbf{x})$ と定めると V^* は線形空間になることがわかる．よってこの空間のことを V の**双対ベクトル空間**ともいう．ここでは $V = \mathbf{R}^n$ の場合を扱っている．

[*61] 一般に，線形写像 $\mathbf{R}^n \to \mathbf{R}$ が $f(\mathbf{x}) = \sum_i c_i x_i$ で与えられたとき，その導関数 df は $df_\mathbf{x}(\mathbf{h}) = \sum_i \frac{\partial f}{\partial x_i}(\mathbf{x}) h_i = \sum_i c_i h_i$ で定まる線形形式になる．とくにこれは $\mathbf{R}^n$ の点 $\mathbf{x}$ には依存しない．

[*62] δ_{ij} はクロネッカーのデルタ．$i \ne j$ のとき $\delta_{ij} = 0$，$i = j$ のとき $\delta_{ij} = 1$ で定義される．

ここで $f : U \to \mathbf{R}$ を開集合 $U \subset \mathbf{R}^n$ 上の任意の滑らかな関数とすると，線形形式 $df_P : \mathbf{R}^n \to \mathbf{R}$ は P における偏導関数の横ベクトル
$$\left(\frac{\partial f}{\partial x_1}(P), \ldots, \frac{\partial f}{\partial x_n}(P) \right)$$
で表され，よって
$$df_P = \sum_i \frac{\partial f}{\partial x_i}(P) \, dx_i$$
と表すことができる．以上より，
$$df = \sum_i (\partial f / \partial x_i) \, dx_i$$
という微分の見慣れた等式が得られる．連鎖律もまた微分の見慣れた等式で言い換えられる．(座標を $u_1, \ldots, u_m$ とする) $\mathbf{R}^m$ の開部分集合 U と U 上の滑らかな関数 g_i について $g = (g_1, \ldots, g_n) : U \to \mathbf{R}^n$ とすると，$\mathbf{R}^n$ の任意の座標関数 x_i に対して，U 上の微分として
$$dx_i = \sum_{j=1}^m (\partial g_i / \partial u_j) \, du_j$$
が得られる．これはとくに $m = n$ のとき，g が座標変換 $x_i = g_i(u_1, \ldots, u_n)$ に対応する写像である場合に使われる．その場合はよく
$$dx_i = \sum_{j=1}^n (\partial x_i / \partial u_j) \, du_j$$
と書き表される．

慣れた形式的な方法で微分を扱い続けることもできるが，上の数段落で説明したように，微分を線形形式の滑らかな族として厳密に解釈した方がより深い理解につながるはずである．

後でしばしば使うことになる記法を 1 つ定義しておく．$\mathbf{R}^n$ 上の 2 つの線形形式 $\alpha : \mathbf{R}^n \to \mathbf{R}$ と $\beta : \mathbf{R}^n \to \mathbf{R}$ について，その積で自然に 2 次形式 $\alpha\beta$ を定める[*63]．この 2 次形式から定まる双線形形式[*64]をまた $\alpha\beta$ と書くと，そ

[*63] $\alpha = \sum_i a_i x_i$ と $\beta = \sum_i b_i x_i$ に対し $\alpha\beta$ をその積 $\alpha\beta = (\sum_i a_i x_i)(\sum_i b_i x_i)$ で定めると，これは 2 次形式になる．この式は対称行列 A を使って $\alpha\beta = \mathbf{x}^t A \mathbf{x}$ と表すことができる．

[*64] 一般に，2 次形式 q に対して $b(\mathbf{x}, \mathbf{y}) = (q(\mathbf{x} + \mathbf{y}) - q(\mathbf{x}) - q(\mathbf{y}))/2$ とおくことで双線形形式 b が定まる．これを**対称双線形形式**ともいう．2 次形式 $\alpha\beta$ が定める対称行列を A とすると，対応する双線形形式は $((\mathbf{x}+\mathbf{y})^t A (\mathbf{x}+\mathbf{y}) - \mathbf{x}^t A \mathbf{x} - \mathbf{y}^t A \mathbf{y})/2 = (\mathbf{x}^t A \mathbf{y} + \mathbf{y}^t A \mathbf{x})/2 = (\alpha(\mathbf{x})\beta(\mathbf{y}) + \alpha(\mathbf{y})\beta(\mathbf{x}))/2$ となり，文中の定義式が得られる．

れは
$$(\alpha\beta)(\mathbf{x},\mathbf{y}):=(\alpha(\mathbf{x})\beta(\mathbf{y})+\alpha(\mathbf{y})\beta(\mathbf{x}))/2$$
で与えられる．実数 $\lambda_1,\lambda_2,\mu_1,\mu_2$ と線形形式 $\alpha_1,\alpha_2,\beta_1,\beta_2$ について，双線形形式の等式
$$(\lambda_1\alpha_1+\lambda_2\alpha_2)(\mu_1\beta_1+\mu_2\beta_2)$$
$$=\lambda_1\mu_1\alpha_1\beta_1+\lambda_1\mu_2\alpha_1\beta_2+\lambda_2\mu_1\alpha_2\beta_1+\lambda_2\mu_2\alpha_2\beta_2$$
が成り立つ．

最後に，後に続く章で必要となる陰関数定理について述べておく．定理の主張は，U を $\mathbf{R}^n$ の開部分集合，$f:U\to\mathbf{R}^n$ をヤコビ行列 $J(f)$ がある点 $P\in U$ で正則 (つまり $\det(J(f))\neq 0$) である滑らかな写像とすると，f は局所的にある開近傍 $V\ni P$ $(V\subset U)$ からある開部分集合 $V'\subset\mathbf{R}^n$ への同相写像であり，逆写像 $g:V'\to V$ もまた滑らかである，というものである．このとき f は**局所微分同相写像**であるという．

陰関数定理に関する大抵の参考文献 (たとえば [11] の定理 9.24) では，f が連続微分可能であるならば局所的な逆関数 g もまた連続微分可能であるという形で証明している．しかしながら，連鎖律により $J(g)$ は $J(f)$ の逆行列であるから，クラメルの公式[*65]より，偏導関数 $\partial g/\partial y_j$ を f の偏導関数 $\partial f/\partial x_i$ の有理関数として表すことができる．よって f が滑らかである (つまり，すべての高階偏導関数が存在する) ならば，偏微分の回数による帰納的議論により g も滑らかであることが示せる．

4.2 | $\mathbf{R}^2$ の開部分集合上のリーマン計量

簡単のため，ここからは $n=2$ の場合に制限して話を進める．V を $\mathbf{R}^2$ の開部分集合とし，$\mathbf{R}^2$ の標準的な座標を (u,v) と書くことにする．V 上の**リーマン計量**は，V 上の**滑らかな関数** E,F,G を成分とする，すべての点 $P\in V$ で正値[*66]である行列

$$\begin{pmatrix} E(P) & F(P) \\ F(P) & G(P) \end{pmatrix}$$

[*65] 線形代数の教科書を参照．
[*66] 対称行列のすべての固有値が正の実数であるとき，その行列は**正値**であるという．147 ページの脚注 78 も参照．

により定義される．よって $(P\in V$ に対し)，$\mathbf{R}^2$ の標準基底 e_1, e_2 について

$$\langle e_1, e_1\rangle_P = E(P)$$
$$\langle e_1, e_2\rangle_P = F(P)$$
$$\langle e_2, e_2\rangle_P = G(P)$$

とすることで，リーマン計量から $\mathbf{R}^2$ 上の内積 $\langle\ ,\ \rangle_P$ が定まる．リーマン計量は ($\mathbf{R}^2$ と同一視した) **接空間**上の内積の族とみなして考えるとよい．

座標関数 $u:V\to\mathbf{R}, v:V\to\mathbf{R}$ から $\mathbf{R}^2$ の標準双対基底となる $\mathbf{R}^2$ 上の線形形式 du と dv が得られ，そしてさらに，以下のような $\mathbf{R}^2$ 上の**双線形形式** $du^2, du\,dv, dv^2$ が得られる：

$$du^2(\mathbf{h},\mathbf{k}) = du(\mathbf{h})du(\mathbf{k}) \qquad \longleftrightarrow \qquad \begin{pmatrix}1&0\\0&0\end{pmatrix}$$

$$du\,dv(\mathbf{h},\mathbf{k}) = \frac{1}{2}\left(du(\mathbf{h})dv(\mathbf{k}) + du(\mathbf{k})dv(\mathbf{h})\right) \qquad \longleftrightarrow \qquad \begin{pmatrix}0&\frac{1}{2}\\\frac{1}{2}&0\end{pmatrix}$$

$$dv^2(\mathbf{h},\mathbf{k}) = dv(\mathbf{h})dv(\mathbf{k}) \qquad \longleftrightarrow \qquad \begin{pmatrix}0&0\\0&1\end{pmatrix}.$$

ここで右側の縦の列は双線形形式を定める 2×2 行列を表している．

よって，滑らかな関数の行列

$$\begin{pmatrix}E&F\\F&G\end{pmatrix}$$

で $(P\in V$ について) 定まる $\mathbf{R}^2$ 上の双線形形式の族は $E du^2 + 2F du\,dv + G dv^2$ と書き表すことができる．すべての $P\in V$ で行列が正値であるならば，これは $\mathbf{R}^2$ 上の内積の滑らかな族を定める．これがまさに上で定義した V 上の**リーマン計量**である．ユークリッド計量の場合 (つまり内積がすべての $P\in V$ でユークリッド内積である場合) は，定値関数 $E=G=1, F=0$ に対応する．

V 上にそのようなリーマン計量が与えられたならば，**滑らかなあるいは区分的に滑らかな**曲線の長さを定義するのに，この内積の族を使うことができる．γ を滑らかな曲線とすると，その導関数が定まる．それを γ' あるいは $\dot\gamma$ と書く．点 $\gamma(t)$ について，$\|\gamma'\|$ を与えられたリーマン計量から定まる点 $\gamma(t)$ における内積により定義する．$\|\gamma'\|$ を t における γ の**速さ**という．

● **定義 4.1** —— リーマン計量 $Edu^2 + 2Fdu\,dv + Gdv^2$ をもつ $\mathbf{R}^2$ の開部分集合 V について，滑らかな曲線
$$\gamma = (\gamma_1, \gamma_2) : [a, b] \to V$$
の長さは
$$\int_a^b \|\gamma'\|\,dt = \int_a^b (E\dot\gamma_1^2 + 2F\dot\gamma_1\dot\gamma_2 + G\dot\gamma_2^2)^{1/2}\,dt$$
で定義される[*67]．

○ **例** —— リーマン計量
$$\frac{4(du^2 + dv^2)}{(1 + u^2 + v^2)^2}$$
により定まる $V = \mathbf{R}^2$ 上の幾何を考える．これは，各点 P における内積が単にユークリッド内積の定数倍になっている，ユークリッド計量に**等角**な計量の例である．その倍率は P に関する滑らかな関数で与えられる —— 上の例では，その関数は $4/(1 + u^2 + v^2)^2$ である．

$\pi : S^2 \setminus \{N\} \to \mathbf{R}^2$ を立体射影とする．与えられた点 $P \in S^2 \setminus \{N\}$ に対し $\pi(P) \in \mathbf{R}^2$ が定まり，上のリーマン計量により $\mathbf{R}^2$ 上の内積 $\langle\,,\,\rangle_{\pi(P)}$ が定まる．S^2 の P における接空間は $\mathbf{x} \cdot \overrightarrow{OP} = 0$ を満たすベクトル $\mathbf{x}$ からなる空間として定義される．この定義により接空間は P を原点とする実ベクトル空間と考えることができる．この定義は，第 6 章で扱う $\mathbf{R}^3$ 内に埋め込まれた曲面上の点における接空間の一般的な定義と一致する．

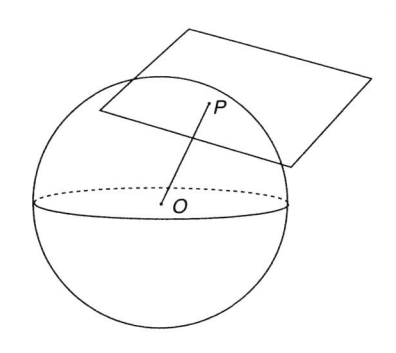

[*67] 被積分関数は $\|\gamma'\| = \|\dot\gamma_1 e_1 + \dot\gamma_2 e_2\| = (\dot\gamma_1^2 \langle e_1, e_1 \rangle + 2\dot\gamma_1\dot\gamma_2 \langle e_1, e_2 \rangle + \dot\gamma_2^2 \langle e_2, e_2 \rangle)^{1/2} = (E\dot\gamma_1^2 + 2F\dot\gamma_1\dot\gamma_2 + G\dot\gamma_2^2)^{1/2}$ のように変形される．

逆写像 $\sigma : \mathbf{R}^2 \to S^2 \setminus \{N\}$ は
$$\sigma(u,v) = \left(2u/(1+u^2+v^2), 2v/(1+u^2+v^2), (u^2+v^2-1)/(1+u^2+v^2)\right)$$
で与えられる．$\mathbf{R}^3$ への写像と考えると，σ は滑らかな写像であることが分かる．σ の $\pi(P)$ における 2 つの偏導関数，すなわち $\sigma_u(\pi(P)) = (d\sigma)_{\pi(P)}(e_1)$ と $\sigma_v(\pi(P)) = (d\sigma)_{\pi(P)}(e_2)$ を考えよう．$\mathbf{R}^2$ 上のすべての点において $\sigma(u,v) \cdot \sigma(u,v) = 1$ が成り立つ．この式を u と v に関して微分することで $\mathbf{R}^2$ 上のすべての点について $\sigma \cdot \sigma_u = 0$ と $\sigma \cdot \sigma_v = 0$ が導かれ，よって $\sigma_u(\pi(P))$ と $\sigma_v(\pi(P))$ はともに S^2 の P における接空間に含まれる．上のように定義された σ に対して
$$\sigma_u = \frac{2}{(u^2+v^2+1)^2}\left(-u^2+v^2+1, -2uv, -2u\right)$$
$$\sigma_v = \frac{2}{(u^2+v^2+1)^2}\left(-2uv, u^2-v^2+1, -2v\right)$$
が成り立つことが確認できる．$\mathbf{R}^2$ 上の任意の点において 2 つのベクトル σ_u, σ_v は 0 ではなく，かつ直交しており，したがってそれらは $\mathbf{R}^3$ 内の線形独立なベクトルになっている．よってすべての $P \in S^2$ について，導関数 $(d\sigma)_{\pi(P)}$ は $\mathbf{R}^2$ と，P における S^2 の接平面との間のベクトル空間としての同型を誘導する．

P における接平面内のベクトル $\mathbf{x}_1, \mathbf{x}_2$ に対し，
$$\mathbf{x}_1 \cdot \mathbf{x}_2 = \langle d\pi_P(\mathbf{x}_1), d\pi_P(\mathbf{x}_2)\rangle_{\pi(P)}$$
が成り立つことを示す．$\mathbf{R}^2$ 上で $d\pi_P \circ (d\sigma)_{\pi(P)}$ は恒等写像であるから，これはすべての $\mathbf{u}_1, \mathbf{u}_2 \in \mathbf{R}^2$ について
$$(d\sigma)_{\pi(P)}\mathbf{u}_1 \cdot (d\sigma)_{\pi(P)}\mathbf{u}_2 = \langle \mathbf{u}_1, \mathbf{u}_2\rangle_{\pi(P)} \tag{4.1}$$
が成り立つという主張と同値である．これらの等式は，リーマン計量 $4(du^2+dv^2)/(1+u^2+v^2)^2$ から誘導される $\mathbf{R}^2$ 上の幾何が $S^2 \setminus \{N\}$ 上の標準的な球面幾何に対応していることを表している．よってたとえば，原点から伸びる半直線の長さは対応する S^2 上の経線[*68]の長さであることから，それはちょうど π であることが確認できる．

すべての $\mathbf{u}_1, \mathbf{u}_2 \in \mathbf{R}^2$ について式 (4.1) が成り立つことを確認するには，(双

[*68] 経線とは北極と南極を結ぶ球面線分のこと．

線形性を使えば) それが標準基底のベクトル e_1, e_2 に対して成り立つことを確認すれば十分であり，したがって $\mathbf{R}^2$ 上のすべての点で

$$\sigma_u \cdot \sigma_u = \frac{4}{(u^2+v^2+1)^2}, \quad \sigma_u \cdot \sigma_v = 0, \quad \sigma_v \cdot \sigma_v = \frac{4}{(u^2+v^2+1)^2}$$

が成り立つことを示すことに問題が帰着される．これらは初等的な計算で簡単に確認できる．

第6章では，この例のより一般的な話として，$\mathbf{R}^3$ 内に埋め込まれた任意の曲面について扱う．

4.3 | 曲線の長さ

この節では，リーマン計量 $E\,du^2 + 2F\,du\,dv + G\,dv^2$ をもつ $\mathbf{R}^2$ の開部分集合を V で表すことにする．与えられた曲線 $\gamma = (\gamma_1, \gamma_2) : [a, b] \to V$ に対し，その長さは

$$\int_a^b \|\gamma'\|\,dt = \int_a^b (E\dot\gamma_1^2 + 2F\dot\gamma_1\dot\gamma_2 + G\dot\gamma_2^2)^{1/2}\,dt$$

で定義された．

● **補題 4.2** —— 上のような曲線 γ に対し，その長さは，すべての $s \in [\tilde a, \tilde b]$ について $f'(s) > 0$ を満たす滑らかな関数 $f : [\tilde a, \tilde b] \to [a, b]$ により定まるパラメータの取り換えについて不変である．

証明 $\tilde\gamma : [\tilde a, \tilde b] \to V$ を $s \in [\tilde a, \tilde b]$ について $\tilde\gamma(s) = \gamma(f(s))$ で定義される曲線とし，$\tilde\gamma$ の長さ $= \gamma$ の長さ となることを証明する．連鎖律から $\tilde\gamma'(s) = f'(s)\gamma'(f(s))$ が成り立つので，$\gamma(f(s)) = \tilde\gamma(s)$ におけるノルムを考え，さらに $f'(s) > 0$ を使うことで，$\|\tilde\gamma'(s)\| = |f'(s)|\,\|\gamma'(f(s))\| = f'(s)\|\gamma'(f(s))\|$ となることがわかる．パラメータの変換 $t = f(s)$ に対し積分の変数変換の公式を使うと，

$$\begin{aligned}\tilde\gamma \text{の長さ} &= \int_{a'}^{b'} \|\tilde\gamma'(s)\|\,ds \\ &= \int_{a'}^{b'} f'(s)\,\|\gamma'(f(s))\|\,ds \\ &= \int_a^b \|\gamma'(t)\|\,dt = \gamma\text{の長さ}\end{aligned}$$

が導かれる． □

$\gamma : [a,b] \to V$ を速さ 1, つまりすべての t について $\|\gamma'(t)\| = 1$ である滑らかな曲線とする. これを積分すると, 曲線 $\gamma|_{[a,t]}$ の長さ $s(t)$ に対し関係式 $t = a + s(t)$ が得られる. 逆にこの関係式がすべての t について成り立つならば, 微分することにより γ が速さ 1 の曲線であることがわかる. したがって, 曲線が速さ 1 であることは, それが弧長+定数でパラメータ付けされることと同値である.

● **補題 4.3** —— 導関数が 0 にならない長さが l の曲線 $\gamma : [a,b] \to V$ に対し, $\tilde{\gamma} = \gamma \circ f$ が速さ 1 の曲線になるような滑らかなパラメータの取り換え $f : [0,l] \to [a,b]$ を見つけることができる.

証明 γ に対し, 弧長を使ってパラメータの取り換えを行う. 弧長関数を

$$g(t) = \int_a^t \|\gamma'(t)\| \, dt$$

とする. $g : [a,b] \to [0,l]$ は狭義単調増加関数である. さらに $\|\gamma'(t)\|^2$ は明らかに t についての滑らかな関数であるから, 仮定から $\|\gamma'(t)\|$ と $g(t)$ もともに滑らかな関数である. $f : [0,l] \to [a,b]$ を g の逆関数とする. $f \circ g$ は恒等写像であることから, $s = g(t)$ とすると,

$$\frac{df}{ds}(s) \frac{dg}{dt}(t) = 1$$

が導かれる. とくに f が s についての滑らかな関数であることがわかる. 上の積分を微分することで $dg/dt = \|\gamma'(t)\|$ が得られる. よって, すべての s について $(df/ds)(s) = 1/\|\gamma'(t)\| > 0$ が成り立つ.

補題 4.2 と同様に連鎖律を適用すると,

$$\|\tilde{\gamma}'(s)\| = |f'(s)| \, \|\gamma'(t)\| = 1$$

が確認できる. □

○ **注意** —— 導関数が 0 にならない滑らかな曲線は**滑らかにはめ込まれた曲線**と呼ばれる. 滑らかにはめ込まれていない滑らかな曲線の例としては, $\gamma(t) = (t^2, t^3)$ で与えられる尖った 3 次曲線 $\gamma : [-1,1] \to \mathbf{R}^2$ が挙げられる; この γ は $\gamma'(0) = 0$ を満たす. 実際, この場合は滑らかなはめ込みになるような γ の (連続な) パラメータの取り換えは存在しないことが簡単に確認できる (演習 4.2).

ここで，$\mathbf{R}^2$ の連結な開部分集合上のリーマン計量から内在的距離が定まることを示す．この節の他の結果と同じように，第 8 章で言葉の定義が揃えば，このことはリーマン計量をもつ一般の抽象的な曲面についても同様に成り立ち，証明も変更なしで適用することができる．

ここでは，V をリーマン計量をもつ $\mathbf{R}^2$ の連結な部分開集合とする．よって V 内の曲線の長さが定義される．距離関数 ρ (**リーマン距離**と呼ぶ) を P と Q を結ぶ区分的に滑らかな曲線の長さの下限 $\rho(P,Q)$ で定義する — 演習 1.7 より，P と Q を結ぶ曲線は必ず存在する．ここで ρ が V 上の距離を定めることを確認する．この距離が非負かつ対称律を満たすことは明らかで，3 角不等式の確認は簡単な演習問題である．すぐには示せない，距離であるための最後の条件は次の補題により従う．

● **補題 4.4** —— 上のように定義された V 上の距離関数 ρ について，V 内の点 $P \neq Q$ に対し $\rho(P,Q) > 0$ が成り立つ．

証明 $\rho(P,Q) \geq 0$ であることは明らかであるが，ここでは等号を含まない不等式を証明する必要がある．証明のアイデアは，リーマン計量とユークリッド計量を適当に関数倍したものを局所的に比較することである．d を V 上のユークリッド計量とする．

2×2 実対称行列 (a_{ij}) が正値であることの必要十分条件は，$a_{11} > 0$ と $a_{11}a_{22} > a_{12}^2$ が成り立つことである．行列

$$\begin{pmatrix} E(P) & F(P) \\ F(P) & G(P) \end{pmatrix}$$

は正値であるから，したがって同じことが，ある十分小さい $\varepsilon > 0$ についての行列

$$\begin{pmatrix} E(P) - \varepsilon^2 & F(P) \\ F(P) & G(P) - \varepsilon^2 \end{pmatrix}$$

に対しても成り立つ．さらに，十分小さいユークリッド半径 δ のユークリッド球体 $B(P,\delta) \subset V$ 内のすべての点 P' においても，行列

$$\begin{pmatrix} E(P') - \varepsilon^2 & F(P') \\ F(P') & G(P') - \varepsilon^2 \end{pmatrix}$$

は正値のままとなる．したがって，任意の $P' \in B(P,\delta)$ と任意の $\mathbf{x} =$

$(x_1, x_2)^t \in \mathbf{R}^2$ に対し

$$\langle \mathbf{x}, \mathbf{x} \rangle_{P'} := E(P')x_1^2 + 2F(P')x_1 x_2 + G(P')x_2^2 \geq \varepsilon^2(x_1^2 + x_2^2)$$

が成り立つ．よって，$B(P, \delta)$ 内の任意の区分的に滑らかな曲線 γ に対し，長さの定義から，リーマン計量に関する γ の長さは少なくともユークリッド計量における γ の長さの ε 倍であることが従う．

与えられた $P \neq Q \in V$ に対し，この 2 点を結ぶ任意の区分的に滑らかな曲線 $\gamma : [a, b] \to V$ を考える．γ は球体 $B(P, \delta)$ に含まれていないとする．このとき $\xi \in [a, b]$ で，$\gamma|_{[a,\xi]}$ が $B(P, \delta)$ に含まれ，$\gamma(\xi)$ が球体の境界上の点になるものが存在する．$\gamma|_{[a,\xi]}$ のユークリッド距離は少なくとも δ であることから，上の議論より

$$\gamma \text{の長さ} \geq \gamma|_{[a,\xi]} \text{の長さ} \geq \varepsilon \delta$$

が得られる．γ が球体に含まれている場合は，上の議論から γ の長さ $\geq \varepsilon d(P, Q)$ が得られる．したがっていずれの場合も，そのような γ すべてについての下限をとることで

$$\rho(P, Q) \geq \varepsilon \min\{\delta, d(P, Q)\} > 0$$

が得られる． □

○ **例** —— リーマン計量

$$dx^2/(1+x^2)^2 + dy^2/(1+y^2)^2$$

をもつ $\mathbf{R}^2$ を考えよう．この計量から上のように定まる内在的距離について，2 点間の距離は 2π よりも大きくならないことを示す (2π が**上限**であることを主張しているわけでは**ない**).

これを見るために，(線形にパラメータ付けされた) 水平な線分と垂直な線分の長さがともに π より大きくならないことを示す．これが示せると，$\mathbf{R}^2$ 上の任意の 2 点は高々 1 つの水平な線分と高々 1 つの垂直な線分からなる曲線で結ぶことができるから，よって全体の長さは 2π より短くなり，主張が従う．

ここで $\gamma : [0, 1] \to \mathbf{R}^2$ を $\gamma(t) = (at + b, 0)$ でパラメータ付けされた水平な線分とする．(必要ならば，代わりに逆向きの曲線 $-\gamma$ を考えることで) $a > 0$ と仮定できる．このとき，代入 $s = at + b$ と $u = \tan^{-1} s$ を使うと，

$$\gamma \text{の長さ} = \int_0^1 \frac{a}{1+(at+b)^2}\,dt = \int_b^{a+b} \frac{ds}{1+s^2} = \left[\tan^{-1} s\right]_a^{a+b}$$

が得られる．すべての $s \in \mathbf{R}$ について $|\tan^{-1} s| < \pi/2$ が成り立つことから，γ の長さ $< \pi$ が導かれる．同様にして，任意の垂直な線分の長さは π より大きくならないことも示せる．

4.4 | 等長写像と面積

$\phi : \tilde{V} \to V$ を $\mathbf{R}^2$ の開部分集合の間の微分同相写像 (すなわち，滑らかな逆写像をもつ滑らかな写像) とする．$\tilde{V}$ および V にはリーマン計量が定められているとすると，それは $\mathbf{R}^2$ 上の内積の族を定める．これらを $P \in \tilde{V}$ に対して $\langle\,,\,\rangle\tilde{}_P$ で，$Q \in V$ に対して $\langle\,,\,\rangle_Q$ で表すことにする．

● **定義 4.5** ── 微分同相写像 ϕ が任意の $P \in \tilde{V}$ で，すべての $\mathbf{x}, \mathbf{y} \in \mathbf{R}^2$ に対して

$$\langle \mathbf{x}, \mathbf{y}\rangle\tilde{}_P = \langle d\phi_P(\mathbf{x}), d\phi_P(\mathbf{y})\rangle_{\phi(P)}$$

を満たすとき，これを**等長写像**という．座標の言葉で書くと，これは与えられた任意の $\mathbf{x}, \mathbf{y} \in \mathbf{R}^2$ に対し

$$\mathbf{x}^t \begin{pmatrix} \tilde{E} & \tilde{F} \\ \tilde{F} & \tilde{G} \end{pmatrix}_P \mathbf{y} = \mathbf{x}^t J^t \begin{pmatrix} E & F \\ F & G \end{pmatrix}_{\phi(P)} J\mathbf{y}$$

が成り立つことである．ここで $J = J(\phi)$ はヤコビ行列である．この書き換えから，等長写像であるための条件は $\tilde{V}$ 上の関数を成分とする行列として

$$\begin{pmatrix} \tilde{E} & \tilde{F} \\ \tilde{F} & \tilde{G} \end{pmatrix} = J^t \begin{pmatrix} E \circ \phi & F \circ \phi \\ F \circ \phi & G \circ \phi \end{pmatrix} J$$

が成り立つという条件と同値であることがわかる．

$\tilde{\gamma} : [0,1] \to \tilde{V}$ を滑らかな曲線とすると，$\gamma = \phi \circ \tilde{\gamma} : [0,1] \to V$ もまた滑らかである．連鎖律を使い，また $P = \tilde{\gamma}(t)$ とおくと，ϕ が等長写像であるとき

$$\langle \gamma'(t), \gamma'(t)\rangle_{\gamma(t)} = \langle d\phi_P(\tilde{\gamma}'(t)), d\phi_P(\tilde{\gamma}'(t))\rangle_{\phi(P)}$$
$$= \langle \tilde{\gamma}'(t), \tilde{\gamma}'(t)\rangle\tilde{}_{\tilde{\gamma}(t)}$$

が成り立つ．したがって，ϕ が等長写像であるならば，

$$\tilde{\gamma} \text{の長さ} = \gamma \text{の長さ}$$
$$= \int_0^1 \langle \gamma'(t), \gamma'(t) \rangle_{\gamma(t)}^{1/2} \, dt$$

となる．よって ϕ は曲線の長さを保つ（したがって，リーマン計量から先程のように定まる内在的距離について，2点間の距離も保たれる）．ϕ が上の意味で等長写像であるならば，それは対応する距離空間の等長写像にもなっている．

ここで**面積**の概念を導入する．

● **定義 4.6** —— 与えられた開部分集合 $V \subset \mathbf{R}^2$ 上のリーマン計量 $E\,du^2 + 2F\,du\,dv + G\,dv^2$ と領域 $W \subset V$ に対して，積分

$$\int_W (EG - F^2)^{1/2} \, du\,dv$$

が定義されているならば，その値を W の（その計量に関する）**面積**という．上の積分は平面内の領域上の標準的な積分である．

○ **例** —— 前節の例で扱ったリーマン計量をもつ $\mathbf{R}^2$ を考えると，この計量に関する $\mathbf{R}^2$ の面積は π^2 である．上の定義を適用すると，$\mathbf{R}^2$ の面積は積分により

$$\int_{-\infty}^{\infty} \int_{-\infty}^{\infty} \frac{dx\,dy}{(1+x^2)(1+y^2)} = \left(\int_{-\infty}^{\infty} \frac{du}{1+u^2} \right)^2 = \pi^2$$

と計算される．

等長写像が面積を保つことは読者にとっても想像に難くないだろう．

● **命題 4.7** —— V と $\tilde{V}$ をリーマン計量をもつ $\mathbf{R}^2$ の開部分集合とし，$\phi : \tilde{V} \to V$ を等長写像とする．面積をもつ任意の領域 $W \subset V$ に対し，$\tilde{V}$ 内の領域 $\phi^{-1}W$ の面積は W の面積と同じ値になる．

証明 ϕ は等長写像であるから，$P \in \tilde{V}$ に対して

$$\begin{pmatrix} \tilde{E} & \tilde{F} \\ \tilde{F} & \tilde{G} \end{pmatrix}_P = J^t \begin{pmatrix} E & F \\ F & G \end{pmatrix}_{\phi(P)} J$$

が成り立つ．ここで $J = J(\phi)$ は $d\phi_P$ を表すヤコビ行列である．

$\mathbf{R}^2$ 上の積分の変数変換公式（たとえば [11] の定理 10.9 を参照）より，$W \subset V$ 上の任意の連続関数 H について

$$\int_W H\, du\, dv = \int_{\phi^{-1}W} (H \circ \phi)\, |\det J(\phi)|\, d\tilde{u}\, d\tilde{v}$$

が成り立つことがわかる.

V 上で $H = (EG - F^2)^{1/2}$, $\tilde{V}$ 上で $\tilde{H} = (\tilde{E}\tilde{G} - \tilde{F}^2)^{1/2}$

とおくと,最初の等式の行列式より

$$\tilde{H} = (H \circ \phi)\, |\det J(\phi)|$$

が得られる.したがって,

$$W \text{ の面積} = \int_W H\, du\, dv = \int_{\phi^{-1}W} \tilde{H}\, d\tilde{u}\, d\tilde{v} = \phi^{-1}W \text{ の面積}$$

より主張は従う. □

演習問題

4.1 U を $\mathbf{R}^2$ の開部分集合とし,$f: U \to \mathbf{R}^2$ を滑らかな写像で,すべての点 $P \in U$ について線形写像 df_P は非特異 (つまり,対応する行列が正則) で,かつ 0 でない 2 つのベクトルの間の角度 (そして向き) を保つという性質をもつとする —— そのような写像は**等角**と呼ばれる.f を U から $\mathbf{C}$ への写像と考えた場合,それが複素解析関数であることを示せ.

4.2 $\gamma: [-1, 1] \to \mathbf{R}^2$ を $\gamma(t) = (t^3, t^6)$ で与えられる滑らかな平面曲線とする.(適当な実区間 $[a, b]$ について) 同相写像 $f: [a, b] \to [-1, 1]$ で,(連続な) 曲線 $\eta = \gamma \circ f$ が滑らかにはめ込まれた曲線となるものを見つけよ.

ここで γ を $\gamma(t) = (t^2, t^3)$ で与えられる滑らかな平面曲線とする.この場合,$\eta = \gamma \circ f$ が滑らかにはめ込まれた曲線となるような同相写像 f は存在しないことを証明せよ.

4.3 単位開円板 $D \subset \mathbf{R}^2$ 上のリーマン計量を

$$(du^2 + dv^2)/(1 - (u^2 + v^2))$$

で定義する. (2 点を結ぶ曲線の長さの下限をとることで定義される) D 上の対応する距離について,任意の 2 点間の距離は有界であるが,面積は有界でないことを示せ.

4.4 1 点を除いた円板 $D^* = D \setminus \{\mathbf{0}\} \subset \mathbf{R}^2$ に,ある実数 a についてリーマン計量を $(du^2 + dv^2)/(u^2 + v^2)^a$ で定める.a がどのような値のとき,これにより定まる距離について,任意の 2 点間の距離は有界となるか?

a をどのような値にすると D^* の面積は有限となるか？

4.5 与えられた開部分集合 $U \subset \mathbf{R}^2$ に対し，$U \times \mathbf{R}$ 内の曲面 S を，U 上のある滑らかな実数値関数 h について，等式 $z = h(x,y)$ で定義する．S 上の点 (x,y,z) をその U への射影 (x,y) で表し，U 上のリーマン計量 $E\,dx^2 + 2F\,dx\,dy + G\,dy^2$ を，S 上の任意の曲線の長さがちょうど対応する U 上の曲線の (与えられた計量に関する) 長さになるように定めることを考える．この条件を満たすための U 上の滑らかな関数 E, F, G の公式を見つけよ．連結な開集合 $W \subset U$ のこの計量に関する面積が W のユークリッド計量に関する面積と同じであるとき，関数 h は W 上で定値関数であることを示せ．

4.6 $V \subset \mathbf{R}^2$ を $|u| < 1$ と $|v| < 1$ で定まる正方形とし，V 上の 2 つのリーマン計量を

$$du^2/(1-u^2)^2 + dv^2/(1-v^2)^2 \quad \text{と} \quad du^2/(1-v^2)^2 + dv^2/(1-u^2)^2$$

で定める．この 2 つの空間の間には等長写像は存在しないが，面積を保つ微分同相写像は存在することを証明せよ．[ヒント：等長写像が存在しないことを証明するためには，一方の空間では境界に向かって外に出ていく有限の長さの曲線が存在するが，他方の空間にはそのような曲線は存在しないことを示せばよい．これは距離空間の言葉で言い換えることもできる：一方の空間は完備でないが，もう一方は完備である．]

4.7 リーマン計量

$$(1+u^2)du^2 + 2u\,du\,dv + dv^2$$

をもつ $\mathbf{R}^2$ はユークリッド計量をもつ $\mathbf{R}^2$ と等長であることを示せ．

4.8 $\mathbf{R}^2 \setminus \{0\}$ 上のリーマン計量を

$$du^2/u^2 + dv^2/v^2$$

で定める．$(u,v) \mapsto (u, 1/v)$ で与えられる写像は，この計量に関して等長写像であることを示せ．この計量に関する等長 (部分) 群で，位数が 32 で，かつアーベル群でないものを見つけよ．

4.9 $\mathbf{R}^2$ 上のリーマン計量を

$$4(du^2 + dv^2)/(1+u^2+v^2)^2$$

で定める．$\mathbf{R}^2$ 上で具体的に計算することで，原点を中心とするユーク

リッド半径 $\cot(\rho/2)$ の円は円周 $2\pi\sin\rho$ と面積 $2\pi(1-\cos\rho)$ をもつことを示せ.

4.10 前問と同じリーマン計量をもつ $\mathbf{R}^2\setminus\{\mathbf{0}\}$ を考える. $\phi:\mathbf{R}^2\setminus\{\mathbf{0}\}\to\mathbf{R}^2\setminus\{\mathbf{0}\}$ を
$$\phi(u,v)=\left(\frac{-u}{u^2+v^2},\frac{v}{u^2+v^2}\right)$$
で定める. ϕ が等長写像であることを直接確認し, その後, この事実に幾何的な説明を与えよ.

第5章
双曲幾何
Hyperbolic Geometry

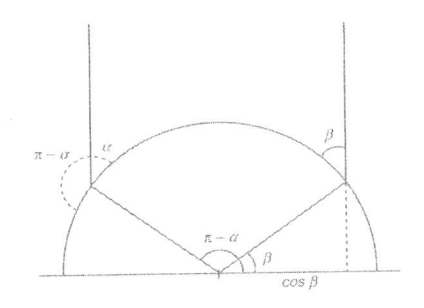

前章では $\mathbf{R}^2$ の開部分集合に対してリーマン計量の概念を導入した．この章ではその特別な例である双曲平面のポアンカレ円板モデルとポアンカレ上半平面モデルを扱う．これらのモデルは互いに等長であり，またこの章の最後で扱う双曲面モデルとも等長である．双曲平面はユークリッド平面と球面に続く第3の標準的な幾何であり，幾何学において中心的役割を果たす幾何がこれで出揃うことになる．ポアンカレモデルを使って双曲平面を考えることで，多くの具体的計算が容易になる．また，それは一般のリーマン計量についての有用な例証でもある．

5.1 │ 双曲平面のポアンカレモデル

前章において，$S^2 \setminus \{N\}$ 上の球面計量は立体射影を使って $4(du^2+dv^2)/(1+u^2+v^2)^2$ で与えられる $\mathbf{R}^2$ 上のリーマン計量に言い換えられたことを思い出そう．双曲平面の円板モデルはこれの類似で，符号を変えることで定義される．

● **定義 5.1** ── 双曲平面の**円板モデル**とは，$D = \{\zeta : |\zeta| < 1\}$ で定まる単位開円板 $D \subset \mathbf{C} = \mathbf{R}^2$ に，$\zeta = u + iv$ としてリーマン計量を

$$\frac{4(du^2+dv^2)}{(1-u^2-v^2)^2}$$

で定めたものである．この計量はしばしば

$$\frac{4|d\zeta|^2}{(1-|\zeta|^2)^2}$$

と書かれる．ここで $|d\zeta|^2$ は形式的に $|d\zeta|^2 = du^2 + dv^2$ と定義してもよいし，あるいは $d\zeta = du + idv$ と $d\bar{\zeta} = du - idv$ を実線形形式 $\mathbf{C} \to \mathbf{C}$ とみなして実双線形形式 $d\zeta\, d\bar{\zeta} = du^2 + dv^2$ を $|d\zeta|^2$ としてもよい．

このリーマン計量は単にユークリッド計量を $4/(1-r^2)^2$ 倍したものである. 前章の記号を使うと

$$E = G = 4/(1-r^2)^2 \quad \text{かつ} \quad F = 0$$

と表される. 幾何的には, 半径 r の位置での距離は局所的に $2/(1-r^2)$ 倍になり, 面積は $(EG-F^2)^{1/2} = 4/(1-r^2)^2$ 倍になる.

上半平面 $H = \{z \in \mathbf{C} : \operatorname{Im} z > 0\}$ はメビウス変換

$$\zeta \mapsto \frac{i(1+\zeta)}{1-\zeta}$$

により D と等角写像で移り合うことがわかる.

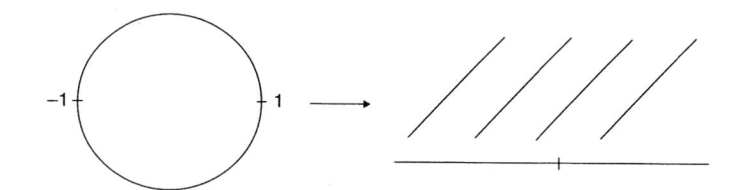

これが $SU(2)$ の元により定義できることは簡単に確認でき (演習 5.1), したがってそれは, 立体射影を使って S^2 の変換だと思うと, 下半球面を紙面奥側の縦の半球面に移す S^2 の回転に対応する.

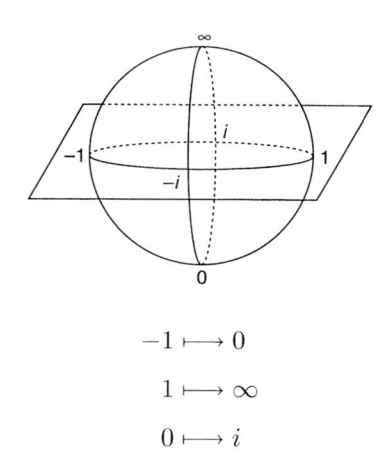

$$-1 \longmapsto 0$$
$$1 \longmapsto \infty$$
$$0 \longmapsto i$$

ここで z を H の複素座標とし, $z = x + iy$ とする. これを使うと上の変換は $z = \frac{i(1+\zeta)}{1-\zeta}$ と表され, また逆変換は $\zeta = \frac{z-i}{z+i}$ となる. この写像の導関数を

考えることで，D 上のリーマン計量から H 上のリーマン計量が誘導される．これからこの計量を具体的に計算してみよう．

$\mathbf{R}^2 = \mathbf{C}$ 上のユークリッド内積は
$$\langle w_1, w_2 \rangle = \mathrm{Re}(w_1 \bar{w}_2) = \frac{1}{2}(w_1 \bar{w}_2 + \bar{w}_1 w_2)$$
と書くことができる．点 $z \in H$ に対し，$\zeta = \frac{z-i}{z+i}$ におけるユークリッド内積から誘導される $\mathbf{R}^2 = \mathbf{C}$ 上の内積は
$$\langle w_1, w_2 \rangle_z = \left\langle \frac{d\zeta}{dz} w_1, \frac{d\zeta}{dz} w_2 \right\rangle_{\text{ユークリッド内積}}$$
$$= \left| \frac{d\zeta}{dz} \right|^2 \mathrm{Re}(w_1 \bar{w}_2)$$
で与えられる．つまり H 上のリーマン計量 $\left|\frac{d\zeta}{dz}\right|^2 (dx^2 + dy^2)$ が得られる．よって，D 上のリーマン計量 $|d\zeta|^2$ は H 上のリーマン計量 $\left|\frac{d\zeta}{dz}\right|^2 |dz|^2$ に対応する．ここで $\frac{d\zeta}{dz}$ を計算すると
$$\frac{d\zeta}{dz} = \frac{1}{z+i} - \frac{z-i}{(z+i)^2} = \frac{2i}{(z+i)^2}$$
となる．また
$$1 - |\zeta|^2 = 1 - \frac{|z-i|^2}{|z+i|^2}$$
より
$$\frac{1}{1-|\zeta|^2} = \frac{|z+i|^2}{|z+i|^2 - |z-i|^2} = \frac{|z+i|^2}{4 \, \mathrm{Im}\, z}$$
が得られる．したがって，D 上の計量 $4|d\zeta|^2/(1-|\zeta|^2)^2$ に対応する H 上の計量は単に
$$4 \frac{4}{|z+i|^4} \left(\frac{|z+i|^2}{4 \, \mathrm{Im}\, z} \right)^2 |dz|^2 = \frac{|dz|^2}{(\mathrm{Im}\, z)^2}$$
$$= \frac{dx^2 + dy^2}{y^2}$$
と書き表される．これもまたユークリッド計量を関数倍したものである —— 長さは局所的に $1/y$ 倍になり，面積は $1/y^2$ 倍になる．

H 上のこの計量は，D と H の間の等角写像がリーマン計量について**等長写像**になるように構成されている．空間 D と H はそれぞれ双曲平面のポアンカ

レ円板モデル，ポアンカレ上半平面モデルと呼ばれる．それらが等長であるという事実は，この幾何では研究したい特別な問題に対して，便利と思われるモデルがどちらであったとしても，2つのモデルを自由に切り換えられることを意味している．

5.2 | 上半平面モデル H の幾何

$\det\begin{pmatrix} a & b \\ c & d \end{pmatrix} = 1$ を満たす $a, b, c, d \in \mathbf{R}$ について，メビウス変換

$$z \mapsto \frac{az + b}{cz + d}$$

のなす群 $PSL(2, \mathbf{R})$ を考える．これらの変換はちょうど $\mathbf{R} \cup \{\infty\}$ を $\mathbf{R} \cup \{\infty\}$ に移し，H を H に移す $\mathbf{C}_\infty$ のメビウス変換であることが簡単に確認できる．**実数**を係数とするメビウス変換はつねに行列式が ± 1 の**実行列**で表すことができる．行列式が正という条件は単に上半平面がそれ自身に移る (そして下半平面には移らない) という条件に対応する．

● **命題 5.2** ── $PSL(2, \mathbf{R})$ の元は H の等長変換を定め，したがって曲線の長さを保つ．

証明 $PSL(2, \mathbf{R})$ は元

$$z \mapsto z + a \qquad (a \in \mathbf{R}) \qquad \text{(平行移動)}$$
$$z \mapsto az \qquad (a \in \mathbf{R}_+) \qquad \text{(拡大/縮小)}$$
$$z \mapsto -\frac{1}{z}$$

により生成されることを思い出そう．

○ **主張** ── これらの変換はそれぞれ計量 $|dz|^2/y^2$ を保つ．

最初の2つについては自明である ── 3つ目の変換について確認する．$w = -1/z$ とおく．$dw/dz = 1/z^2$ であるから，$\mathbf{C} = \mathbf{R}^2$ 上に誘導される写像は $1/z^2$ 倍する写像である．この線形写像により，w におけるユークリッド計量 $|dw|^2$ は z における $|dz|^2/|z|^4$ に対応する．このとき

$$\operatorname{Im} w = \operatorname{Im}(-1/z) = -\frac{1}{|z|^2} \operatorname{Im} \bar{z} = \frac{\operatorname{Im} z}{|z|^2}$$

より，主張の式

$$\frac{|dw|^2}{(\operatorname{Im} w)^2} = \frac{|dz|^2/|z|^4}{(\operatorname{Im} z)^2/|z|^4} = \frac{|dz|^2}{(\operatorname{Im} z)^2}$$

が得られる．よって $PSL(2, \mathbf{R})$ の各元が定める写像は等長変換である． □

後で説明するが，$PSL(2, \mathbf{R})$ は実際には H の等長群の指数 2 の部分群である (注意 5.17).

○ **注意 5.3** —— $PSL(2, \mathbf{R})$ は $a > 0$ について $z \mapsto az + b$ の形をしたメビウス変換を含むことから，それは H に対し推移的に作用する．つまり任意の点 $z_1, z_2 \in H$ に対し，$g(z_1) = z_2$ となる $g \in PSL(2, \mathbf{R})$ が存在する．

第 2 章から $\mathbf{C}$ 上の任意のメビウス変換は円および直線を円または直線に移すことを思い出そう．この変換は複素解析的であるから，第 4.1 節での議論より角度もまた保たれる．よって L を虚軸とすると，$g \in PSL(2, \mathbf{R})$ は $\mathbf{R} \cup \{\infty\}$ をそれ自身に移すので，$g(L)$ は実軸と直交する円あるいは直線であることがわかる．

したがって，$L^+ := \{it : t > 0\}$ に対し，$g(L^+)$ は (端点が実軸上にある) 縦の半直線か，あるいは半円になる．これらのことを H 内の**双曲直線**という．とくに，2 つの異なる双曲直線は高々 1 点で交わる．

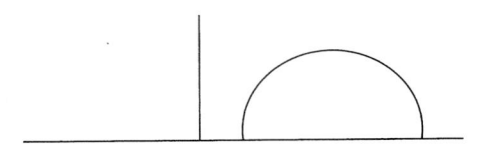

● **補題 5.4** —— 任意の 2 点 $z_1, z_2 \in H$ を通る双曲直線 l は一意的に存在する．

証明 $\operatorname{Re} z_1 = \operatorname{Re} z_2$ の場合は，これは明らかに正しい．よって $\operatorname{Re} z_1 \neq \operatorname{Re} z_2$ と仮定する．この場合は求めたい半円の中心を図のような垂直 2 等分線により特定できるので，よって l は一意的に定まる．

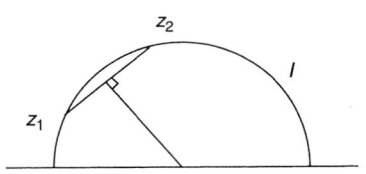

□

5.2 | 上半平面モデル H の幾何

● **補題 5.5** ── $PSL(2, \mathbf{R})$ は双曲直線の集合に推移的に作用する.

証明 任意の双曲直線 l に対して, $g(l) = L^+$ となる $g \in PSL(2, \mathbf{R})$ が存在することを示せば主張は従う.

l が縦の半直線の場合は明らかである. l が半円である場合は, その 2 つの端点 $s < t \in \mathbf{R}$ に対し

$$g(z) = \frac{z-t}{z-s}$$

とおく (これは $\det \begin{pmatrix} 1 & -t \\ 1 & -s \end{pmatrix} = t - s > 0$ を満たしている).

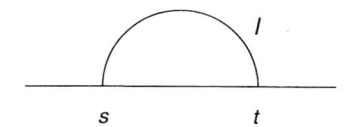

$g(t) = 0$ かつ $g(s) = \infty$ であるから, よって $g(l) = L^+$ が従う. □

○ **注意 5.6** ── 補題 5.5 の証明において g と $z \mapsto -\frac{1}{z}$ を合成すると, $h(s) = 0$ と $h(t) = \infty$ を満たすメビウス変換 h が得られる. (実数倍することで) 与えられた点 $P \in l$ がたとえば i に移るようにすることもできる. よって実際には $PSL(2, \mathbf{R})$ は双曲直線 l と点 $P \in l$ からなる組 (l, P) に推移的に作用する.

● **定義 5.7** ── H 上のこのリーマン計量から定まる距離, つまり任意の 2 点に対して, その 2 点を結ぶ区分的に滑らかな曲線のこの計量に関する長さの下限により定まる距離を考える. この距離 ρ のことを**双曲距離**という. 命題 5.2 から $PSL(2, \mathbf{R})$ は双曲距離を保つことがわかる.

与えられた点 $z_1, z_2 \in H$ に対し, z_1 と z_2 を通る双曲直線が一意的に存在する. z_1^*, z_2^* を図のように定める (双曲直線が縦の半直線の場合には $z_2^* = \infty$ とする).

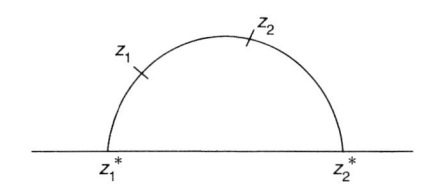

上で論じたように $h(z_1^*) = 0$ と $h(z_2^*) = \infty$ を満たす元 $h \in PSL(2, \mathbf{R})$ が存在するので，したがってこの h は z_1 と z_2 を通る双曲直線を正の虚軸 L^+ に移す．よって $u < v$ について $h(z_1) = iu, h(z_2) = iv$ とおくことができる．h は距離を保つことから $\rho(z_1, z_2) = \rho(iu, iv)$ が成り立つ．

したがって，2 点が $u < v$ について $z_1 = iu, z_2 = iv$ で与えられている場合を考えればよい．$\tau : [0,1] \to H$ をすべての t について $\tau(t) = if(t) \in L^+$ となり，かつ $\tau(0) = iu, \tau(1) = iv$ を満たす区分的に滑らかな曲線とする．

双曲線分 $\gamma : [0,1] \to H$ について，$\rho(\gamma(0), \gamma(t))$ が t についての単調関数であるとき，これを**単調にパラメータ付けされている**という[*69]．この性質は，$PSL(2, \mathbf{R})$ の元 h による γ の像 $h \circ \gamma$ に対しても明らかに保たれる．今考えている設定において，τ が単調にパラメータ付けされていることと (区分的に滑らかな) 関数 f が単調増加であることは同値である．f の導関数が存在し，それが連続であれば，平均値の定理よりこの条件は $f'(t) \geq 0$ という条件と同値である．

τ が単調にパラメータ付けされているとすると

$$
\begin{aligned}
\tau \text{の長さ} &= \int_0^1 \frac{|df/dt|}{f}\, dt \\
&= \int_0^1 \frac{df/dt}{f}\, dt \\
&= \log \frac{v}{u}
\end{aligned}
$$

となる．これが $\rho(z_1, z_2)$ であることを主張する．

● **命題 5.8** —— z_1, z_2 を H の点とし，$\gamma : [0,1] \to H$ を z_1 から z_2 への区分的に滑らかな曲線とする．このとき，γ の長さ $\geq \rho(z_1, z_2)$ が成り立つ．等号は γ が単調なパラメータをもつ双曲線分 $[z_1, z_2]$ のとき，そのときに限り成立する．

証明 上で論じたように，$u < v$ について $z_1 = iu, z_2 = iv$ と仮定することができる．$\gamma = \gamma_1 + i\gamma_2 : [0,1] \to H$ を $\gamma(0) = iu, \gamma(1) = iv$ を満たす区分的に滑らかな曲線とする．このとき

[*69] 双曲線分とは双曲直線上の閉区間のこと．

$$\gamma\text{の長さ} = \int_0^1 \left(\left(\frac{d\gamma_1}{dt}\right)^2 + \left(\frac{d\gamma_2}{dt}\right)^2\right)^{1/2} \frac{dt}{\gamma_2(t)}$$

$$\geq \int_0^1 \left|\frac{d\gamma_2}{dt}\right| \frac{dt}{\gamma_2(t)}$$

$$\geq \int_0^1 \frac{d\gamma_2/dt}{\gamma_2} \, dt$$

$$= [\log \gamma_2]_0^1 = \log \frac{v}{u}$$

となる.等号成立の必要十分条件は,導関数 $\frac{d\gamma_1}{dt}$ と $\frac{d\gamma_2}{dt}$ が存在し,かつ連続であるという仮定の下で,$\frac{d\gamma_1}{dt} = 0$ かつ $\frac{d\gamma_2}{dt} \geq 0$ となる.これは γ_1 の値は恒等的に 0 で,かつ γ_2 は単調という条件と同値である. □

よって,2点 $z_1, z_2 \in H$ の間の双曲距離はそれらを結ぶ唯一の双曲線分 $[z_1, z_2]$ の長さで与えられる.さらに,双曲線分 $\gamma : [0,1] \to H$ が単調にパラメータ付けされているならば,すべての $t \in [0,1]$ について $\rho(\gamma(0), \gamma(t)) = (\gamma|_{[0,t]}\text{の長さ})$ が成り立つ.

○ **注意 5.9** ── $\gamma(0) = z_1$, $\gamma(1) = z_2$ を満たす一般の連続な曲線 $\gamma : [0,1] \to H$ に対しては,分割 $\mathcal{D} : 0 = t_0 < t_1 < \cdots < t_N = 1$ を行うことで,その長さを定義することができる.$P_i = \gamma(t_i)$ および $\tilde{s}_\mathcal{D} = \sum_{i=1}^N \rho(P_{i-1}, P_i)$ として,$\gamma\text{の長さ} = \sup_\mathcal{D} \tilde{s}_\mathcal{D}$ で定義すればよい.このとき,3角不等式からの形式的な帰結として (命題 2.10 の証明とまったく同じ議論により) $\gamma\text{の長さ} \geq \rho(z_1, z_2)$ が得られ,等号は γ が単調にパラメータ付けされた双曲線分 $[z_1, z_2]$ のとき,そのときに限り成り立つことがわかる.

5.3 │ 円板モデル D の幾何

2つのポアンカレモデルの間に次のような等長写像が存在する:

$$D \to H \qquad H \to D$$
$$z = \frac{i(1+\zeta)}{1-\zeta} \qquad \zeta = \frac{z-i}{z+i}.$$

任意のメビウス変換は円および直線を円または直線に移し,かつ角度を保つことを思い出すと,次の事実を導くことができる.

(i) 単位円をそれ自身に移し,D を D に移すメビウス変換は,H においては実軸をそれ自身に移し,H を H に移すメビウス変換に対応する.これは $PSL(2, \mathbf{R})$ の元の H への作用であり,これが等長変換であること

はすでに述べた．D と H の対応自体も (構成から) 等長写像であるから，D からそれ自身へのメビウス変換は D の等長変換である — それらは群 G をなす．

(ii) D 内の双曲直線は単位円に直交する円弧あるいは直径で与えられる．

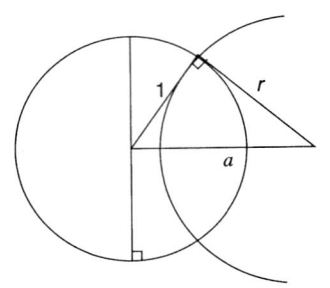

円弧の中心を $a > 0 \in \mathbf{R}$, 半径を $r > 0$ とすると，ピタゴラスの定理から $a^2 = r^2 + 1$ が得られる．したがって，$a > 1$ (つまり円弧の中心は単位円の外側にある) と，$r < a$ (つまり対応する円は 0 を含まない) という幾何的事実が導かれる．とくに，D 内の双曲直線が原点を通ることと，それが単位円の直径であることは必要十分である．

(iii) G は双曲直線 $l \subset D$ と点 $P \in l$ からなる組 (l, P) の集合に対して推移的に作用する — 補題 5.5 を参照．双曲直線 l 上の与えられた点 P に対し，P を原点に移す (よって l を直径に移す) G の元を作用させることができる．角度 α を指定したとき，P を通り，そこで l と (与えられた向きで測った) 角度 α で交わる双曲直線 l' が一意的に存在することは，G の元は角度と向きを保つことを使うと明らかである — $P = 0$ のときは，これは別の直径になる．

(iv) D 上の与えられた 2 点間の最短の曲線は双曲線分に対応する．

再び ρ を D 上の双曲距離とし，ここで D の座標を z で表すことにする．

● **補題 5.10** —— (i) 回転 $z \mapsto e^{i\theta}z$ は G の元である．(ii) $a \in D$ であるならば，$z \mapsto g(z) = \frac{z-a}{1-\bar{a}z}$ は G の元である．

証明 (i) 明らか．(ii) g が単位円をそれ自身に移すことが確認できる (なぜなら，$|z| = 1$ に対して

$$|1 - \bar{a}z| = |\bar{z}(1 - \bar{a}z)| = |\bar{z} - \bar{a}| = |z - a|,$$

つまり $|g(z)| = 1$ が成り立つ). $g(a) = 0$ より主張は従う. □

○ **注意 5.11** —— 実際, 演習 5.6 より, G の任意の元は
$$z \mapsto e^{i\theta}\left(\frac{z-a}{1-\bar{a}z}\right)$$
の形をしている.

● **命題 5.12** —— $0 \leq r < 1$ に対して
$$\rho(0, re^{i\theta}) = \rho(0, r) = 2\tanh^{-1} r$$
が成り立つ. 一般に, 与えられた $z_1, z_2 \in D$ に対し,
$$\rho(z_1, z_2) = 2\tanh^{-1}\left|\frac{z_1 - z_2}{1 - \bar{z}_1 z_2}\right|$$
が成り立つ[*70].

証明 補題 5.10 (i) より $\rho(0, re^{i\theta}) = \rho(0, r)$ が従う. 定義に従って計算すると
$$\rho(0, r) = \int_0^r \frac{2dt}{1-t^2} = 2\tanh^{-1} r$$
が得られる. 一般の場合については, まず z_1 と z_2 を通る唯一の双曲直線を l とする. G の元 $\frac{z-z_1}{1-\bar{z}_1 z}$ を作用させると, z_1 は 0 に移ることから, l は直径に移ることがわかる. 回転させることにより, それは実軸に移ると仮定してよく, このとき
$$z_2 \mapsto \left|\frac{z_2 - z_1}{1 - \bar{z}_1 z_2}\right| = r > 0$$
となる. よって $\rho(z_1, z_2) = \rho(0, r) = 2\tanh^{-1} r$ が成り立つ. □

さまざまな問題に対して (とくに 0 に移るような特別な点がある場合に対して), 円板モデルは上半平面モデルよりも計算する上でより便利である. たとえば, ある点から一定の双曲距離にある点の集合である双曲円について考えてみよう (中心となる点を**双曲中心**と呼ぶことにする). これらがユークリッド円でもあることを示す (一般には異なる中心をもつことになる). D と H の間の等長写像はメビウス変換であるから, 円板モデルに対して主張を示せば十分である (なぜなら, D に含まれるユークリッド円の像は H に含まれるユークリッ

[*70] 双曲幾何における 3 角関数は $\sinh x = \frac{e^x - e^{-x}}{2}, \cosh x = \frac{e^x + e^{-x}}{2}, \tanh x = \frac{\sinh x}{\cosh x}$ で定義される. これらの関数のことを**双曲線関数**という.

ド円である — 像が直線だと H の境界，すなわち $\mathbf{R} \cup \{\infty\}$ と交わることになるので，像は直線にはならない）．上で扱った D のメビウス変換の群 G は等長変換からなることから，G の元はユークリッド円と双曲円の両方について円を円に移す．G の作用は推移的であり，双曲円の双曲中心を $0 \in D$ と仮定することができる．これにより，半径 ρ の双曲円は半径 $\tanh \frac{1}{2}\rho$ のユークリッド円であることがわかる．

命題 4.7 より等長写像は面積を保つことから，双曲中心が $0 \in D$ であると仮定することで半径 ρ の双曲円の面積が計算でき，その値は

$$2\pi \int_0^{\tanh \frac{1}{2}\rho} 4r dr/(1-r^2)^2 = 4\pi \left(1 - \tanh^2(\rho/2)\right)^{-1} - 4\pi$$
$$= 4\pi \left(\cosh^2(\rho/2) - 1\right) = 2\pi(\cosh \rho - 1)$$

となることが簡単に確認できる．ついでに注意しておくと，双曲計量での開球体はまたユークリッド計量でも開球体であるから，2つの計量により定まるトポロジー (つまり開集合たち) は同じである．よって D はユークリッド円板と同相である．しかしながら，ユークリッド計量の場合と異なり，双曲計量の場合は**完備**であることが確認できる — これは基本的に，D の任意の点から円の境界までの距離がこの計量では無限大であるという事実から従う．

先程，H 内の任意の双曲円はユークリッド円であることを導いた．ここで $b > 0$ に対して双曲中心を $a + ib$ とし，双曲円の半径を d として，対応するユークリッド円の中心は $a + ib \cosh d$ で，半径は $b \sinh d$ であることを示す．これを示すために，まず当然の手順として，平行移動を使って $a = 0$ と仮定する．双曲円はこのとき正の虚軸 L^+ について対称的である．その交点を iy_1 および iy_2 とし，$y_1 < y_2$ としておく．$\rho(ib, iy_2) = \log(y_2/b) = d$ であるから，$y_2 = be^d$ が導かれる．同様にして $y_1 = be^{-d}$ も得られる．したがって，ユークリッド円の中心は $i(y_1 + y_2)/2 = ib \cosh d$ であり，ユークリッド円としての半径は $(y_2 - y_1)/2 = b \sinh d$ となる．この計算から ic を中心とする半径 $r < c$ のユークリッド円は $i\sqrt{c^2 - r^2}$ を中心とする双曲半径 $\sinh^{-1}\left(r/\sqrt{c^2 - r^2}\right)$ の双曲円であることがわかり，よって H のユークリッド円は双曲円であることが従う．

5.4 | 双曲直線に関する鏡映

2つの基本的な補題から始める.

● **補題 5.13** —— 与えられた点 P と双曲直線 $l \not\ni P$ に対し, l と垂直に交わる双曲直線 $l' \ni P$ がただ一つ存在し, その交点 Q に対し, $\rho(P,Q)$ は P から l までの最短の長さを与える.

証明 双曲平面の円板モデルを使い, 群 G が推移的であることを使って $P = 0$ としておく. 命題 5.12 を使うと 0 から l までの双曲距離の最小化はユークリッド距離の最小化と同値であることがわかるので, 主張は明らかである.

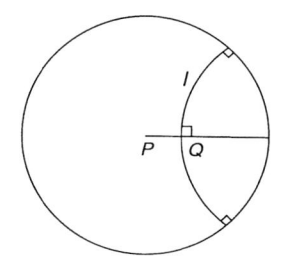

□

● **補題 5.14** —— g を L^+ 上の点をすべて固定する上半平面モデルの等長変換とする. このとき, $g = \mathrm{id}$ であるか, あるいはすべての $z \in H$ について $g(z) = -\bar{z}$ が成り立つ (後者は y-軸に関する鏡映であり, この変換に対して $|dz|^2/y^2$ は明らかに不変であることから, これは等長変換である).

証明 $P \notin L^+$ に対し, P を通り L^+ と垂直に交わる双曲直線 l' が一意的に存在する (l' は 0 を中心とする半円である).

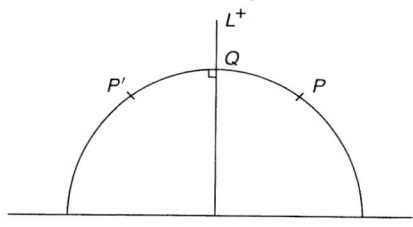

g は等長変換であるから, $g(P)$ から L^+ までの最短距離は P から L^+ までの最短距離と等しく, さらにこの距離は $\rho(P,Q) = \rho(g(P),Q)$ で与えられる. l' は Q を通り L^+ と垂直に交わる唯一の双曲直線であるから, (補題 5.13 を再び使う

と) $g(P) \in l'$ が従う．鏡映による P の像を P' で表すと，$\rho(P,Q) = \rho(g(P),Q)$ より $g(P) = P$ あるいは $g(P) = P'$ が得られる．よって補題は次の主張より従う．

○ **主張** —— $g(P) = P$ を満たす $P \notin L^+$ が存在するならば，$g = \text{id}$ が成り立つ．そのような $P \notin L^+$ が存在しないならば，g は L^+ に関する鏡映である．

主張を証明するために，(対称性を使って) $P \in H^+ = \{z \in H : \text{Re}\, z > 0\}$ と仮定する．A を H^+ の任意の点とし，双曲直線を図のように描く．

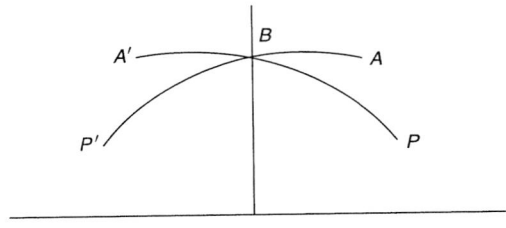

$g(A) = A'$ とすると $\rho(A',P) = \rho(A,P)$ が成り立つ．一方，
$$\rho(A',P) = \rho(A',B) + \rho(B,P)$$
$$= \rho(A,B) + \rho(B,P)$$
である．よって3角不等式から B は双曲線分 PA 上にあることになり，これは P と A がともに H^+ 上にあることに矛盾する．したがって，すべての点 $A \in H$ に対して $g(A) = A$ であることが従う．

主張の後半は L^+ 上にないすべての点は鏡映で移ることから明らかである． □

● **定義 5.15** —— R を y-軸に関する鏡映とする．任意の双曲直線 l に対し，$T \in PSL(2,\mathbf{R})$ を $T(l) = L^+$ となるように選ぶ．すると，$R_l = T^{-1}RT \neq \text{id}$ は l のすべての点を固定する H の等長変換であり，補題 5.14 よりこれは一意的に定まる．この等長変換のことを双曲直線 l に関する**鏡映**という．

当然のことながら，R_l を幾何的に定義することもできる．$P \in H \setminus l$ に対し，補題 5.13 のように P を通り l と直交する双曲直線 l' を描き，l からの距離が l と P の距離と同じになる l' 上の2点のうち P でない方を $R_l(P)$ とすればよい．

● **命題 5.16** —— H の任意の等長変換 g は $PSL(2,\mathbf{R})$ の元であるか，あるいは剰余類 $PSL(2,\mathbf{R})R$ の元である[*71]．

証明 $g(L^+) = l$ とする．$T \in PSL(2,\mathbf{R})$ を $Tl = L^+$ となるように選び，g の代わりに Tg について考える．これは L^+ をそれ自身に移す等長変換である．

この方法で g が L^+ をそれ自身に移す場合に問題を置き換えることができ，必要なら $z \mapsto -\frac{1}{z}$ を合成することで $g(0) = 0$, $g(\infty) = \infty$ と仮定することができる．また，実数倍することで $g(i) = i$ と仮定できる．これにより，(等長変換である) g は明らかに L^+ のすべての点を固定する．

補題 5.14 より $g = \mathrm{id}$ あるいは R であることが導け，したがって主張は従う． □

○ **注意 5.17** —— したがって，$PSL(2,\mathbf{R})$ は等長群の指数 2 の部分群である．H の等長変換はすべて，$ad - bc = 1$ を満たす実数 a, b, c, d により

$$z \mapsto \frac{az+b}{cz+d} \qquad \text{あるいは} \qquad z \mapsto \frac{a(-\bar{z})+b}{c(-\bar{z})+d}$$

という形で与えられる．それらのうち $PSL(2,\mathbf{R})$ に含まれるものを**向きを保つ等長変換**という．

ユークリッド平面と球面の両方について，任意の等長変換が高々 3 回の鏡映の合成で表せたことを思い出そう．同様の証明により，同じ結果が双曲平面についても成り立つ．最初に，双曲線分の垂直 2 等分線に関する補題を用意する．

● **補題 5.18** —— 双曲平面上の与えられた 2 点 P と Q について，P と Q から等距離にある点の集合は，P と Q を結ぶ双曲線分を垂直に 2 等分する双曲直線 l である．とくに鏡映 R_l は l のすべての点を固定し，P と Q を入れ替える等長変換である．

証明 円板モデルを使って証明する．P と Q を通る双曲直線 l' が一意的に定まる．双曲線分 PQ の中点 M を原点に移し，l' を実軸上の直径に移す群 G の元による等長変換を適用する．

したがって，次の図の状況にあると仮定できる．すると，0 を通り双曲線分 PQ と直交する双曲直線 l が一意的に存在する，すなわち D の虚軸上の直径

[*71] $PSL(2,\mathbf{R})R$ の元は y-軸に関する鏡映 R と $PSL(2,\mathbf{R})$ のある元を合成した変換という意味．

である．対称性から l 上の点は P と Q から等距離にある．

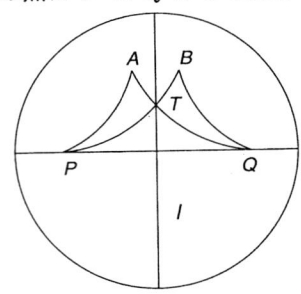

あとは P と Q から等距離にある任意の点 A が l 上にあることを示せば十分である．そのような点 A で虚軸上の直径に乗っていないものが存在すると仮定する．対称性から l に関する鏡映による A の像として得られる，同じ性質を満たす第 2 の点 B が存在する．すると，補題 5.14 の証明とまったく同じ議論により矛盾が生じることになる．対称性から双曲線分 PB と QA は l と共通の点 T で交わる．再び対称性を使うと，

$$d(P,A) = d(Q,A) = d(P,B) = d(P,T) + d(T,B) = d(P,T) + d(T,A)$$

となる．すると 3 角不等式から T は双曲線分 PA 上にあることになり，このことから (補題 5.14 の証明と同様に) 矛盾が得られる．

最後の主張は明らかである． □

● **命題 5.19** —— 双曲平面の任意の等長変換 g は高々 3 回の鏡映の合成で表される．向きを保つ等長変換はそれらのうちの，鏡映 2 回を合成したもので与えられる．

証明 補題 5.18 があるので，証明はユークリッド平面の場合とまったく同じ方針で従う．H 上の 3 点 $i, 2i, 1+i$ を考える．上の補題を使い，定理 1.7 とまったく同じ議論を用いると，高々 3 回の鏡映の合成で表される等長変換 h で，$h \circ g$ が $i, 2i, 1+i$ を固定するものを見つけることができる —— 最初のステップは (必要ならば) g と，点 i と $g(i)$ を入れ替える鏡映を合成することであった．しかしながら，i と $2i$ を固定する等長変換は L^+ 上のすべての点を固定しなくてはならず，さらに $1+i$ も固定しているとなると，それは補題 5.14 から恒等写像でなければならない．したがって，$g = h^{-1}$ は高々 3 回の鏡映の合成で表される．

2つ目の主張は注意 5.17 より従う. □

5.5 ｜ 双曲 3 角形

● **定義 5.20** —— 双曲 3 角形 ABC は図のように 3 つの双曲線分により定義される.

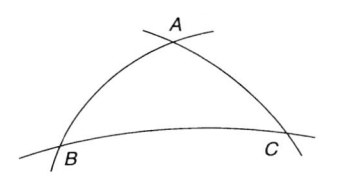

双曲 3 角形は凸である. つまり, 3 角形上の任意の 2 点を結ぶ双曲線分は 3 角形に含まれる (演習 5.8). 退化している場合として, ある頂点が双曲平面の境界 (上半平面モデルであれば $\mathbf{R}$ か $\{\infty\}$; 円板モデルであれば単位円) 上にある場合も含むことにする.

上半平面モデルでは, 領域 $R \subset H$ の面積は定義から
$$R \text{ の面積} = \iint_R \frac{dx\,dy}{y^2}$$
である. 局所的には単にユークリッド距離を $1/y$ 倍, ユークリッド面積を $1/y^2$ 倍しただけである.

● **定理 5.21** （ガウス・ボンネ） —— 内角を α, β, γ とする双曲 3 角形 $T = ABC$ (内角のいくつか, あるいはすべてが 0 の場合も含む) に対し,
$$T \text{ の面積} = \pi - (\alpha + \beta + \gamma)$$
が成り立つ.

証明 面積が等長写像により不変であることを思い出すと, 円板モデルあるいは上半平面モデルの便利な方を選ぶことができ, また双曲 3 角形を便利な位置に置くために, 選んだモデルにおいて任意の等長変換をこちらが望むように適用することができる. ここでは H を選ぶことにする.

最初に $\gamma = 0$ と仮定して主張を証明する. T は上半平面上にあるとし, C を ∞ としておく. また, 平行移動と実数倍により, A, B は円 $x^2 + y^2 = 1$ 上にあると仮定できる (A, B の一方あるいは両方が実軸上にある場合も含む).

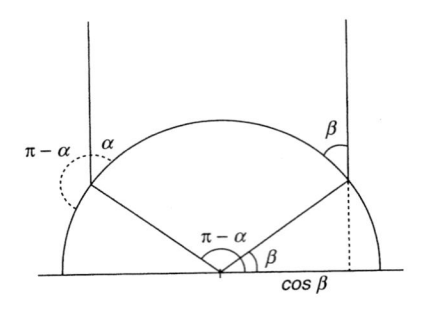

したがって，

$$T \text{ の面積} = \int_{\cos(\pi-\alpha)}^{\cos\beta} \int_{(1-x^2)^{1/2}}^{\infty} \frac{dy}{y^2}\, dx$$

$$= \int_{\cos(\pi-\alpha)}^{\cos\beta} \frac{dx}{(1-x^2)^{1/2}}$$

$$= [-\cos^{-1} x]_{\cos(\pi-\alpha)}^{\cos\beta}$$

$$= \pi - \alpha - \beta$$

が得られる．

一般に任意の 3 角形は，∞ に共通の頂点をもつ 2 つの 3 角形の差集合により表される —— 上半平面モデルを使うと，これを簡単に見ることができる．3 角形 ABC の 1 辺を縦の半直線とすることがいつでもできる．

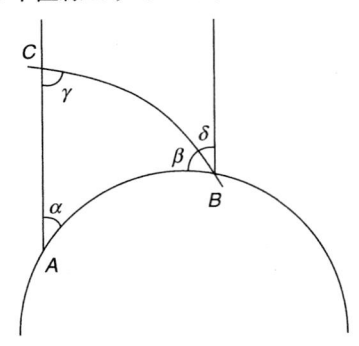

図には ∞ に頂点をもつ 2 つの 3 角形 $\Delta_1 = AB\infty$ と $\Delta_2 = CB\infty$ が描かれている．先程の計算より

$$\Delta_1 \text{ の面積} = \pi - \alpha - (\beta + \delta)$$

$$\Delta_2 \text{ の面積} = \pi - \delta - (\pi - \gamma)$$

であるから，これら2つの式の差をとることで，
$$\Delta \text{の面積} = \pi - (\alpha + \beta + \gamma)$$
が得られる． □

● **系 5.22** ── (双曲線分を辺とする) 双曲 n 角形の面積は，$\alpha_1, \ldots, \alpha_n$ を内角としたとき，公式
$$(n-2)\pi - (\alpha_1 + \cdots + \alpha_n)$$
で与えられる．

証明 これは，帰納的組み合わせ的議論により半球面に含まれる球面多角形の面積を求めた命題 2.16 の証明とまったく同様の議論で，定理 5.21 より従う．局所的に凸である頂点が存在することは，前と同様の方法で従う．前の議論で使った半球面の他の性質は，半球面の凸性と，半球面の任意の2点を結ぶ最短の球面線分が一意的に存在すること，そしてこの球面線分は半球面に含まれていることだけであった．双曲平面の場合，任意の2点を結ぶ最短の双曲線分はいつも一意的に存在し，よって双曲平面全体は凸である．さらに，上で述べたように，双曲3角形もまた凸である．したがって帰納的論法をどこも変えることなく適用することができる． □

● **命題 5.23** ── $n \geq 3$ の場合，$0 < \alpha < (1 - \frac{2}{n})\pi$ を満たす任意の α について，すべての内角が α である双曲正 n 角形が存在する．

証明 これは連続性を使ったかなりエレガントな議論により従う．$0 < r \leq 1$ と $k = 1, \ldots, n$ について，単位円板上の点 $re^{2k\pi i/n}$ を考える．与えられた r に対し，これらは D 内の双曲正 n 角形を定める．この双曲 n 角形の内角の値を $\alpha(r)$ と書くことにする．この n 角形の面積は $(n-2)\pi - n\alpha(r)$ であった．この面積の値は r を変数として連続的に変化することから，$\alpha(r)$ は r の連続な単調関数であることがわかる．$r = 1$ とすることができ，このとき多角形の頂点はすべて単位円板の境界上に乗る．辺は境界に直交することから，隣り合う任意の2辺の間の角度は 0 である．よって $r \to 1$ とすると $\alpha(r) \to 0$ となる．ここで $r \to 0$ としたときに何が起こるかを考えると，面積は明らかに 0 に近づいていくので，よって $r \to 0$ とすると $\alpha(r) \to (1 - \frac{2}{n})\pi$ となる．したがって，1変数連続関数の中間値の定理により主張は従う． □

とくに，任意の整数 $g \geq 2$ に対し，すべての内角が $\pi/2g$ である双曲正 $4g$ 角形が存在する．第 3 章で紹介したように，$4g$ 角形の辺を貼り合わせることで，種数 g の向き付け可能な閉曲面が位相的に構成できる．この場合，**双曲**正 $4g$ 角形をその内角の和が 2π になるように調整してあるので，$4g$ 角形上の双曲計量を種数 g の向き付け可能な閉曲面上の局所双曲計量に拡張する際に障害となるものは何もなくなる．実際，種数 g の向き付け可能な閉曲面上で，これらの貼り合わさった辺に沿って，そのような局所双曲計量の存在を証明することができる．

5.6 平行線と超平行線

S^2 内の異なる 2 つの球面直線は 2 点で交わる．$\mathbf{P}^2(\mathbf{R})$ 内の異なる 2 つの直線は 1 点で交わる．$\mathbf{R}^2$ 上の異なる 2 つの直線は平行でないとき，そのときに限り 1 点で交わる．

● **定義 5.24** —— 双曲平面の円板モデルで考えたとき，D 上の 2 つの双曲直線 l_1 と l_2 が境界 $|z|=1$ でのみ交わっているとき，これらを**平行**という．これらが閉円板 $|z| \leq 1$ 内でまったく交わらない場合，これらを**超平行**という．

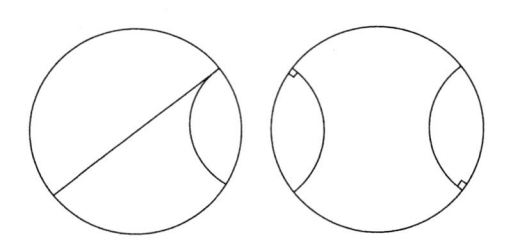

○ **注意** —— ユークリッド平面では，平行線の公理は次のように述べられる：与えられた直線 l と点 $P \notin l$ に対し，P を通り l と交わらない直線 l' が一意的に存在する．この性質は球面幾何と双曲幾何のいずれの場合でも成り立たないことはすでに見てきたが，その理由はまったく異なっている．球面の場合はそのような l' は存在しないのに対し，双曲平面の場合は l' が一意的に定まらないのである．

● **定義 5.25** —— 距離空間 (X, ρ) 内の任意に与えられた 2 つの部分集合 A, B

に対し,これらの集合の間の**距離**を
$$d(A,B) = \inf\{\rho(P,Q) : P \in A,\ Q \in B\}$$
で定義する.

ここで超平行線は 2 直線の間の距離が 0 でないという特徴をもつことを示す (この事実の少し簡単な証明が演習 5.11 にある).

● **命題 5.26** —— l_1 と l_2 を双曲平面内の異なる双曲直線とする.l_1 と l_2 が平行ならば $d(l_1, l_2) = 0$ が成り立つ.また,l_1 と l_2 が超平行ならば $d(l_1, l_2) > 0$ が成り立つ.

証明 上半平面モデルを考え,l_1 を正の虚軸とする.l_2 が l_1 に平行な場合,それを $x = a > 0$ で与えられる縦の半直線とすることができる.任意の $b > 0$ に対し,距離 $\rho(ib, a+ib)$ は高々 $y = b$ で定まる 2 点間のまっすぐな線分の長さ,つまり (ユークリッド距離を局所的に $1/y$ 倍したものだから) a/b となる.$b \to \infty$ のとき $\rho(ib, a+ib) \to 0$ となり,よって $d(l_1, l_2) = 0$ が得られる.

l_2 が l_1 に対し超平行であるとする.l_2 を実軸上の点 $a > 0$ を中心とする半径 r $(0 < r < a)$ の半円と仮定することができる.任意の点 $P \in l_2$ に対し,$d(P, l_1)$ は P から l_1 へ下した (双曲幾何の意味での) 垂線の長さとして定まる (補題 5.13).l_1 に直交する双曲直線はちょうど 0 を中心とする半円であるから,$d(P, l_1)$ は 0 を中心とし P を通る半円上の (P と l_1 の間の) 円弧の長さで与えられる.この半円の半径は高々 $a + r$ である.

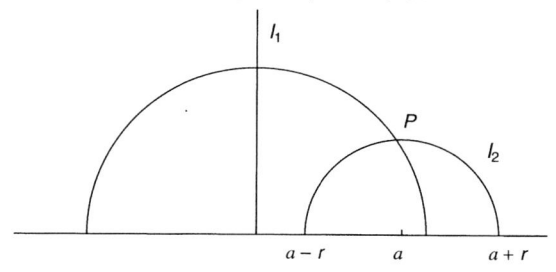

この曲線を $\gamma = (\gamma_1, \gamma_2) : [0,1] \to H$ と書くことにする.すると,x-座標の差は少なくとも $a - r$ であるから,
$$d(P, l_1) = \int_0^1 \left((\gamma_1'(t))^2 + (\gamma_2'(t))^2\right)^{1/2} dt/\gamma_2(t)$$

$$\geq \int_0^1 |\gamma_1'(t)|\, dt/(a+r) \geq \int_0^1 \gamma_1'(t)\, dt/(a+r) \geq (a-r)/(a+r)$$

が成り立つ．この不等式は l_2 上のすべての点 P に対して成り立ち，よって

$$d(l_1, l_2) \geq (a-r)/(a+r) > 0$$

が得られる． □

5.7 | 双曲平面の双曲面モデル

双曲平面の重要な基本モデルが他にもう 1 つある．それは**双曲面モデル**である．このモデルは $\mathbf{R}^3$ 内に埋め込まれた球面の場合とよく似ているが，内積の符号がいくつか変わる．このモデルの利点の 1 つは，双曲 3 角法の公式たちを，球面の場合で証明したときと比べて最小限の計算で証明できることである．これらの公式を双曲面モデルを使わずに証明しようとすると，いろいろな公式を巧みに使わなければならなくなる ─ 演習 5.7 にある公式から始めるのがよいだろう．

行列

$$\begin{pmatrix} 1 & 0 & 0 \\ 0 & 1 & 0 \\ 0 & 0 & -1 \end{pmatrix}$$

に対応する $\mathbf{R}^3$ 内のローレンツ内積 $\langle\langle\ ,\ \rangle\rangle$ を考える．$q(\mathbf{x}) = \langle\langle \mathbf{x}, \mathbf{x} \rangle\rangle = x^2 + y^2 - z^2$ とおき，S を $q(\mathbf{x}) = -1$ で定まる曲面とする．つまり $x^2 + y^2 = z^2 - 1$ で定まる 2 葉双曲面である．双曲面の上の葉 (つまり $z > 0$ の部分) を S^+ とする．ここで S^+ を単位円板 D に移す．点 $(0, 0, -1)$ からの立体射影

$$\pi(x, y, z) = \frac{x + iy}{1 + z}$$

を考える．このとき

$$u + iv = \frac{x + iy}{1 + z}$$
$$\implies u^2 + v^2 = \frac{z^2 - 1}{(1+z)^2} = \frac{z - 1}{z + 1}$$

が成り立つ．

5.7 | 双曲平面の双曲面モデル

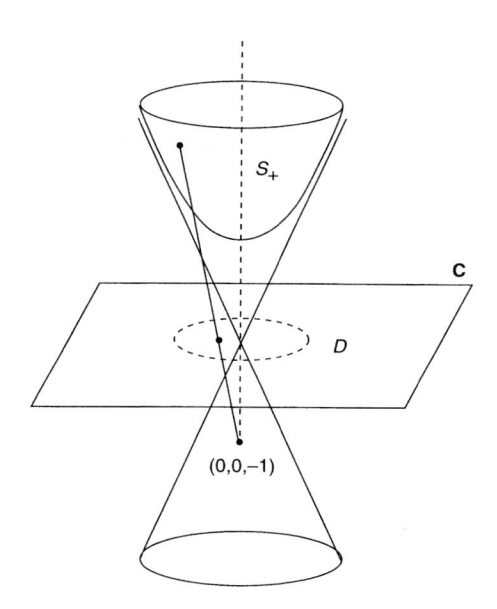

$r^2 = u^2 + v^2$ とおくと

$$z = \frac{1+r^2}{1-r^2} \implies 1+z = \frac{2}{1-r^2}$$

となり，したがって

$$x = (1+z)u = \frac{2u}{1-r^2}, \qquad y = \frac{2v}{1-r^2}$$

が得られる．ここで

$$\frac{\partial x}{\partial u} = \frac{\partial}{\partial u}\left(\frac{2u}{1-u^2-v^2}\right) = \frac{2}{(1-r^2)^2}(1+u^2-v^2)$$

$$\frac{\partial y}{\partial u} = \frac{4uv}{(1-r^2)^2}$$

$$\frac{\partial z}{\partial u} = \frac{\partial(1+z)}{\partial u} = \frac{4u}{(1-r^2)^2}$$

であるから，

$$\sigma(u,v) = \left(\frac{2u}{1-r^2}, \frac{2v}{1-r^2}, \frac{1+r^2}{1-r^2}\right)$$

とおくと

$$\sigma_u := \frac{\partial \sigma}{\partial u} = \frac{2}{(1-r^2)^2}\left(1+u^2-v^2, 2uv, 2u\right)$$

$$\sigma_v := \frac{\partial \sigma}{\partial v} = \frac{2}{(1-r^2)^2}\left(2uv, 1+v^2-u^2, 2v\right)$$

となる．ここで第2式は第1式から対称性を用いることで従う．

点 $\mathbf{a} \in S^+$ における S^+ の**接空間**は，小さい t について $\langle\langle \mathbf{a}+t\mathbf{x}, \mathbf{a}+t\mathbf{x}\rangle\rangle = -1 + O(t^2)$ となるベクトル $\mathbf{x}$，つまり $\langle\langle \mathbf{a}, \mathbf{x}\rangle\rangle = 0$ を満たすベクトル $\mathbf{x}$ からなる空間として定義される．ここで上の σ は $\langle\langle \sigma(u,v), \sigma(u,v)\rangle\rangle = -1$ を満たすことから，u と v に関して微分すると，σ_u と σ_v がともに $\sigma(u,v)$ における接空間に含まれることがわかる．これらは $u^2+v^2 < 1$ でつねに線形独立であることが普通に確認でき，よって σ_u, σ_v は $\sigma(u,v)$ における S^+ の接空間の基底になっている．さらに $\langle\langle\ ,\ \rangle\rangle$ はこのベクトル空間上に対称双線形形式を定め，したがって，$d\sigma$ を経由すると (e_1 と σ_u が，e_2 と σ_v が同一視され)，それは $\mathbf{R}^2$ 上の対称双線形形式に対応する．この双線形形式を $Edu^2 + 2Fdu\,dv + Gdv^2$ の形で書くと，

$$E = \langle\langle \sigma_u, \sigma_u\rangle\rangle = \frac{4}{(1-r^2)^4}\left(\left(1+u^2-v^2\right)^2 + 4u^2v^2 - 4u^2\right)$$
$$= \frac{4}{(1-r^2)^4}\left(1-(u^2+v^2)\right)^2 = \frac{4}{(1-r^2)^2}$$
$$F = \langle\langle \sigma_u, \sigma_v\rangle\rangle = 0 \quad (\text{チェックするだけ})$$
$$G = \langle\langle \sigma_v, \sigma_v\rangle\rangle = \frac{4}{(1-r^2)^2} \quad (\text{対称性から})$$

となる．これはちょうど双曲平面のポアンカレ円板モデル上の双曲計量と一致する．

ここで双曲面モデルの等長変換を探してみよう．$O(2,1)$ を上のローレンツ内積を保つ 3×3 行列の群とする．これらはちょうど

$$P^t \begin{pmatrix} 1 & 0 & 0 \\ 0 & 1 & 0 \\ 0 & 0 & -1 \end{pmatrix} P = \begin{pmatrix} 1 & 0 & 0 \\ 0 & 1 & 0 \\ 0 & 0 & -1 \end{pmatrix}$$

を満たす行列 P である．とくに，$O(2,1)$ の $\mathbf{R}^3$ への作用は双曲面を保つ．しかしここで必要なのは双曲面の葉を入れ替えない，上の葉 S^+ をそれ自身に移す元である．このさらなる条件から，それは $O(2,1)$ の指数2の部分群 $O^+(2,1)$ に制限される．注意として，

$$\begin{pmatrix} 1 & 0 & 0 \\ 0 & 1 & 0 \\ 0 & 0 & -1 \end{pmatrix}$$

は $O(2,1)$ の元であるが $O^+(2,1)$ の元ではない．P を $O(2,1)$ の元とすると，その定義式の行列式をとることで $\det(P)^2 = 1$ が得られる．つまり $\det(P) = \pm 1$ が成り立つ．

接空間上の内積は $\mathbf{R}^3$ 上のローレンツ内積により定まることから，$O^+(2,1)$ の任意の元は計量を保つことがわかる．そしてさらに，この与えられた計量に関する S^+ 上の曲線の長さも保つ．ここで与えられた曲線 $\gamma : [0,1] \to S^+$ を $\gamma(t) = (\gamma_1(t), \gamma_2(t), \gamma_3(t))$ と表したとき，その長さは

$$\int_0^1 \langle\langle \dot\gamma(t), \dot\gamma(t) \rangle\rangle \, dt = \int_0^1 (\dot\gamma_1^2 + \dot\gamma_2^2 - \dot\gamma_3^2)^{1/2} dt$$

で定義される．とくに重要になる $O^+(2,1)$ の 2 通りのタイプの元について説明をする．1 つは単に z-軸に関する回転で，その行列は $0 \le \theta < 2\pi$ を使って次の形で与えられる：

$$\begin{pmatrix} \cos\theta & -\sin\theta & 0 \\ \sin\theta & \cos\theta & 0 \\ 0 & 0 & 1 \end{pmatrix}.$$

この行列は明らかに $O(2,1)$ の元であり，任意のそのような行列は $O(2,1)$ 内でこの形の行列からなる連続な曲線により単位行列 I と結ぶことができるので[*72]，よってこの行列は $O^+(2,1)$ の元である．

重要となる元のもう 1 つのタイプは，$d \ge 0$ について次の形で与えられる：

$$\begin{pmatrix} 1 & 0 & 0 \\ 0 & \cosh d & -\sinh d \\ 0 & -\sinh d & \cosh d \end{pmatrix}.$$

再び，この行列が $O(2,1)$ の元であることは容易に確認でき，任意のそのような行列は単位行列 I と $O(2,1)$ 内でこの形の行列からなる連続な曲線により結ぶことができるので，この行列は $O^+(2,1)$ の元である．この行列 P は

[*72] $O(2,1)$ を $\mathbf{R}^9$ 内の部分空間とみなして考える．55 ページの脚注 49 を参照．

$$P \begin{pmatrix} 0 \\ \sinh d \\ \cosh d \end{pmatrix} = \begin{pmatrix} 0 \\ 0 \\ 1 \end{pmatrix}$$

という便利な性質をもっている．上の2つのタイプの元を使うことで，$O^+(2,1)$ の S^+ への作用が推移的であることが次のようにわかる．与えられた任意のベクトル $(x,y,z)^t \in S^+$ に対し，まず最初に，1つ目のタイプの元を使うことで，それを $(0, \sinh d, \cosh d)^t$ の形をしたベクトルに回転することができ，そして 2つ目のタイプの元により $(0,0,1)^t$ に移すことができる．

後で使うために述べておくと，上の2つのタイプの行列の行列式は $+1$ である．実際，これらの2つのタイプの元により $O^+(2,1)$ が生成されることを示すことができ (定理 2.19 の証明を参照)，よってすべての $P \in O^+(2,1)$ に対して $\det(P) = 1$ が成り立つ (この本では後者の事実は使わない)．

与えられた任意の2点に対し，上の2つのタイプの元を使うことで，最初の点を $(0,0,1)$ に，2つ目の点をある $d > 0$ について $(0, \sinh d, \cosh d)$ に移すことができる．立体射影により，これらは円板モデル D での点 0 と $i \sinh d/(1+\cosh d) = i \tanh(d/2)$ に対応する．S^+ 上での距離は D での距離に対応することから，2点は距離 d 離れていることがわかる．さらに，この2つのベクトルのローレンツ内積は $-\cosh d$ である．したがって，S^+ 上の点を表す任意の2つのベクトル $\mathbf{x}$ と $\mathbf{y}$ に対し，d を2点間の双曲距離としたとき，$\langle\langle \mathbf{x}, \mathbf{y} \rangle\rangle = -\cosh d$ が成り立つことが導ける．

これで双曲余弦定理を証明する準備が整った．上で定義したローレンツ内積から $\mathbf{R}^3$ 内のベクトルのある適当な外積を定義することで，球面余弦定理を証明したときとまったく同じ方法によりこれを証明することもできるのだが[*73]，おそらく上の等長変換を使った証明の方がより明確であろう．

● **命題 5.27** （双曲余弦定理）—— △ を内角が α, β, γ，辺の長さが a, b, c である双曲3角形とする (長さ a の辺は内角 α の頂点の反対側にあり，b と c も同様に定めておく)．このとき，

$$\cosh a = \cosh b \, \cosh c \, - \, \sinh b \, \sinh c \, \cos \alpha$$

が成り立つ．

[*73] たとえば [中岡] の第2章を参照．そのような外積を**擬外積**という．

証明 双曲面モデルで考える．ここで3角形の頂点は S^+ 上の点 $A=(0,0,1)$, $B=(0,\sinh c,\cosh c)$,
$$C=(\sin\alpha\,\sinh b,\,\cos\alpha\,\sinh b,\,\cosh b)$$
に対応していると仮定してよい[*74]．S^+ 上の計量を d で表すと，$d(A,B)=c$, $d(A,C)=b$, $d(B,C)=a$ である．上の議論から，$-\cosh a$ はちょうど位置ベクトル $\mathbf{B}$ と $\mathbf{C}$ のローレンツ内積になる，つまり
$$\cos\alpha\,\sinh b\,\sinh c - \cosh b\,\cosh c$$
と等しいことがわかる． □

● **命題 5.28** （双曲正弦定理）—— 上の記号について，
$$\sinh a/\sin\alpha = \sinh b/\sin\beta = \sinh c/\sin\gamma$$
が成り立つ．

証明 与えられた点 A,B,C に対し，位置ベクトル $\mathbf{A},\mathbf{B},\mathbf{C}$ を列に並べた行列 $M(A,B,C)$ を考え，その行列式をとる．先の2つのタイプの元を $\mathbf{R}^3$ に作用させたとき，それらの行列の行列式は 1 であったから，$M(A,B,C)$ の行列式はそれらの作用について不変となる．したがって，A,B,C が上の命題の証明で仮定した特別な位置にある場合で考えればよいことになる．これらの3つの点に対する $M(A,B,C)$ の行列式は $-\sinh c\,\sinh b\,\sin\alpha$ であり，したがって最初に与えられた3点についての行列式も同じ式で与えられることがわかる．ここで，行列 $M(A,B,C)$ の行列式は行列 $M(B,C,A)$ および $M(C,A,B)$ の行列式と等しいので，
$$\sinh c\,\sinh b\,\sin\alpha = \sinh a\,\sinh c\,\sin\beta = \sinh b\,\sinh a\,\sin\gamma$$
が成り立つ．これを $\sinh a\,\sinh b\,\sinh c$ で割ると，主張した式が得られる． □

演習問題

5.1 双曲平面の円板モデルから上半平面モデルへのメビウス変換 $\zeta \mapsto i(1+\zeta)/(1-\zeta)$ が $SU(2)$ の元により定義されることを確認せよ．

5.2 z_1, z_2 を上半平面上の点とし，z_1 と z_2 を通る双曲直線と実軸との交わ

[*74] 前ページの議論から $A=(0,0,1)$ と $B=(0,\sinh c,\cosh c)$ とおくことができ，C は A から距離 b 離れているので，$(0,\sinh b,\cosh b)$ を z-軸を中心に角度 α 回転させた位置として表すことができる．

りの点を z_1^* と z_2^* とする. ここで z_1 は双曲線分 $[z_1^*, z_2]$ 上にあるとし, また z_1^* と z_2^* のいずれか一方は ∞ でもよいとする. このとき2点間の双曲距離 $\rho(z_1, z_2)$ について, 4点 z_1^*, z_1, z_2, z_2^* を適当に並べたときの非調和比 r に対して $\rho(z_1, z_2) = \log r$ が成り立つことを示せ.

5.3 上半平面上の点 a に対し,
$$g(z) = \frac{z-a}{z-\bar{a}}$$
で与えられるメビウス変換 g は双曲平面の上半平面モデル H から円板モデル D への a を 0 に移す等長写像を定めることを示せ. 上半平面上の点 z_1, z_2 について, その双曲距離は $\rho(z_1, z_2) = 2\tanh^{-1}\left|\frac{z_1-z_2}{z_1-\bar{z}_2}\right|$ で与えられることを導け.

5.4 l を H 内の $a \in \mathbf{R}$ を中心とする半径 $r > 0$ の半円で与えられる双曲直線とする. 鏡映 R_l は公式
$$R_l(z) = a + \frac{r^2}{\bar{z}-a}$$
で与えられることを示せ.

5.5 1点で交わる2つの双曲直線について, 2直線から等距離にある点の集合もまた, その交点を通る2つの双曲直線になることを示せ. いずれの頂点も無限大にはない双曲3角形について, 3つの内角の各々の2等分線は1点に集まることを示せ.

5.6 双曲平面の円板モデル D の任意の等長変換 g は (ある $a \in D$ と $0 \le \theta < 2\pi$ について)
$$g(z) = e^{i\theta}\frac{z-a}{1-\bar{a}z}$$
の形をしているか, **あるいは**
$$g(z) = e^{i\theta}\frac{\bar{z}-a}{1-\bar{a}\bar{z}}$$
の形をしていることを示せ.

5.7 **C** 上の任意の点 z, w について, 等式
$$|1-\bar{z}w|^2 = |z-w|^2 + (1-|z|^2)(1-|w|^2)$$
を示せ. 双曲平面の単位円板モデルの双曲距離 ρ について, 円板上の与えられた点 z, w に対し, 等式

$$\sinh^2(\rho(z,w)/2) = \frac{|z-w|^2}{(1-|z|^2)(1-|w|^2)}$$

が成り立つことを示せ．

5.8 双曲平面の単位円板モデル内の，ある $\alpha < \pi$ について $0 \leq \theta \leq \alpha$ で与えられる扇形を A とする．A が凸であること，つまり任意の $P, Q \in A$ に対し，双曲線分 PQ が A に含まれることを示せ．双曲平面の上半平面モデルの縦の帯 B は凸であることを示せ．任意の双曲 3 角形は双曲平面の 3 つの適当な凸部分集合の共通部分として得られ，したがってそれ自身も凸部分集合であることを導け．

5.9 T を双曲 3 角形とする．任意の双曲内接円の半径は $\cosh^{-1}(3/2)$ より短いことを示せ．この結果を双曲多角形に拡張せよ．

5.10 α と β を $\alpha + \beta < \pi$ を満たす正の実数としたとき，(1 つの頂点を無限大とする) 内角が $0, \alpha, \beta$ である双曲 3 角形が存在することを示せ．$\alpha + \beta + \gamma < \pi$ を満たす任意の正の実数 α, β, γ に対し，これらを内角とする双曲 3 角形が存在することを示せ．[ヒント：2 つ目の主張については連続性を使った論法を使う．]

5.11 2 つの異なる双曲直線が共通垂線をもつことと，それらが超平行であることが必要十分であること，そしてこの場合には共通垂線が一意的に定まることを示せ．この共通垂線を虚軸にとることで，命題 5.26 の簡単な証明を見つけよ．

5.12 異なる双曲直線に関する 2 回の鏡映の合成が有限位数であることと，その直線たちが双曲平面 (の内部) の 1 点で π の有理数倍の角度で交わることが必要十分であることを示せ．[ヒント：超平行線の場合には，前問での議論を用いよ．]

5.13 双曲平面の円板モデル D の境界上の点 P を固定する．点 P を通るすべての双曲直線に直交する D 上の曲線の描き方を与えよ．

5.14 2 つの双曲 3 角形が同じ辺の長さをもっている場合，ある辺の長さが無限大である退化した場合も含め，その 3 角形が合同であること，つまり一方の 3 角形を他方に移す双曲平面の等長変換が存在することを証明せよ．演習 5.10 の議論を用いて，あるいは他の方法で，2 つの双曲 3 角形が同じ内角をもっている場合についても (ある角が 0 である退化した場合も同様に含め) 同じ主張が成り立つことを証明せよ．

5.15 A における内角が $\pi/2$ 以上である双曲 3 角形 ABC に対し，辺 BC が最長であることを示せ．双曲平面上の与えられた点 z_1, z_2 について，w を z_1 と z_2 を結ぶ双曲線分上の任意の点とし，w' をこれら 3 点を通る双曲直線上にない任意の点とする．

$$\rho(w', w) \leq \max\{\rho(w', z_1), \rho(w', z_2)\}$$

が成り立つことを示せ．双曲 3 角形 $\triangle$ の**直径**(つまり，$\sup\{\rho(P,Q) : P, Q \in \triangle\}$) が最長の辺の長さに等しいことを導け．また，ユークリッド 3 角形については対応する結果が成り立つが，球面 3 角形については成り立たないことを示せ．

5.16 異なる 2 つの半径 ρ の双曲円が与えられたとき，2 つの双曲円の共通部分を含む，半径が ρ よりも短い双曲円が存在することを示せ．[ヒント：適当な等長変換を用いることで，双曲円たちの中心を H 上の点 $-a + ib$ および $a + ib$ $(a, b > 0)$ と仮定することができる．]

双曲平面上の任意の有限個の点の集合について，それらを囲む最小半径の双曲円が一意的に存在することを導け (もちろん，少なくとも 1 点はその円に乗る)．G を $PSL(2, \mathbf{R})$ の有限部分群とする．G の上半平面へ作用は固定点をもつことを示し，G が巡回群であることを導け．$\mathrm{Isom}(H)$ の任意の有限部分群は巡回群か 2 面体群であることを証明せよ．

第6章
滑らかな埋め込まれた曲面
Smooth Embedded Surfaces

ここで，前章までで扱った古典的な幾何学から，より一般の2次元幾何学へと話を移す．この章では $\mathbf{R}^3$ 内に具体的に与えられる滑らかな埋め込まれた曲面について考える．任意のそのような曲面は，球面の場合と同様に，埋め込まれた曲面上の曲線の長さの下限により定まる距離をもっている．第8章ではこれをさらに一般化し，リーマン計量をもつ抽象的な滑らかな曲面という概念を導入する．これらは（この章で紹介する）埋め込まれた曲面と（第4章で紹介した）$\mathbf{R}^2$ の開部分集合上の一般のリーマン計量の両方の共通の一般化になる．本章以降では，初等微分幾何学の中心的概念である曲率と測地線をより一般の曲面について導入し，それらの理論に話を進め，最終的には任意の滑らかなコンパクト曲面に対するガウス・ボンネの定理を証明する．

6.1 | 滑らかなパラメータ表示

● **定義 6.1** ── 部分集合 $S \subset \mathbf{R}^3$ の各点が開近傍 $U = W \cap S$（ここで W は $\mathbf{R}^3$ 内の開集合）をもち，$\mathbf{R}^2$ の開部分集合 V からの写像 $\sigma : V \to U \subset S \subset \mathbf{R}^3$ で次の条件を満たすものが存在するとき，この集合 S を（パラメータ表示された）**滑らかな埋め込まれた曲面**という．

- $\sigma : V \to U$ は**同相写像**（すなわち，連続写像で逆写像も連続）．
- $\sigma(u,v) = (x(u,v), y(u,v), z(u,v))$ は滑らか（すなわち，すべての高階偏導関数が存在する）．
- 各点 $Q = \sigma(P)$ において，ベクトル $\sigma_u(P) = d\sigma_P(e_1)$ と $\sigma_v(P) = d\sigma_P(e_2)$ は**線形独立**（ここで $d\sigma_P : \mathbf{R}^2 \to \mathbf{R}^3$ は P における導関数を表す）．$\sigma_u(P)$ は

$$\sigma_u(P) = \frac{\partial \sigma}{\partial u}(P) = \begin{pmatrix} \frac{\partial x}{\partial u}(P) \\ \frac{\partial y}{\partial u}(P) \\ \frac{\partial z}{\partial u}(P) \end{pmatrix}$$

であり，$\sigma_v(P)$ も同様の式で定まる．
(u,v) を U の滑らかな座標と呼び，σ_u と σ_v で生成される $\mathbf{R}^3$ の部分空間を Q における S の**接空間** $T_{S,Q}$ と呼ぶ．写像 σ を $U \subset S$ の**滑らかなパラメータ表示**という．

● **命題 6.2** —— $\sigma : V \to U$ と $\tilde{\sigma} : \tilde{V} \to U$ を U の滑らかなパラメータ表示とする．このとき，同相写像 $\phi = \sigma^{-1} \circ \tilde{\sigma}$ は $\tilde{\sigma} = \sigma \circ \phi$ を満たす**微分同相写像**(すなわち，$\phi : \tilde{V} \to V$ とその逆写像はともに滑らか) である．

証明 $\sigma(u,v) = (x(u,v), y(u,v), z(u,v))$ のヤコビ行列

$$\begin{pmatrix} x_u & x_v \\ y_u & y_v \\ z_u & z_v \end{pmatrix}$$

は V のすべての点で階数 2 である．ϕ は明らかに同相写像であるから，それが局所微分同相であることだけを示せばよい．一般性を失うことなく $(u_0, v_0) \in V$ で $\det \begin{pmatrix} x_u & x_v \\ y_u & y_v \end{pmatrix} \neq 0$ と仮定できる．σ と，最初の 2 つの座標への射影 $\mathbf{R}^3 \to \mathbf{R}^2$ との合成 $F : V \to \mathbf{R}^2$，すなわち $F(u,v) = (x(u,v), y(u,v))$ を考える．明らかに F は滑らかな関数である．

F のヤコビ行列は (u_0, v_0) において正則であるから，逆関数定理 (第 4.1 節参照) より F は (u_0, v_0) で局所微分同相であることがわかる．したがって，開近傍 $(u_0, v_0) \in N \subset V$ と $F(u_0, v_0) \in N' \subset \mathbf{R}^2$ で，$F|_N : N \to N'$ が微分同相写像になるものが存在する．$\sigma|_N : N \to \sigma(N)$ は U の開部分集合への同相写像であり，$F|_N : N \to N'$ も同相写像であるから，射影 $\pi : \sigma(N) \to N' \subset \mathbf{R}^2$ もまた同相写像である．ここで，$\tilde{N} := \tilde{\sigma}^{-1}(\sigma(N))$ は $\tilde{V}$ 内の開集合であり，$\tilde{F} = \pi \circ \tilde{\sigma}$ とすると，$\tilde{N}$ 上で $\sigma^{-1} \circ \tilde{\sigma} = \sigma^{-1} \circ \pi^{-1} \circ \pi \circ \tilde{\sigma} = F^{-1} \circ \tilde{F}$ が成り立つ．

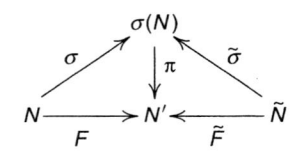

$$\begin{array}{ccc}
& \sigma(N) & \\
& \sigma \nearrow \downarrow \pi \nwarrow \tilde{\sigma} & \\
N & \xrightarrow{F} N' \xleftarrow{\tilde{F}} & \tilde{N}
\end{array}$$

$\tilde{F}|_{\tilde{N}}$ と $F^{-1}|_{N'}$ はともに滑らかな写像であり，したがって合成 $\phi|_{\tilde{N}}$ もまた滑らかである．よって $\phi : \tilde{V} \to V$ は滑らかであり，σ と $\tilde{\sigma}$ を入れ替えて同じ議論をすれば，ϕ の逆写像も滑らかであることがわかる． □

● **系 6.3** ── 接空間 $T_{S,Q}$ はパラメータ表示 $\sigma : V \to U \ni Q$ によらない．

証明 命題 6.2 より，U のすべての滑らかなパラメータ表示は開部分集合 $\tilde{V} \subset \mathbf{R}^2$ から V への微分同相写像 $\phi = (\phi_1, \phi_2) : \tilde{V} \to V \subset \mathbf{R}^2$ を使って $\tilde{\sigma} = \sigma \circ \phi$ という形で書ける．$\tilde{V}$ の座標を $(\tilde{u}, \tilde{v})$ とすると，連鎖律より

$$\tilde{\sigma}_{\tilde{u}} = \frac{\partial \phi_1}{\partial \tilde{u}} \sigma_u + \frac{\partial \phi_2}{\partial \tilde{u}} \sigma_v$$
$$\tilde{\sigma}_{\tilde{v}} = \frac{\partial \phi_1}{\partial \tilde{v}} \sigma_u + \frac{\partial \phi_2}{\partial \tilde{v}} \sigma_v$$

が成り立つ．

$$J(\phi) := \begin{pmatrix} \partial \phi_1 / \partial \tilde{u} & \partial \phi_1 / \partial \tilde{v} \\ \partial \phi_2 / \partial \tilde{u} & \partial \phi_2 / \partial \tilde{v} \end{pmatrix}$$

を ϕ のヤコビ行列 (すなわち，標準基底 e_1, e_2 に関して $d\phi$ を表す行列) とすると，$J(\phi)$ の逆行列が存在することから，$\tilde{\sigma}_{\tilde{u}}$ と $\tilde{\sigma}_{\tilde{v}}$ で生成される $\mathbf{R}^3$ の部分空間は σ_u と σ_v で生成される部分空間と同じであることがわかる． □

○ **注意 6.4** ── 上の記号について，

$$\tilde{\sigma}_{\tilde{u}} \times \tilde{\sigma}_{\tilde{v}} = \det(J) \, \sigma_u \times \sigma_v$$

が成り立つ．

● **定義 6.5** ── S 上の点 Q について，

$$\mathbf{N} = \mathbf{N}_Q = \frac{\sigma_u \times \sigma_v}{\|\sigma_u \times \sigma_v\|}$$

で定まるベクトルを Q における S の**単位法ベクトル**という[*75]．これは (符号以外は) パラメータ表示に依存しない．パラメータ表示 $\sigma : V \to U \subset S \subset \mathbf{R}^3$ の逆写像 $\theta : U \to V \subset \mathbf{R}^2$ を**座標近傍**といい，S を被覆する座標近傍の集まりを**アトラス**という．この考え方は第 8 章の抽象曲面の定義において一般化される．

[*75] $\sigma_u \times \sigma_v$ は σ_u と σ_v が生成する平面，つまり Q における S の接平面の法ベクトルである．34 ページの脚注 32 を参照．

○ **例** (球面 $S^2 \subset \mathbf{R}^3$) ──
- 北極からと南極からの立体射影により S^2 の 2 つの座標近傍が得られる．これらは S^2 のアトラスである (第 4.2 節の計算を参照)．
- 半球面 $S^2 \cap \{z > 0\}$ に対して，$\theta(x,y,z) = (x,y)$ により座標近傍が得られる．これと，これと同じような座標近傍たちからなるアトラスが存在することが簡単に確認できる．
- 球面極座標を用いると，各々が S^2 から半大円を除いた領域であるような 2 つの座標近傍からなる S^2 のアトラスが構成できる．たとえば，これらの座標近傍の 1 つとして，次のように定義される滑らかなパラメータ表示の逆写像を選べばよい：V を $\mathbf{R}^2$ の開部分集合 $\{0 < u < \pi,\ 0 < v < 2\pi\}$ とし，$\sigma : V \to S^2$ を

$$\sigma(u,v) = (\sin u \cos v,\ \sin u \sin v,\ \cos u)$$

で定義する．σ が滑らかなパラメータ表示の定義にある諸性質を満たすことは簡単に確認できる (演習 6.1)．もう一方の座標近傍も同じような構成で，最初の領域を構成する際に除かれた半大円とは交わらない半大円を除いた領域に対応させればよい．

○ **例** (トーラス面 $T \subset \mathbf{R}^3$) ── T 上の 2 つの適当な円の補集合から $\mathbf{R}^2$ 内の正方形の内部への座標近傍が存在する．

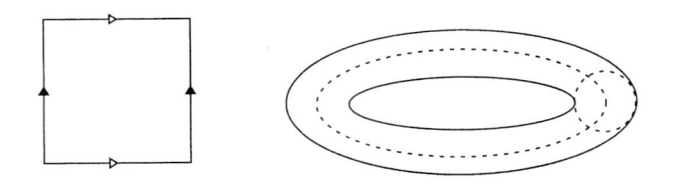

写像 $\sigma : \mathbf{R}^2 \to \mathbf{R}^3$ を

$$\sigma(u,v) = ((2 + \cos u) \cos v,\ (2 + \cos u) \sin v,\ \sin u)$$

で定義する．この写像を異なる単位開正方形に制限して得られる滑らかなパラメータ表示たちについて，その逆写像である座標近傍たちを使ってアトラスを構成することができる．単位正方形を効率よく選ぶと，アトラスを得るためにはそのような座標近傍は 3 つあれば十分であることがわかる．

● **定義 6.6** —— 埋め込まれた曲面 $S \subset \mathbf{R}^3$ に対し，S 上の任意の点において $\mathbf{R}^3$ 上の標準的な内積を接空間上の内積に制限する —— この内積の族は**第 1 基本形式**と呼ばれる．

$P \in V$ について，$\sigma : V \to U \subset S$ をパラメータ表示としたとき，$d\sigma_P : \mathbf{R}^2 \xrightarrow{\sim} T_{S,\sigma(P)}$ により，P により変化する $\mathbf{R}^2$ 上の内積 $\langle\ ,\ \rangle_P$，つまり V 上のリーマン計量を誘導することができた．式で書くと

$$\langle \mathbf{a}, \mathbf{b} \rangle_P = (d\sigma_P(\mathbf{a}), d\sigma_P(\mathbf{b}))_{\mathbf{R}^3}$$

となる．$\mathbf{R}^2$ の標準基底に関して $E = \sigma_u \cdot \sigma_u,\ F = \sigma_u \cdot \sigma_v,\ G = \sigma_v \cdot \sigma_v$ を使うと，これは

$$E\,du^2 + 2F\,du\,dv + G\,dv^2$$

と表される．これらは明らかに V 上の滑らかな関数である．したがって，このリーマン計量はまさに座標 (u,v) を使って表される**第 1 基本形式**である．

$\tilde{\sigma} = \sigma \circ \phi$ を U 上の他のパラメータ表示とする．ここで $\phi : \tilde{V} \to V$ はある微分同相写像である．与えられた $\mathbf{a}, \mathbf{b} \in \mathbf{R}^2$ に対し，連鎖律により $d\tilde{\sigma}_P = d\sigma_{\phi(P)} \circ d\phi_P$ が成り立つことから，

$$\langle \mathbf{a}, \mathbf{b} \rangle_{\tilde{P}} \qquad \text{(座標近傍 $\tilde{\sigma}$ に関する内積)}$$
$$= (d\tilde{\sigma}_P(\mathbf{a}), d\tilde{\sigma}_P(\mathbf{b}))_{\mathbf{R}^3} \qquad \text{(接空間上の内積)}$$
$$= \langle d\phi_P(\mathbf{a}), d\phi_P(\mathbf{b}) \rangle_{\phi(P)} \qquad \text{(座標近傍 σ に関する内積)}$$

が得られる．したがって，$\tilde{V}$ 上と V 上のリーマン計量に関して ϕ は**等長写像**であり，よって第 4 章における等長写像に関する結果を使うことができる．

6.2 | 長さと面積

● **定義 6.7** —— 滑らかな曲線 $\Gamma : [a,b] \to S \subset \mathbf{R}^3$ に対し，

$$\Gamma\text{の長さ} := \int_a^b \|\Gamma'(t)\|\,dt$$

$$\Gamma\text{のエネルギー} := \int_a^b \|\Gamma'(t)\|^2\,dt$$

と定義する．

○ **注意 6.8** ── エネルギーは**作用**(action)*76)と呼ぶべきかもしれない．エネルギーについては，運動エネルギーの公式との類似から $\frac{1}{2}$ 倍したものを定義とすることもある．

Γ の像はコンパクト集合であるから，各区間がある座標近傍に含まれるような有限個のたくさんの区間への曲線の分割，つまり $[a,b]$ の分割を見つけることができる ── ここである座標近傍に含まれるとは，それがある座標近傍 $\theta: U \to V \subset \mathbf{R}^2$ をもつ開集合 U 内に含まれるという意味である．よって，これらの各座標近傍上で計算を実行することができる．

ここからは Γ の像が滑らかなパラメータ表示 $\sigma: V \to U$ をもつ開集合 $U \subset S$ に含まれている場合に帰着して考える．対応する座標近傍を $\theta: U \to V$ とし，$\gamma = \theta \circ \Gamma$ を V 内の対応する曲線とする．すると $\Gamma = \sigma \circ \gamma$ であり，V 上のリーマン計量により定まるノルムに関して

$$\begin{aligned}
\|\Gamma'(t)\|^2 &= (\Gamma'(t), \Gamma'(t))_{\Gamma(t)} \\
&= (d\sigma_P(\gamma'(t)), d\sigma_P(\gamma'(t)))_{\sigma(P)} \qquad (P = \gamma(t)) \\
&= \langle \gamma'(t), \gamma'(t) \rangle_P = \|\gamma'(t)\|^2
\end{aligned}$$

が成り立つ．

$\gamma(t) = (\gamma_1(t), \gamma_2(t)): [a,b] \to \mathbf{R}^2$ と書くと

$$\|\gamma'(t)\| = (E\dot{\gamma_1}^2 + 2F\dot{\gamma_1}\dot{\gamma_2} + G\dot{\gamma_2}^2)^{1/2}$$

そして

$$\Gamma\text{の長さ} = \int_a^b (E\dot{\gamma_1}^2 + 2F\dot{\gamma_1}\dot{\gamma_2} + G\dot{\gamma_2}^2)^{1/2} \, dt$$

となる．S 上の滑らかな曲線の長さを計算する方法を知っているので，S が連結のとき，与えられた任意の 2 点に対し，それを結ぶ区分的に滑らかな曲線の長さの下限で距離を定義することができる (第 4.3 節を参照)．

● **定義 6.9** ── 埋め込まれた曲面 $S \subset \mathbf{R}^3$ の滑らかなパラメータ表示 $\sigma: V \to U \subset S$ と適当な領域 $T \subset U$ に対し，T の**面積**は V 上の第 1

---

*76) 運動エネルギーから位置エネルギーを引いて，時間について積分したもの．たとえば [宮島龍興訳，ファインマン物理学 III，電磁気学，岩波書店] の補章，あるいは [山本義隆，中村孔一共著，解析力学 I，朝倉物理学大系，朝倉書店] を参照．

基本形式に関する $\sigma^{-1}(T)$ の面積，つまり対応する座標近傍 σ^{-1} を θ と書いたとき，(定義可能であれば)
$$\int_{\theta(T)} (EG - F^2)^{1/2} \, du \, dv$$
で定義される．

埋め込まれた曲面に対して
$$\|\sigma_u \times \sigma_v\|^2 + (\sigma_u \cdot \sigma_v)^2 = \|\sigma_u\|^2 \|\sigma_v\|^2$$
が成り立つことから，面積は
$$\int_{\theta(T)} \|\sigma_u \times \sigma_v\| \, du \, dv$$
と書くことができる．

○ **注意 6.10** —— 与えられた2つのパラメータ表示 $\sigma : V \to U$ と $\tilde{\sigma} : \tilde{V} \to U$ について，$\phi = \sigma^{-1} \circ \tilde{\sigma} : \tilde{V} \to V$ が等長写像であることを前節で見た．したがって命題4.7を適用すると，面積はパラメータ表示によらないことがわかる．

これにより，(あるパラメータ表示の像に含まれる必要のない) より一般の領域に対しても面積が定義できることになる．実際に面積を計算する際には，面積に影響しない部分集合を無視することで，1つの座標近傍 $\theta : U \to V$ のみを考えるだけで十分な場合が多い．

面積に関する有名な古典的結果として，アルキメデスの定理が挙げられる．ちなみに，第2章で扱った球面上の円の面積の計算がこの定理の具体例になる．

● **命題 6.11** (アルキメデスの定理) —— 球面 S^2 を図のように z-軸を中心とする半径1の円柱面の内側に置いたとき，z-軸から伸びる，z-座標を保つ半直線により定まる S^2 から円柱面への射影は面積を保つ．

証明 V を $\{0 < u < \pi, \, 0 < v < 2\pi\}$ で定まる $\mathbf{R}^2$ の開部分集合とし，
$$\sigma_1(u, v) = (\sin u \, \cos v, \, \sin u \, \sin v, \, \cos u)$$
で与えられる滑らかなパラメータ表示 $\sigma_1 : V \to U_1 \subset S^2$ を考える．S^2 上の各領域の面積は U_1 との交わりの面積と同じであるから，このパラメータ表示だけを使って領域の面積を計算することができる．

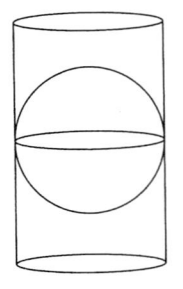

σ_1 と球面から円柱面への射影を合成することで，滑らかなパラメータ表示 $\sigma_2 : V \to U_2$ が得られる．ここで U_2 は $x=1, y=0$ で定まる円柱面上の直線の補集合である．σ_2 は具体的には

$$\sigma_2(u,v) = (\cos v, \sin v, \cos u)$$

で与えられる．ここでこれら 2 つのパラメータ表示に関する第 1 基本形式を計算する．これらの第 1 基本形式はともに V 上のリーマン計量である．

σ_1 を u と v に関して微分すると

$$(\sigma_1)_u = (\cos u \, \cos v, \cos u \, \sin v, -\sin u)$$
$$(\sigma_1)_v = (-\sin u \, \sin v, \sin u \, \cos v, 0)$$

が得られ，$(\sigma_1)_u \cdot (\sigma_1)_u = 1$, $(\sigma_1)_u \cdot (\sigma_1)_v = 0$, $(\sigma_1)_v \cdot (\sigma_1)_v = \sin^2 u$ となることがわかる．したがって第 1 基本形式は

$$du^2 + \sin^2 u \, dv^2$$

である．σ_2 についても同じように計算すると，第 1 基本形式

$$\sin^2 u \, du^2 + dv^2$$

が得られる．これらは異なる計量であるが，両方の場合について $EG - F^2 = \sin^2 u$ が成り立つ．よって与えられた領域 $T \subset S^2$ の面積を計算するために必要な面積分は，T を円柱面に射影した領域の面積を求める際の面積分とまったく同じになる． □

6.3 回 転 面

計算が非常に簡単になる埋め込まれた曲面の例を考える．それは平面曲線 η をある直線 l を中心に回転することで得られる曲面 $S \subset \mathbf{R}^3$ である．一般性を失うことなく l を z 軸とし，曲線 $\eta : (a,b) \to \mathbf{R}^3$ を xz-平面上の曲線

$$\eta(u) = (f(u), 0, g(u))$$

とすることができる ($a = -\infty$ あるいは $b = \infty$ の場合も含む). さらに

(i) η は滑らかにはめ込まれた曲線, つまりすべての u について $\eta'(u) \neq 0$
(ii) η はその像への同相写像 (その像にはユークリッド計量が誘導される)
(iii) すべての u について $f(u) > 0$

という性質が成り立つと仮定する.

上に書かれた 2 つ目の条件は, たとえば図に描かれた曲線を除外するためのものである. 2 つ目の条件を満たす滑らかにはめ込まれた曲線を**滑らかに埋め込まれた曲線**, あるいは**正則曲線**という.

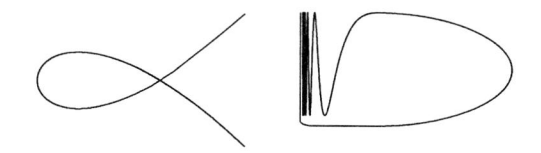

本によっては最初の条件を, η は単位速度をもつ, つまり, すべての u について $\|\eta'(u)\| = 1$ という仮定に置き換えている場合もある. 滑らかにはめ込まれた曲線に対しては, これは曲線のパラメータ表示を置き換えることでいつでも実現することができる (補題 4.3) が, 多くの場合, これを行うとかえって不便になる. この章では, より一般の場合に適用できる公式を作り, η が単位速度の場合にはこれらの公式は簡単な形になる, という順序で話を進める.

S 上の任意の点は $a < u < b$ と $0 \leq v \leq 2\pi$ を使って

$$\sigma(u, v) = (f(u)\cos v, f(u)\sin v, g(u))$$

の形で与えられる. 仮定から, 任意 $\alpha \in \mathbf{R}$ に対し

$$\sigma : (a, b) \times (\alpha, \alpha + 2\pi) \to S$$

はその像への同相写像である ($S^1 \setminus \{e^{i\alpha}\}$ の範囲で偏角を連続的に選択できる). さらに

$$\sigma_u = (f'\cos v, f'\sin v, g')$$
$$\sigma_v = (-f\sin v, f\cos v, 0)$$

が成り立つことから

$$\sigma_u \times \sigma_v = (-fg'\cos v, -fg'\sin v, \ ff')$$

となり，
$$\|\sigma_u \times \sigma_v\|^2 = f^2(f'^2 + g'^2) = f^2\|\eta'\|^2 \neq 0$$
が得られる．したがって，(任意の α について) 写像 σ は滑らかなパラメータ表示であり，よって S は埋め込まれた曲面である．

○ **注意 6.12** ── そのようなパラメータ表示で被覆できる埋め込まれた曲面，たとえばトーラス面や球面 S^2 を含むように上の回転面の定義を拡張することもできる．

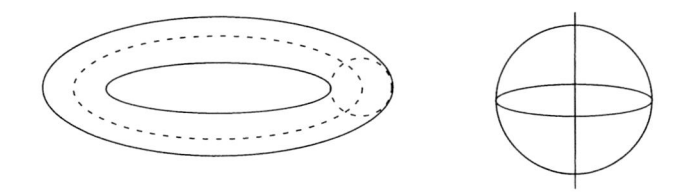

● **定義 6.13** ── η 上に固定した点を回転させて得られる円を**平行円**と呼び，回転方向の角度を固定したまま η の点を動かして得られる曲線を**メリディアン**という (S^2 の場合，これらは単に緯線と経線である)．

パラメータ表示 σ に関する第 1 基本形式は
$$E = \|\sigma_u\|^2 = f'^2 + g'^2$$
$$F = \sigma_u \cdot \sigma_v = 0$$
$$G = \|\sigma_v\|^2 = f^2$$
で決定される．つまり $(f'^2 + g'^2)du^2 + f^2 dv^2$ という形で与えられる．η は単位速さをもつ曲線であると仮定すると，これは $du^2 + f^2 dv^2$ という非常に簡単な形になる．さらに f が定値関数 (つまり S は円柱面) である場合には，その計量は局所的にユークリッド計量であることがわかる．

6.4 | 埋め込まれた曲面のガウス曲率

埋め込まれた曲面の曲率を扱う前に，埋め込まれた曲線に関する定義をいくつか復習する．$\eta : [0, l] \to \mathbf{R}^2$ を単位速度 $\|\eta'\| = 1$ をもつ滑らかな曲線とし，曲線の各点 $P = \eta(s)$ における曲線の単位法ベクトルを $\mathbf{n} = \mathbf{n}(s)$ と書く

ことにする．ここで，順序付けられた直交するベクトルの組 $(\eta'(s), \mathbf{n})$ は $\mathbf{R}^2$ の標準基底のベクトルの組 (e_1, e_2) と同じ向きを定めていると仮定しておく．$\eta' \cdot \eta' = 1$ であるから，微分することで $\eta' \cdot \eta'' = 0$ が得られる．したがって，ある実数 κ について $\eta''(s) = \kappa \mathbf{n}$ が成り立つ．このとき κ を曲線の点 $\eta(s)$ における**曲率**という．

すべての t について $f'(t) > 0$ を満たす任意の滑らかな関数 $f : [c, d] \to [0, l]$ を使って，パラメータを付け換えた曲線 $\gamma(t) = \eta(f(t))$ を考えることができる．このとき，γ の t に関する導関数を $\dot{\gamma}$ と書くと

$$\dot{\gamma}(t) = \frac{df}{dt} \eta'(f(t))$$

となり，よって

$$\|\dot{\gamma}\|^2 = \left(\frac{df}{dt}\right)^2$$

が得られる．ここでテイラーの定理を使うと，小さい h について

$$\gamma(t+h) - \gamma(t) = \frac{df}{dt} \eta'(f(t))\, h$$
$$+ \frac{1}{2} \left(\left(\frac{d^2 f}{dt^2}\right) \eta'(f(t)) + \left(\frac{df}{dt}\right)^2 \eta''(f(t)) \right) h^2 + \cdots$$

と書くことができ，$\gamma(t)$ における曲率 κ は $\eta''(f(t)) = \kappa \mathbf{n}$ を満たすので，$\eta' \cdot \mathbf{n} = 0$ より

$$(\gamma(t+h) - \gamma(t)) \cdot \mathbf{n} = \frac{1}{2} \kappa \|\dot{\gamma}\|^2 h^2 + \cdots$$

が得られる．これを

$$\|\gamma(t+h) - \gamma(t)\|^2 = \|\dot{\gamma}\|^2 h^2 + \cdots$$

と比較すると，$\frac{1}{2}\kappa$ がこれら 2 つの展開の 2 次の項の比として復元されたことになり，よって κ はパラメータ表示にはよらずに定義されたことになる．

これにならって，埋め込まれた**曲面**の場合について計算する．与えられた開部分集合 $V \subset \mathbf{R}^2$ とパラメータ表示 $\sigma : V \to U \subset S$ について，σ を (u, v) の近傍におけるベクトル値関数[77]とみなし，テイラーの定理を使ってそれを展開すると，多変数の偏導関数の変数に関する対称性に注意すると（たとえば [11] の定理 9.34 を参照），

---

[77] ベクトルを値とする関数という意味．

$$\sigma(u+h, v+k) - \sigma(u,v) = \sigma_u h + \sigma_v k$$
$$+ \frac{1}{2}\left(\sigma_{uu}h^2 + 2\sigma_{uv}hk + \sigma_{vv}k^2\right) + \cdots$$

が得られる.

よって $P = \sigma(u,v)$ における接平面からの法ベクトル方向への σ の変化量は，$L = \sigma_{uu} \cdot \mathbf{N}$, $M = \sigma_{uv} \cdot \mathbf{N}$, $N = \sigma_{vv} \cdot \mathbf{N}$ とおくと，

$$(\sigma(u+h, v+k) - \sigma(u,v)) \cdot \mathbf{N} = \frac{1}{2}\left(Lh^2 + 2Mhk + Nk^2\right) + \cdots$$

となる.

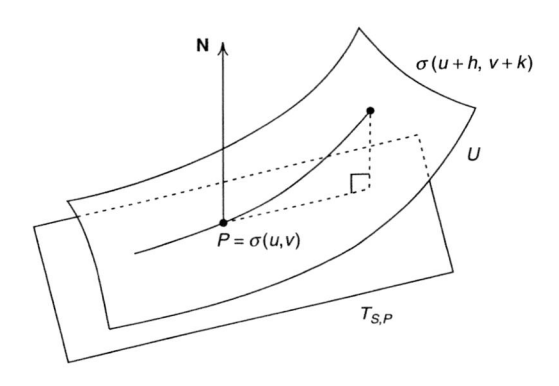

E, F, G の定義から

$$\|\sigma(u+h, v+k) - \sigma(u,v)\|^2 = Eh^2 + 2Fhk + Gk^2 + \cdots$$

もまた得られる.

● **定義 6.14** —— 上で定義した V 上の滑らかな関数 L, M, N について，双線形形式の族

$$L\,du^2 + 2M\,du\,dv + N\,dv^2$$

を V 上の**第 2 基本形式**という. また,

$$K := \frac{LN - M^2}{EG - F^2}$$

を S の P における**ガウス曲率**という.

$K > 0$ は第 2 基本形式が正値あるいは負値であることを意味し，$K < 0$ は

不定値であることを，$K=0$ は半定値であるが定値でないことを意味する[*78]．この曲面の曲率がパラメータ表示の選び方によらないことは系 6.18 で証明される．

○ **例** —— 2 変数の滑らかな関数 $F(x,y)$ のグラフについて，任意の点における曲率は，$\mathbf{R}^2$ 上の対応する点における**ヘッシアン** $F_{xx}F_{yy} - F_{xy}^2$ の値の $(1+F_x^2+F_y^2)^{-2}$ 倍で与えられる (演習 6.6)．ヘッシアンが 0 でない $\mathbf{R}^2$ 上の点を F の**非退化点**という．F の非退化な極大あるいは極小はグラフ上で正の曲率をもつ点であり，他方，非退化な**鞍点**は負のガウス曲率をもつ点である[*79]．鞍点では，ある方向についてはグラフは法ベクトル $\mathbf{N}$ に関して正の方に曲がり，もう一方向については負の方向に曲がっている．

負曲率をもつ空間の他の例としては埋め込まれたトーラス面の "内側の点" が挙げられる．後で行う計算により回転面の任意の点における曲率が求められ，その特別な場合としてトーラス面の曲率も得られる．

○ **例** —— $\mathbf{R}^3$ 内の円柱面を考える．円柱面には '丸く曲げる前の曲面' 上の局所ユークリッド計量から誘導される局所ユークリッド計量が入る．

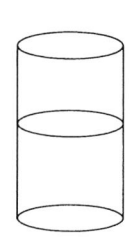

[*78] h,k を変数とする 2 次形式 $Lh^2+2Mhk+Nk^2$ について，任意の h,k に対し $Lh^2+2Mhk+Nk^2>0$ が成り立つとき 2 次形式は**正値**であるといい，<0 のとき**負値**であるという．正値あるいは負値のときをまとめて**定値**という．また ≥ 0 のときを**半正値**，≤ 0 のときを**半負値**といい，これらをまとめて**半定値**という．定値でないときを**不定値**という．2 次形式 $Lh^2+2Mhk+Nk^2$ が定値の場合は 2 次方程式 $Lh^2+2Mhk+Nk^2=0$ の 2 つの解は虚数解であり，よって $LN-M^2>0$ のとき，そのときに限り定値となることがわかる．同様に $LN-M^2\geq 0$ のとき，そのときに限り半定値となる．また，2 次形式が正値であることは対称行列 $\begin{pmatrix} L & M \\ M & N \end{pmatrix}$ の 2 つの固有値がともに正の実数であることと同値であり，負値であることは 2 つの固有値がともに負の実数であることと同値である．

[*79] F の非退化な極大あるいは極小は $F_x=F_y=0$ と $F_{xx}F_{yy}-F_{xy}^2<0$ を満たす点である．さらに $F_{xx}>0$ を満たす場合，その点は極小，$F_{xx}<0$ を満たす場合は極大になる．また，$F_x=F_y=0$ と $F_{xx}F_{yy}-F_{xy}^2>0$ を満たす点のまわりでは，このグラフは馬の鞍の形をしており，その点を**鞍点**または**鞍部点**と呼ぶ．解析学の教科書を参照．

$-\infty < u < \infty, \alpha \leq v \leq \alpha + 2\pi$ について
$$\sigma(u,v) = (\cos v, \sin v, u)$$
で与えられるパラメータ表示を選ぶ．このとき
$$\sigma_u = (0,0,1)$$
$$\sigma_v = (-\sin v, \cos v, 0)$$
より第 1 基本形式は $du^2 + dv^2$ となり，前節の最後の計算と一致する．第 2 基本形式は dv^2 となることが容易に計算できる．よって，円柱面の任意の点において，第 2 基本形式は 0 にならないが曲率は 0 になる．

第 2 基本形式における関数 L, M, N の別の便利な定義がある．

● **補題 6.15** —— 上の記号について，単位法ベクトルは u, v を変数とする滑らかなベクトル値関数 $\mathbf{N}(u,v)$ とみなすことができる．このとき，$-L = \sigma_u \cdot \mathbf{N}_u$, $-M = \sigma_u \cdot \mathbf{N}_v = \sigma_v \cdot \mathbf{N}_u$, $-N = \sigma_v \cdot \mathbf{N}_v$ が成り立つ．

証明 $\sigma_u \cdot \mathbf{N} = 0$ と $\sigma_v \cdot \mathbf{N} = 0$ が成り立つ．これらの式を u と v について微分すると，主張している等式が得られる． □

● **命題 6.16** —— 上の記号について，第 2 基本形式が V 上で恒等的に 0 で，かつ V が連結であるならば，$\sigma(V)$ は $\mathbf{R}^3$ 内の平面の開部分集合である．

証明 第 2 基本形式が 0 であるならば，前の補題から $\mathbf{N}_u$ と $\mathbf{N}_v$ は σ_u と σ_v の両方に直交することがわかる．$\mathbf{N}$ は単位ベクトルであるから $\mathbf{N} \cdot \mathbf{N} = 1$ が成り立つ．これを u と v に関して微分すると，$\mathbf{N}_u$ と $\mathbf{N}_v$ もまた $\mathbf{N}$ に直交することがわかり，したがって $\mathbf{N}_u = 0$ と $\mathbf{N}_v = 0$ が得られる．平均値の定理を成分ごとに用いることで，$\mathbf{N}$ は局所的に定値ベクトル[*80]であることがわかり，よって V の連結性から $\mathbf{N}$ は V 全体で定値ベクトルであることがわかる．σ を u, v のベクトル値関数として考えて，$\sigma(u,v) \cdot \mathbf{N}$ を u あるいは v に関して微分すると，その値は 0 になる．したがって $\sigma(u,v) \cdot \mathbf{N}$ は定値関数であり，よって U は $\mathbf{x} \cdot \mathbf{N} =$ 定数 で与えられる平面に含まれる． □

曲率の便利な特徴付けがもう 1 つある．曲率がパラメータ表示の選び方によ

[*80] 各成分が定数であるベクトルという意味．

らないという事実を導く結果がこれである.

● **命題 6.17** ── $\mathbf{N}$ をパラメータ表示 σ が定める曲面の単位法ベクトル, すなわち

$$\mathbf{N} = \frac{\sigma_u \times \sigma_v}{\|\sigma_u \times \sigma_v\|}$$

としたとき, 与えられた点において,

$$-\begin{pmatrix} L & M \\ M & N \end{pmatrix} = \begin{pmatrix} a & b \\ c & d \end{pmatrix} \begin{pmatrix} E & F \\ F & G \end{pmatrix}$$

で定まる a, b, c, d について

$$\mathbf{N}_u = a\sigma_u + b\sigma_v$$
$$\mathbf{N}_v = c\sigma_u + d\sigma_v$$

が成り立つ. とくに $K = ad - bc$ である.

証明 $\mathbf{N} \cdot \mathbf{N} = 1$ であるから, $\mathbf{N}_u \cdot \mathbf{N} = 0$ と $\mathbf{N}_v \cdot \mathbf{N} = 0$ が成り立つ. よって $\mathbf{N}_u$ と $\mathbf{N}_v$ は P における接空間に含まれるので, ある $\begin{pmatrix} a & b \\ c & d \end{pmatrix}$ を使って

$$\mathbf{N}_u = a\sigma_u + b\sigma_v$$
$$\mathbf{N}_v = c\sigma_u + d\sigma_v \quad (\dagger)$$

という形で書くことができる. ここで $\mathbf{N}_u \cdot \sigma_u = -L$, $\mathbf{N}_u \cdot \sigma_v = \mathbf{N}_v \cdot \sigma_u = -M$, $\mathbf{N}_v \cdot \sigma_v = -N$ であったから, ($\dagger$) と σ_u および σ_v の内積をとることで,

$$-L = aE + bF, \quad -M = aF + bG$$
$$-M = cE + dF, \quad -N = cF + dG$$

すなわち

$$-\begin{pmatrix} L & M \\ M & N \end{pmatrix} = \begin{pmatrix} a & b \\ c & d \end{pmatrix} \begin{pmatrix} E & F \\ F & G \end{pmatrix}$$

が得られる. 行列式をとると, 最後の主張が従う. □

● **系 6.18** ── K はパラメータ表示によらない.

証明 命題 6.17 より $\mathbf{N}_u \times \mathbf{N}_v = K\sigma_u \times \sigma_v$ が成り立つ. 微分同相写像 $\phi : \tilde{V} \to V$ を使って U に別のパラメータ表示を与えたとする.

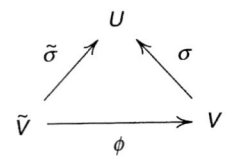

$$\begin{array}{ccc} & U & \\ {\scriptstyle\tilde{\sigma}} \nearrow & & \nwarrow {\scriptstyle\sigma} \\ \tilde{V} & \xrightarrow{\phi} & V \end{array}$$

注意 6.4 において,ヤコビ行列 $J = J(\phi)$ について $\tilde{\sigma}_{\tilde{u}} \times \tilde{\sigma}_{\tilde{v}} = \det(J)\, \sigma_u \times \sigma_v$ が成り立つことを見た.よって $\tilde{\mathbf{N}} = \pm \mathbf{N}$ となる.ここで符号は $\det J$ の符号により定まる.とくに $\tilde{\mathbf{N}}_{\tilde{u}} \times \tilde{\mathbf{N}}_{\tilde{v}} = \mathbf{N}_{\tilde{u}} \times \mathbf{N}_{\tilde{v}}$ が成り立つ.

連鎖律より
$$\mathbf{N}_{\tilde{u}} = \frac{\partial u}{\partial \tilde{u}} \mathbf{N}_u + \frac{\partial v}{\partial \tilde{u}} \mathbf{N}_v$$
$$\mathbf{N}_{\tilde{v}} = \frac{\partial u}{\partial \tilde{v}} \mathbf{N}_u + \frac{\partial v}{\partial \tilde{v}} \mathbf{N}_v$$

となるから,
$$\mathbf{N}_{\tilde{u}} \times \mathbf{N}_{\tilde{v}} = \det(J)\, \mathbf{N}_u \times \mathbf{N}_v$$

が得られる.

したがって
$$\begin{aligned} \det(J) K\, \sigma_u \times \sigma_v &= \det(J)\, \mathbf{N}_u \times \mathbf{N}_v \\ &= \mathbf{N}_{\tilde{u}} \times \mathbf{N}_{\tilde{v}} \\ &= \tilde{K} \tilde{\sigma}_{\tilde{u}} \times \tilde{\sigma}_{\tilde{v}} \\ &= \tilde{K} \det(J)\, \sigma_u \times \sigma_v \end{aligned}$$

となり,よって $\tilde{K} = K$ が従う. □

曲率に関する幾何的に面白い結果として,次のようなものがある.

● **命題 6.19** —— $\mathbf{R}^3$ に埋め込まれた閉かつ有界な (つまりコンパクトな) 曲面 S について,ガウス曲率は S のある点で正でなくてはならない.

証明 S はコンパクトであるから,$\mathbf{R}^3$ の原点からのユークリッド距離が最大になる S 上の点 P が存在する.$\mathbf{R}^2$ のある開部分集合 V による滑らかなパラメータ表示 $\sigma : V \to U \ni P$ を選び,$\sigma(u_0, v_0) = P$ としておく.テイラーの定理を使って,(u_0, v_0) の近傍で σ をベクトル値関数とみなして展開する:
$$\sigma(u_0 + h, v_0 + k) = \sigma(u_0, v_0) + \sigma_u h + \sigma_v k$$

$$+ \frac{1}{2}(\sigma_{uu} h^2 + 2\sigma_{uv} hk + \sigma_{vv} k^2) + O(3).$$

よって

$$\|\sigma(u_0+h, v_0+k)\|^2 = \|\sigma(u_0, v_0)\|^2 + 2\sigma(u_0, v_0) \cdot (\sigma_u h + \sigma_v k) + O(2)$$

が成り立つ. この式の左辺はすべての小さい h と k について右辺の定数項以下になるので, $\sigma(u_0, v_0) \cdot \sigma_u = 0$ と $\sigma(u_0, v_0) \cdot \sigma_v = 0$ が成り立つことになる. $\mathbf{N}$ を P における S の法ベクトルとすると, これによりある 0 でない $\lambda \in \mathbf{R}$ について $\sigma(u_0, v_0) = \lambda \mathbf{N}$ となることが従う —— 明らかに P を原点とすることはできず, よって λ は 0 ではない.

ここでさらに展開すると,

$$\|\sigma(u_0+h, v_0+k)\|^2 - \|\sigma(u_0, v_0)\|^2 = E h^2 + 2F hk + G k^2$$
$$+ \lambda(L h^2 + 2M hk + N k^2) + O(3)$$

が得られる. したがって, 行列

$$\begin{pmatrix} \lambda L + E & \lambda M + F \\ \lambda M + F & \lambda N + G \end{pmatrix}$$

(の (u_0, v_0) における値) は半負値になる. 行列 $\begin{pmatrix} E & F \\ F & G \end{pmatrix}$ は正値であるから, 行列 $\lambda \begin{pmatrix} L & M \\ M & N \end{pmatrix}$ は負値であることが導け, したがって, 行列 $\begin{pmatrix} L & M \\ M & N \end{pmatrix}$ は定値ということになる (λ の符号に従って, 正か負かが決まる). これは $LN - M^2$ が正という条件と同じであり, したがって P における曲率は正である. □

よって, たとえば第 3 章で距離空間として紹介した局所ユークリッド距離をもつトーラス面 T を考えると, $\mathbf{R}^3$ 内の埋め込まれた曲面から定まる距離空間としては実現できないことが導ける. 埋め込まれた曲面 S が局所ユークリッド距離を定める第 1 基本形式をもつとすると, その曲率は 0 になる —— ここで後で出てくる系 8.2 を暗に使っている. しかし T が埋め込まれた曲面として実現できたとすると, (それはコンパクトであるから) 上の結果から曲率はある点で正でなくてはならず, 矛盾が得られる.

最後に回転面の場合に戻ろう. 回転面の曲率は簡単に計算することができる.

● **命題 6.20** —— 第 6.3 節における回転面についての記号を使うと, ガウス曲率は公式

$$K = \frac{(f'g'' - f''g')g'}{f(f'^2 + g'^2)^2}$$

で与えられる．曲線 η が単位速度をもつ場合は $K = -f''/f$ という式で与えられる．

証明 局所的に，滑らかなパラメータ表示

$$\sigma : (a, b) \times (\alpha, \alpha + 2\pi) \to U \subset S$$

が

$$\sigma(u, v) = (f(u)\cos v, f(u)\sin v, g(u))$$

で与えられることを思い出そう．このとき，前に計算したように，

$$\sigma_u = (f'\cos v, f'\sin v, g')$$
$$\sigma_v = (-f\sin v, f\cos v, 0)$$

より第 1 基本形式 $(f'^2 + g'^2)du^2 + f^2 dv^2$ が得られる．また，

$$\sigma_u \times \sigma_v = (-fg'\cos v, -fg'\sin v, ff')$$

と

$$\|\sigma_u \times \sigma_v\|^2 = f^2(f'^2 + g'^2)$$

もすでに計算した．よって単位法ベクトルは

$$\mathbf{N} = (-g'\cos v, -g'\sin v, f')/(f'^2 + g'^2)^{1/2}$$

となる．

ここで

$$\sigma_{uu} = (f''\cos v, f''\sin v, g'')$$
$$\sigma_{uv} = (-f'\sin v, f'\cos v, 0)$$
$$\sigma_{vv} = (-f\cos v, -f\sin v, 0)$$

であるから，

$$L = (f'g'' - f''g')/(f'^2 + g'^2)^{1/2}, \quad M = 0, \quad N = fg'/(f'^2 + g'^2)^{1/2}$$

が従う．よって曲率は

$$K = \frac{LN - M^2}{EG - F^2} = \frac{(f'g'' - f''g')g'}{f(f'^2 + g'^2)^2}$$

で与えられる．$f'^2 + g'^2 = 1$ の場合は，これは $(f'g'g'' - f''g'^2)/f$ という式
になる．$f'^2 + g'^2 = 1$ を微分すると $g'g'' = -f'f''$ が得られる．これを先程
の表示に代入し，等号 $f'^2 + g'^2 = 1$ を再び用いると，主張にあるきれいな式
が得られる． □

○ **例** —— 上の結果の例として，球面と埋め込まれたトーラス面について考えて
みよう．単位球面は $\eta(u) = (\sin u, 0, \cos u)$ で与えられる曲線 $\eta : (0, \pi) \to \mathbf{R}^3$
に対応する回転面である．このとき条件 $f'^2 + g'^2 = 1$ が成り立っている．
$f(u) = \sin u$ であるから，すべての点で $K = -f''/f = 1$ が得られる．

埋め込まれたトーラス面は $(2, 0, 0)$ を中心とする単位円に対応する回転面で
あり，$\eta(u) = (2 + \cos u, 0, \sin u)$ について $\eta : (\alpha, \alpha + 2\pi) \to \mathbf{R}^3$ (α は実数)
によりパラメータ表示を与えることができる．ここでも条件 $f'^2 + g'^2 = 1$ が
成り立っていることが確認できる．このとき $f(u) = 2 + \cos u$ であり，よって
曲率は $K = \cos u/(2 + \cos u)$ となる．とくにこの値は $-\pi/2 < u < \pi/2$ を
満たす点 (トーラス面の '外側' の点) で正，$\pi/2 < u < 3\pi/2$ の点 ('内側' の点)
で負になり，$x^2 + y^2 = 1, z = \pm 1$ で与えられる 2 つの円上では 0 になる．

第 8 章で，曲率が第 1 基本形式 (つまり計量) にのみ依存し，埋め込み方には
依存しないことをみる．この事実がわかると，等長写像は曲率を保つことから，
埋め込まれたトーラス面の等長群を決定することができる．上の計算から，埋
め込まれたトーラス面の向きを保つ等長群は，単に z-軸を中心とする回転に対
応する S^1 であることが簡単に従う．このトーラス面の (最大の) 等長群は S^1
を指数 2 の部分群として含み，2 面体群の連続版と思うことができる．局所ユー
クリッド距離をもつトーラス面の場合とは異なり，等長群の作用は明らかに推
移的ではない．

演習問題

6.1 $\mathbf{R}^2$ 内の開部分集合 $\{0 < u < \pi,\ 0 < v < 2\pi\}$ を V とし，$\sigma : V \to S^2$
を
$$\sigma(u, v) = (\sin u \ \cos v,\ \sin u \ \sin v,\ \cos u)$$
で与える．σ が S^2 のある開部分集合の滑らかなパラメータ表示を定める
ことを証明せよ．[$\cos^{-1}$ は $(-1, 1)$ 上で連続であること，$\tan^{-1}, \cot^{-1}$
は $(-\infty, \infty)$ 上で連続であることを仮定してよい．]

6.2 $\gamma : [0,1] \to \mathbf{R}^2$ を $\gamma(u) = (\gamma_1(u), \gamma_2(u))$ で与えられる滑らかに埋め込まれた閉じた平面曲線とする．S を写像 $(u,v) \mapsto (\gamma_1(u), \gamma_2(u), v)$ による $V = [0,1] \times \mathbf{R}$ の像とする．S は埋め込まれた曲面であり，適当なパラメータ表示に関して，その第 1 基本形式は $\mathbf{R}^2$ のユークリッド計量に対応することを示せ．

6.3 S を前問の埋め込まれた曲面としたとき，S は半径が「γ の長さ$/2\pi$」の円柱面と等長であることを示せ．

6.4 xz-平面内の円 $(x-2)^2 + z^2 = 1$ を z-軸を中心に回転して得られる $\mathbf{R}^3$ に埋め込まれたトーラス面を T とする．パラメータ表示による面積の形式的な定義を使って，曲面 T の面積を計算せよ．

6.5 式
$$(x^2 + y^2)(z^4 + 1) = 1$$
で与えられる $\mathbf{R}^3$ 内の埋め込まれた曲面の図を描き，その面積が有界であることを示せ．

6.6 $S \subset \mathbf{R}^3$ を ($\mathbf{R}^2$ のある開部分集合上で定義される) 滑らかな関数 F のグラフとする．したがってそれは式 $z = F(x,y)$ で与えられる．S が滑らかな埋め込まれた曲面であること，および，点 $(x,y,z) \in S$ におけるその曲率は
$$(F_{xx}F_{yy} - F_{xy}^2)/(1 + F_x^2 + F_y^2)^2$$
の (x,y) における値で与えられることを示せ．

6.7 式 $x^2 + y^2 = z^2 - 1$ で与えられる $\mathbf{R}^3$ 内の 2 葉双曲面の曲率はすべての点で正であることを示せ．[この結果と第 5.7 節の計算を比較せよ．]

6.8 $z = \exp(-(x^2 + y^2)/2)$ で与えられる曲面 $S \subset \mathbf{R}^3$ の図を描き，一般の点におけるガウス曲率の公式を見つけよ．曲率が点 $(x,y,z) \in S$ において正であるための必要十分条件は $x^2 + y^2 < 1$ であることを示せ．

6.9 $S \subset \mathbf{R}^3$ を $x^2/a^2 + y^2/b^2 + z^2/c^2 = 1$ で定まる楕円面とする．$V \subset \mathbf{R}^2$ を領域 $u^2/a^2 + v^2/b^2 < 1$ としたとき，写像
$$\sigma(u,v) = \left(u, v, c(1 - u^2/a^2 - v^2/b^2)^{1/2}\right)$$
が S のある開部分集合の滑らかなパラメータ表示であることを示せ．点 $(a,0,0), (0,b,0), (0,0,c)$ におけるガウス曲率がすべて等しいための必要

十分条件は $a = b = c$ が成り立つ，つまり S が球面であることを証明せよ．

6.10 $S \subset \mathbf{R}^3$ をすべての点で曲率が 0 である回転面としたとき，それは平面，円柱面，あるいは円錐面[*81]の開部分集合であることを示せ．それぞれの場合について，計量がユークリッド計量になる局所座標を見つけよ．

6.11 $u < 0$ について，$f(u) = e^u$, $g(u) = (1 - e^{2u})^{1/2} - \cosh^{-1}(e^{-u})$ とし，S を $\eta(u) = (f(u), 0, g(u))$ で与えられる曲線 $\eta : (-\infty, 0) \to \mathbf{R}^3$ から作られる回転面とする．S のガウス曲率はすべての点で -1 であることを示せ；S は**擬球面**と呼ばれる．S の座標たち v と $w = e^{-u}$ を考えることで，擬球面は $\mathrm{Im}(z) > 1$ で与えられる双曲平面の上半平面モデルの開部分集合と等長であることを示せ．

[ヒルベルトの定理[*82]より，双曲平面それ自身は埋め込まれた曲面として実現することはできない．]

6.12 $S \subset \mathbf{R}^3$ をすべての点で曲率が 1 である回転面とし，さらに 2 点を加えて滑らかな埋め込まれた閉曲面にコンパクト化できるとする．このとき S は単位球面から対蹠の位置にある 2 点を除いた曲面であることを示せ．

6.13 $f(x, y, z)$ を $\mathbf{R}^3$ 上の滑らかな実数値関数とし，$S \subset \mathbf{R}^3$ を $f = 0$ で定まる曲面とする．P を $\partial f/\partial z(P) \neq 0$ を満たす S 上の点とする．

$$(x, y, z) \mapsto (x, y, f(x, y, z))$$

で与えられる写像 $\mathbf{R}^3 \to \mathbf{R}^3$ は P において局所微分同相であることを示せ．したがって S 内の P のある開近傍の滑らかなパラメータ表示が存在することを示せ．

ここで，すべての点 $P \in S$ において微分 df_P が 0 にならないことがわかっているとする．S は定義 6.1 の意味で埋め込まれた曲面であることを証明せよ．$P \in S$ について，P における接空間と $\mathbf{R}^3$ のある余次元 1 の部分空間を同一視せよ．[このように $f = 0$ で与えられる曲面 S のことを $\mathbf{R}^3$ 内の**パラメータ表示されていない滑らかな埋め込まれた曲面**という．]

[*81] 等式 $z^2 = a(x^2 + y^2)$ $(a > 0)$ で定まる $\mathbf{R}^3$ 内の曲面を**円錐面**という．
[*82] [佐々木] の §3.7 を参照．

第7章
測 地 線
Geodesics

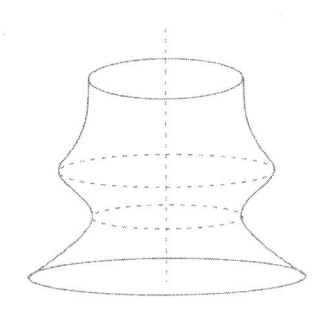

　これまでの章で扱った特別な幾何 (ユークリッド幾何，球面幾何，双曲幾何...) では，その計量に関して (局所的に) 長さが最小になるという直線の性質が示され，**直線**という概念がすべての中心にあることがわかった．この章ではこれらのアイデアを一般化して，一般の曲面上の**測地線**の概念を得る．簡単のため曲線の長さではなく曲線のエネルギーを使って測地線を導入し，第7.3節でこの2つの導入方法の関係について説明する．滑らかな曲線が測地線であるという条件は実際には局所的なもので，よってつねにリーマン計量をもつ開部分集合 $V \subset \mathbf{R}^2$ の場合に帰着させることができる．したがってまずこの局所的な場合について扱う．

7.1 │ 滑らかな曲線の変分

　V を座標 (u,v) をもつ $\mathbf{R}^2$ の開部分集合とし，V 上のリーマン計量を

$$E\,du^2 + 2F\,du\,dv + G\,dv^2$$

で定める．滑らかな曲線 $\gamma : [a,b] \to V$ を座標を使って $\gamma(t) = (u(t), v(t))$ と書き，γ の**エネルギー**を公式

$$\gamma \text{のエネルギー} = \int_a^b (E(u,v)\dot{u}^2 + 2F(u,v)\dot{u}\dot{v} + G(u,v)\dot{v}^2)\,dt$$

で定義する．上の式の $\dot{u}$ は du/dt を表し，$\dot{v}$ は dv/dt を表す．これは定義 6.7 と一致し，また注意 6.8 はここでも当てはまる．記号を簡単にするために (より一般の形で扱うためという意味もあるが)，この積分を

$$\int_a^b I(t, u, v, \dot{u}, \dot{v})\,dt$$

と書くことにする．ここで $u, \dot{u}, v, \dot{v}$ は t に依存しているので，よって I は t だけに依存している．

7.1 | 滑らかな曲線の変分

　変分法の理論にすでに詳しい読者には知った内容になってしまうが，他の読者が読みやすいように，以下で測地線に関連する変分法の理論を簡単に紹介しておく．すでに詳しい読者はこの節の残りを適度に読み飛ばしても構わない．

● **定義 7.1** ── 滑らかな曲線 $\gamma : [a,b] \to V$ に対し，$\mathbf{R}^2$ の部分集合からの滑らかな写像 $h : [a,b] \times (-\varepsilon, \varepsilon) \to V$ で，すべての $t \in [a,b]$ について $h(t,0) = \gamma(t)$ となるものを γ の **変分** という．変分が端点を固定しているとき，つまりすべての $\tau \in (-\varepsilon, \varepsilon)$ について $h(a, \tau) = \gamma(a)$ かつ $h(b, \tau) = \gamma(b)$ であるとき，この変分を **両端を固定する変分** という．各 $\tau \in (-\varepsilon, \varepsilon)$ に対し，$\gamma_\tau(t) = h(t, \tau)$ により滑らかな曲線 $\gamma_\tau : [a,b] \to V$ が定まる．

○ **注意** ── 扱っている内容によっては，h は変数 τ について連続とだけ仮定し，(τ を固定したときに) 変数 t について区分的に滑らかであるとすることでこの変分の定義を緩める場合もあるが，ここでは滑らかな場合だけに制限して話を進める．

　積分
$$\int_a^b I(t, u, v, \dot{u}, \dot{v}) \, dt$$
が小さい変分，とくに両端を固定する小さい変分によりどのように変化するかが知りたい．

　変分の中でもともとの曲線の近くにある曲線 γ_τ を考える．これは，t を変数とする (τ にも依存している) 適当な滑らかな関数 δu と δv を使って
$$\gamma_\tau(t) = (u(t) + \delta u(t), v(t) + \delta v(t))$$
と書くことができる．I は各変数について滑らかな関数であると仮定する (エネルギー関数の場合は明らかにこれに該当する)．γ_τ に対し，γ_0 からの積分値の変化量を 1 次の項まで計算すると
$$\int_a^b \frac{\partial I}{\partial u} \delta u \, dt + \int_a^b \frac{\partial I}{\partial \dot{u}} \delta \dot{u} \, dt + \int_a^b \frac{\partial I}{\partial v} \delta v \, dt + \int_a^b \frac{\partial I}{\partial \dot{v}} \delta \dot{v} \, dt$$
となることがわかる[*83]．等式

[*83] τ は十分小さいとして，被積分関数 $I(t, u, v, \dot{u}, \dot{v})$ を τ でテイラー展開し，変化量が欲しいので 0 次の項は無視し，1 次の項までを計算している．

$$\frac{\partial I}{\partial \dot{u}} \delta \dot{u} = \frac{d}{dt}\left(\frac{\partial I}{\partial \dot{u}} \delta u\right) - \delta u \, \frac{d}{dt}\left(\frac{\partial I}{\partial \dot{u}}\right)$$

および変数 v について成り立つ同様の等式により，この積分は (1 次の項まで計算すると)

$$\int_a^b \left(\frac{\partial I}{\partial u} - \frac{d}{dt}\left(\frac{\partial I}{\partial \dot{u}}\right)\right) \delta u \, dt + \int_a^b \left(\frac{\partial I}{\partial v} - \frac{d}{dt}\left(\frac{\partial I}{\partial \dot{v}}\right)\right) \delta v \, dt$$
$$+ \left[\frac{\partial I}{\partial \dot{u}} \delta u\right]_a^b + \left[\frac{\partial I}{\partial \dot{v}} \delta v\right]_a^b \tag{7.1}$$

のように書ける．$h(t,\tau) = (u(t,\tau), v(t,\tau))$ とおいて $\tau \to 0$ として極限をとると，$\tau = 0$ における積分の (τ に関する) 導関数は

$$\int_a^b \left(\frac{\partial I}{\partial u} - \frac{d}{dt}\left(\frac{\partial I}{\partial \dot{u}}\right)\right) \frac{\partial u}{\partial \tau} \, dt + \int_a^b \left(\frac{\partial I}{\partial v} - \frac{d}{dt}\left(\frac{\partial I}{\partial \dot{v}}\right)\right) \frac{\partial v}{\partial \tau} \, dt$$
$$+ \left[\frac{\partial I}{\partial \dot{u}} \frac{\partial u}{\partial \tau}\right]_a^b + \left[\frac{\partial I}{\partial \dot{v}} \frac{\partial v}{\partial \tau}\right]_a^b \tag{7.2}$$

となることがわかる．この導関数が 0 であるとき，γ は与えられた変分に関して積分の**停留曲線**であるという．

変分が端点を固定している特別な場合では，すべての τ について $\delta u(a) = \delta u(b) = 0, \delta v(a) = \delta v(b) = 0$ が得られる．つまり

$$\frac{\partial u}{\partial \tau}(a) = \frac{\partial u}{\partial \tau}(b) = 0, \qquad \frac{\partial v}{\partial \tau}(a) = \frac{\partial v}{\partial \tau}(b) = 0$$

となる．したがって，このときは式 (7.2) の第 3 項と第 4 項は現れないことになる．

● **命題 7.2 （変分法）** —— 可能なすべての両端を固定する変分に対し γ が積分

$$\int_a^b I(t, u, v, \dot{u}, \dot{v}) \, dt$$

の停留曲線であるための必要十分条件は，**オイラー・ラグランジュの方程式**

$$\frac{d}{dt}\left(\frac{\partial I}{\partial \dot{u}}\right) = \frac{\partial I}{\partial u}, \qquad \frac{d}{dt}\left(\frac{\partial I}{\partial \dot{v}}\right) = \frac{\partial I}{\partial v}$$

がすべての $t \in (a, b)$ について満たされることである．

証明 式 (7.2) から，オイラー・ラグランジュの方程式が成り立つならば，γ が両端を固定する変分すべての停留曲線であることは明らかである．なぜなら，

オイラー・ラグランジュの方程式は単に (7.2) の 2 つの積分が消えることを意味するからである.

逆については, $\eta(a) = (0,0) = \eta(b)$ を満たす任意の滑らかな曲線 $\eta = (\eta_1, \eta_2) \colon [a,b] \to \mathbf{R}^2$ について, 十分小さい τ に対し, $\gamma_\tau = \gamma + \tau\eta$ で与えられる γ の両端を固定する変分を考える. このとき, 式 (7.2) における関数 $\frac{\partial u}{\partial \tau}$ と $\frac{\partial v}{\partial \tau}$ として, $t \in [a,b]$ を変数とし, a と b で 0 になる滑らかな関数を任意に選ぶことができる. そこで, $\frac{\partial u}{\partial \tau}$ として滑らかな関数

$$\frac{\partial I}{\partial u} - \frac{d}{dt}\left(\frac{\partial I}{\partial \dot{u}}\right)$$

に端点で 0 になる適当な滑らかなバンプ関数をかけた関数を選ぶ (ここでバンプ関数とは, ある十分小さい $\varepsilon > 0$ について $[a+\varepsilon, b-\varepsilon]$ では 1 を値とし, a と b では 0 を値とする滑らかな関数のことである). この変分により, オイラー・ラグランジュの方程式の第 1 式が成り立つことが簡単に確認できる. 第 2 式も同様にして従う. □

変分法とオイラー・ラグランジュの方程式は物理学と幾何学の両方において多くの話題の中心となる. ここではこの話題に関して詳しく述べることはしない —— この本では長さやエネルギーの停留曲線の理論の応用である測地線に話を進める. 測地線の定義を述べる前に, 話を脱線して他の応用を 1 つ紹介する. 上の理論を回転面の面積汎関数の停留点[*84]を見つけることに応用する.

○ 例 (**極小回転面**) —— 正の滑らかな関数 $f \colon [a,b] \to \mathbf{R}$ について, $a < z < b$ に対して $x^2 + y^2 = f(z)^2$ の形の式で与えられる $\mathbf{R}^3$ 内の回転面 S を考える. $\eta \colon (a,b) \to \mathbf{R}^3$ を $\eta(t) = (f(t), 0, t)$ で定義される xz-平面上の滑らかな埋め込まれた曲線とする —— これが滑らかな埋め込まれた曲線であることは簡単な演習問題である. すると曲面 S はこの曲線によって定まる回転面であり, その閉包はそれぞれ 2 式 $z = a$, $x^2 + y^2 = f(a)^2$ および 2 式 $z = b$, $x^2 + y^2 = f(b)^2$ で定まる 2 つの円 C_1, C_2 を境界としている. $f(a)$ と $f(b)$ の値を固定して (したがって境界の円 C_1 と C_2 を固定して), 埋め込まれた曲面 S の面積の値が停留するような関数 f (したがって埋め込まれた曲線 η) を見つけたい. そのような曲面は**極小回転面**と呼ばれ, それは次の段落で示すように一意的に存

[*84] 微分の値が **0** となる点のことを**停留点**という.

在する．また，この曲面は固定された円 C_1 と C_2 の間に張られた石鹸膜により物理的に実現されることが示せる．曲線 η が見た目が特別な形をしていること，つまり関数 f のグラフであることは，最終的な結論には大きく影響はしない (演習 7.9).

前章における S についての第 1 基本形式の計算を使うと，この場合，与えられた滑らかな関数 $f: [a,b] \to \mathbf{R}$ について，S の面積は公式

$$\int_a^b I(f, f')\, dt \quad \text{ただし} \quad I(f, f') = f(f'^2 + 1)^{1/2}$$

で与えられることが簡単に確認できる．与えられた境界条件について面積が停留する関数 f を見つけるためには，オイラー・ラグランジュの方程式の 1 つ

$$\frac{d}{dt}\left(\frac{\partial I}{\partial \dot{u}}\right) = \frac{\partial I}{\partial u}$$

を解く必要がある (関数 f を u としている). I は u と $\dot{u}$ のみを使って表せることから，等式

$$\frac{dI}{dt} = \dot{u}\frac{\partial I}{\partial u} + \ddot{u}\frac{\partial I}{\partial \dot{u}}$$

が得られ，これからオイラー・ラグランジュの方程式を

$$\frac{d}{dt}\left(I - \dot{u}\frac{\partial I}{\partial \dot{u}}\right) = 0$$

のように書き直すことができる．これは単に括弧の中が定数であることを意味し，今考えている設定では，括弧の中が $f/(f'^2+1)^{1/2}$ であることが容易に確認できる．

この (正の) 定数を $1/c$ とおくと，関数 f は微分方程式 $f' = ((cf)^2 - 1)^{1/2}$ を満たし，この式を解くと

$$f(t) = \frac{1}{c}\cosh(ct + k)$$

という形の解が得られる．定数 c と k は $f(a)$ と $f(b)$ が与えられた値になるように選べばよい．

読者は式 $y = \frac{1}{c}\cosh(ct + k)$ が，一様な密度をもつ鎖の端を固定して，それ自身の重みで吊り下げたときに鎖が描く**懸垂線**の式であることに気づくかもしれない．この理由から，上の極小曲面はしばしば**懸垂面**と呼ばれる．

ここで本題である ($\mathbf{R}^2$ のある開部分集合 V 上の与えられたリーマン計量 $E\,du^2 + 2F\,du\,dv + G\,dv^2$ についての) エネルギー汎関数に話を戻そう．エネ

ルギーの被積分関数は
$$I(u,v,\dot{u},\dot{v}) = E(u,v)\dot{u}^2 + 2F(u,v)\dot{u}\dot{v} + G(u,v)\dot{v}^2$$
であった．したがってエネルギー汎関数について
$$\frac{\partial I}{\partial \dot{u}} = 2(E\dot{u} + F\dot{v}), \qquad \frac{\partial I}{\partial u} = E_u \dot{u}^2 + 2F_u \dot{u}\dot{v} + G_u \dot{v}^2$$
が得られ，同様の等式が $\frac{\partial I}{\partial \dot{v}}$ と $\frac{\partial I}{\partial v}$ についても得られる．ここで $\gamma : [a,b] \to V$ を滑らかな曲線とし，$\gamma(t) = (\gamma_1(t), \gamma_2(t))$ とおく．命題 7.2 より，γ がすべての変分に関するエネルギーの停留曲線になることは，すべての $t \in (a,b)$ についてオイラー・ラグランジュの方程式

$$\begin{aligned}\frac{d}{dt}(E\dot{\gamma}_1 + F\dot{\gamma}_2) &= \frac{1}{2}(E_u \dot{\gamma}_1^2 + 2F_u \dot{\gamma}_1 \dot{\gamma}_2 + G_u \dot{\gamma}_2^2) \\ \frac{d}{dt}(F\dot{\gamma}_1 + G\dot{\gamma}_2) &= \frac{1}{2}(E_v \dot{\gamma}_1^2 + 2F_v \dot{\gamma}_1 \dot{\gamma}_2 + G_v \dot{\gamma}_2^2)\end{aligned} \qquad (7.3)$$

が満たされることと同値である．

● **定義 7.3** —— オイラー・ラグランジュの方程式を満たす滑らかな曲線 $\gamma : [a,b] \to V$ を**測地線**という．よって，これらの常微分方程式は**測地線の方程式**と呼ばれる．この定義から明らかに，測地線であるという性質は曲線の局所的な条件である．

ユークリッド平面 $\mathbf{R}^2$ に対しては $E = G = 1$, $F = 0$ が得られたので，測地線の方程式は $\ddot{\gamma}_1 = 0 = \ddot{\gamma}_2$ という簡単な式になる．よって測地線は $\ddot{\gamma} = 0$ を満たす曲線 γ, すなわち速さが一定になるようにパラメータ付けされた $\mathbf{R}^2$ 上の直線である．少し当たり前でない例として，双曲平面上の測地線が速さが一定になるようにパラメータ付けされた双曲直線であることを，測地線の方程式を使って直接証明する．この結果は，命題 5.8 で証明されている双曲直線の長さの最小性を使った計算や，これから続く 3 つの節における一般の結果を使うことなしに導くことができる．

● **補題 7.4** —— 双曲平面の測地線は速さが一定になるようにパラメータ付けされた双曲直線である．

証明 双曲計量 $(dx^2 + dy^2)/y^2$ をもつ双曲平面の上半平面モデル H で考える．よって $E = G = 1/y^2$, $F = 0$ である．$\gamma : [0,1] \to H$ を 2 点を結ぶ測地線としたとき，それが速度が一定になるようにパラメータ付けされた双曲線分

であることを示す．逆の主張も同様にして示せる．適当な等長変換により，2 点は虚軸上にあると仮定する．ここで $\gamma(t) = u(t) + iv(t)$ とおくと，測地線の方程式は

$$\frac{d}{dt}\left(2\dot{u}/v^2\right) = 0, \qquad \frac{d}{dt}\left(2\dot{v}/v^2\right) = -2(\dot{u}^2+\dot{v}^2)/v^3$$

という形になる．最初の方程式はある定数 c について $\dot{u} = cv^2$ となることを意味する．よって $c \neq 0$ であるならば $\dot{u}$ の符号はいつも同じになる．仮定から $u(0) = u(1) = 0$ であるから，$c = 0$ と $\dot{u} = 0$ が導ける．

すべての t について $v(t) > 0$ であるから，第 2 式は $\ddot{v}/v^2 = \dot{v}^2/v^3$，つまり $v\ddot{v} = \dot{v}^2$ とすることができる．このとき

$$\frac{d}{dt}\left(\frac{\dot{v}}{v}\right) = (v\ddot{v} - \dot{v}^2)/v^2 = 0$$

より $\dot{v}/v$ は定数である．$\|\dot{\gamma}\|^2 = \dot{v}^2/v^2$ であるから，これは単に $\|\dot{\gamma}\|$ が定数であることと同値である． □

7.2 | 埋め込まれた曲面上の測地線

$S \subset \mathbf{R}^3$ を埋め込まれた曲面とし，$\sigma : V \to U \subset S$ をそのパラメータ表示，$\theta = \sigma^{-1}$ を対応する座標近傍とする．$\Gamma : [a,b] \to U$ を S 上の滑らかな曲線としたとき，$\gamma = \theta \circ \Gamma$ は V 上の滑らかな曲線となる．

前章で

$$\|\Gamma'(t)\|^2 = \|\gamma'(t)\|^2$$

となることを見た．ここで右辺は V 上の対応するリーマン計量を使って計算した．したがってエネルギーは必要であれば座標近傍上で計算することができる．このエネルギーは Γ のエネルギーと同じであるから，これはパラメータ表示 $\sigma : V \to U$ の選び方によらない．次の章で座標近傍の言葉で定義される，より一般の**抽象曲面**を導入するが，そこでは曲線のエネルギーを座標近傍を使って定義しなくてはならない．その場合，異なる座標近傍の間に両立条件が導入され，それによりエネルギーの定義は再び座標近傍の選び方によらなくなる．

曲線 Γ について，任意の $t_0 \in (a,b)$ に対し，$\Gamma|_{[t_0-\varepsilon, t_0+\varepsilon]}$ が $\Gamma(t_0 - \varepsilon)$ と $\Gamma(t_0 + \varepsilon)$ を結ぶ曲線のエネルギーの停留曲線になるような十分小さい $\varepsilon > 0$ が存在するとき，Γ は**局所的に両端を固定する変分によるエネルギーの停留曲線である**という．ここで Γ が局所的に両端を固定する変分によるエネルギーの

停留曲線であるための必要十分条件は γ が局所的に両端を固定する変分によるエネルギーの停留曲線であることで，このエネルギーは第1基本形式により定まる V 上のリーマン計量を使って計算される．後半の条件は測地線の方程式が局所的に成り立つとき，そのときに限り成立する．したがって γ が測地線であれば Γ を**測地線**と定義することができ，局所的にエネルギーの停留曲線であることについての上の言い換えから，この定義が座標近傍の選び方によらないことが従う．

埋め込まれた曲面の場合，上の議論により任意に与えられた滑らかな曲線 $\Gamma:[a,b]\to S$ がいつ測地線になるかを定義することができる．これは純粋に局所的に定義される：与えられた t について，局所パラメータ表示 $\sigma:V\to U\ni\Gamma(t)$ を選び，Γ が，したがって γ が局所的に測地線であることを調べればよい．

● 系 7.5 ── 埋め込まれた曲面 S 上の曲線 Γ について，$P=\Gamma(a)$ と $Q=\Gamma(b)$ を結ぶ曲線のエネルギー汎関数が Γ においてエネルギー最小であるならば，それは上の意味で測地線である．

証明 任意の $a<a_1<b_1<b$ について，$\Gamma_1=\Gamma|_{[a_1,b_1]}$ は $\Gamma(a_1)$ と $\Gamma(b_1)$ を結ぶ滑らかな曲線で，エネルギー汎関数のエネルギーを最小にする曲線である．なぜなら，$\Gamma(a_1)$ と $\Gamma(b_1)$ を結ぶ滑らかな曲線でエネルギーがより小さいものが存在したとすると，$\Gamma(a)$ から $\Gamma(b)$ への区分的に滑らかな曲線でエネルギーが Γ よりも小さいものが簡単に構成でき，これを a_1,b_1 において滑らかにして，同じ性質をもつ滑らかな曲線を得ることができるからである．

Γ_1 の像が座標近傍 U に含まれるように a_1,b_1 を選ぶと，Γ_1 は確かに両端を固定する変分についてのエネルギーの停留曲線であり，したがってそれは測地線である．a_1 と b_1 を変化させれば，この系の主張は従う． □

○ 注意 ── 系 7.5 の証明により，Γ が**局所的に**エネルギーを最小にするならば Γ は測地線であることが示された．**逆の主張もまた成り立つ** ── 測地線は**局所的に**エネルギーを最小にする (系 7.18 を参照)．

埋め込まれた曲面 $S\subset\mathbf{R}^3$ の場合は，測地線の方程式 (7.3) の別の言い換えがある．この言い換えはユークリッド平面の場合における，測地線は加速度 0 の曲線である，つまり速度一定のパラメータ付けをもつ直線である，という命題に対応する．一般の任意のリーマン計量の場合については，曲線に沿ったベ

クトル場の**共変導関数**[*85)]の概念があるが，ここではそれは扱わないことにする
(埋め込まれた曲面の場合，これは単に通常の導関数の接平面への射影である)．
曲線が測地線であるための対応する条件は，曲線の接ベクトルの共変導関数が
恒等的に 0 であることである．

● **命題 7.6** —— 埋め込まれた曲面 S 上の滑らかな曲線 Γ について，測地線の方程式が満たされることは $\frac{d^2\Gamma}{dt^2}$ が S につねに直交していることと同値である．

証明 主張は局所的なものであるから，S のパラメータ表示を $\sigma : V \to U$ として，$\Gamma : [a, b] \to U \subset S$ の場合に帰着することができる．このとき $\gamma(t) = \gamma_1(t)e_1 + \gamma_2(t)e_2$ を使って $\Gamma = \sigma \circ \gamma$ と表すと，連鎖律により

$$\dot\Gamma(t) = (d\sigma)_{\gamma(t)} \dot\gamma(t)$$
$$= (d\sigma)_{\gamma(t)} (\dot\gamma_1(t)e_1 + \dot\gamma_2(t)e_2)$$
$$= \dot\gamma_1(t)\, \sigma_u + \dot\gamma_2(t)\, \sigma_v$$

が得られる．よって $\frac{d^2\Gamma}{dt^2}$ が σ_u, σ_v で生成される部分空間 $\langle \sigma_u, \sigma_v \rangle \subset \mathbf{R}^3$ に直交するための必要十分条件は，すべての t について

$$\sigma_u \cdot \frac{d}{dt}(\dot\gamma_1 \sigma_u + \dot\gamma_2 \sigma_v) = 0$$
$$\sigma_v \cdot \frac{d}{dt}(\dot\gamma_1 \sigma_u + \dot\gamma_2 \sigma_v) = 0$$

が成り立つことである．これらの等式の第 1 式は

$$0 = \frac{d}{dt}((\dot\gamma_1 \sigma_u + \dot\gamma_2 \sigma_v) \cdot \sigma_u) - (\dot\gamma_1 \sigma_u + \dot\gamma_2 \sigma_v) \cdot \frac{d\sigma_u}{dt}$$
$$= \frac{d}{dt}(E\dot\gamma_1 + F\dot\gamma_2) - (\dot\gamma_1 \sigma_u + \dot\gamma_2 \sigma_v) \cdot (\dot\gamma_1 \sigma_{uu} + \dot\gamma_2 \sigma_{uv})$$

と変形することができる．

$$E_u = (\sigma_u \cdot \sigma_u)_u = 2\sigma_u \cdot \sigma_{uu}$$
$$F_u = (\sigma_u \cdot \sigma_v)_u = \sigma_u \cdot \sigma_{uv} + \sigma_v \cdot \sigma_{uu}$$
$$G_u = (\sigma_v \cdot \sigma_v)_u = 2\sigma_v \cdot \sigma_{uv}$$

であるから，上の第 1 式は測地線の方程式 (7.3) の第 1 式と同値である．同様の方法で，第 2 式が測地線の方程式の第 2 式と同値であることも従う． □

[*85)] 曲面の微分幾何に関する教科書を参照．

○ **注意 7.7** —— したがって，Γ が埋め込まれた曲面 S 上の測地線であるならば，$\frac{d}{dt}(\dot{\Gamma} \cdot \dot{\Gamma}) = 2\dot{\Gamma} \cdot \ddot{\Gamma} = 0$ が成り立ち，よって $\|\frac{d\Gamma}{dt}\|^2$ は**定数**になる．より一般に，測地線の方程式 (7.3) から直接 $\|\dot{\gamma}\|^2$ は定数であることが従う —— これの飾らない証明としては，[9] 181 ページの演習問題 8.12（そして 310 ページにある解答）を参照して欲しい．一般の曲面上の測地線の速度が一定であることの証明については，形式的にはここで与えた埋め込まれた曲面の場合と同じであるが，d/dt の代わりに（上で紹介した）共変導関数を使う良い証明がある．

7.3 | 長さとエネルギー

最初に，積分に関するコーシー・シュワルツの不等式を思い出そう．f, g を $[a, b]$ 上の連続な実数値関数としたとき

$$\left(\int_a^b fg\right)^2 \leq \int_a^b f^2 \int_a^b g^2$$

が成り立ち，等号は $f = 0$ か，あるいはある $\lambda \in \mathbf{R}$ について $g = \lambda f$ となるとき，そのときに限り成り立つ．

開部分集合 $V \subset \mathbf{R}^2$ のリーマン計量と滑らかな曲線 $\gamma : [a, b] \to V$ が与えられたとき，$f = 1$, $g = \|\dot{\gamma}\|$ に対して上の不等式を適用すると，不等式

$$(\gamma\text{の長さ})^2 \leq (b - a)(\gamma\text{のエネルギー})$$

が得られる．等号は $\|\dot{\gamma}\|$ が定数のとき，そのときに限り成立する．

● **補題 7.8** —— $V \subset \mathbf{R}^2$ をリーマン計量をもつ開部分集合とする．$P = \gamma(0)$ と $Q = \gamma(1)$ を結ぶ滑らかな曲線 $\gamma : [0, 1] \to V$ を考える．曲線 γ_0 においてエネルギーが最小であるための必要十分条件は，そこで長さが最小であり，かつ速度が一定であることである．

証明 そのような曲線 γ に対し，$(\gamma\text{の長さ})^2 \leq \gamma\text{のエネルギー}$ が成り立ち，等号は $\|\dot{\gamma}\|$ が定数のとき，そのときに限り成り立つ．与えられた長さ l について，最小のエネルギーは l^2 である（これは速度が一定のときに実現される）．よって，エネルギーが最小になるための必要十分条件は，長さが最小，かつ速度が一定となることである． □

● **系 7.9** —— 埋め込まれた曲面 $S \subset \mathbf{R}^3$ 上の滑らかな曲線 Γ が速度一定で

かつ局所的に長さを最小にするならば，それは測地線である． □

補題 4.3 により導関数が 0 にならない任意の滑らかな曲線は速度一定になるようにパラメータを取り換えることができるので，局所的に長さを最小にする滑らかに埋め込まれた曲線と局所的にエネルギーを最小にするものとの違いは，本質的には単にパラメータをどう付けるかという問題である．曲線 $\gamma(t)$ が速度 1 であるための必要十分条件は，パラメータ t が (定数を加える自由度を除くと) 単に曲線の長さで与えられていることであった．

○ **例** ── この段階で，エネルギーを最小としない測地線の例を挙げておくと，たぶん参考になるであろう．前の議論から，球面 S^2 上において速度一定でパラメータ付けされた大円上の線分は測地線であることが従う．ここで対蹠の位置にない S^2 上の 2 つの点を考え，それらを結ぶ大円上の線分のうち，長さの長い方を γ とする．読者は，γ の両端を固定する変分で長さとエネルギーが減るものと，長さとエネルギーが増えるものが存在することを理解して欲しい．これらのことから，γ が最大でも最小でもない停留曲線となる両端を固定する変分もまた構成できることがわかる．

7.4 | 測地線の存在

与えられた点を通る測地線の局所的な存在，すなわち測地線の方程式の解の存在は，常微分方程式系の局所解の存在と一意性[*86)]から従う．

● **命題 7.10** ── リーマン計量をもつ開部分集合 $V \subset \mathbf{R}^2$ と $P = (u_0, v_0) \in V$, $(p_0, q_0) \in \mathbf{R}^2$ について，$\gamma(0) = P$ と $\gamma'(0) = (p_0, q_0)$ を満たす測地線 $\gamma : (-\varepsilon, \varepsilon) \to V$ がちょうど 1 つ存在する．

● **系 7.11** ── 埋め込まれた曲面 S 上の各点 P と，P における各接ベクトルについて，点 P を通りその接ベクトルを P における速度とする測地線 (の芽[*87)]) が一意的に存在する． □

命題 7.10 の証明 ── $V \subset \mathbf{R}^2$ 上の座標 (u, v) を使うと，2 階の非線形微分方程式 (7.3) により，$E\ddot{u} + F\ddot{v}$ と $F\ddot{u} + G\ddot{v}$ は $u, v, \dot{u}, \dot{v}$ を変数とする関数で書

[*86)] 常微分方程式論の教科書を参照．
[*87)] V 上の 2 つの曲線 γ と δ が P のある近傍で $\gamma = \delta$ となるとき γ と δ は V に関して同値であるといい，その同値類を γ が定める V における曲線の芽という．

け る. 行列

$$\begin{pmatrix} E & F \\ F & G \end{pmatrix}$$

は逆行列をもつという事実を使うと，測地線の方程式は

$$\ddot{u} = f(u, v, \dot{u}, \dot{v})$$
$$\ddot{v} = g(u, v, \dot{u}, \dot{v})$$

あるいは同じ式を1階の微分方程式系で書くと，

$$\dot{u} = p$$
$$\dot{v} = q$$
$$\dot{p} = f(u, v, p, q)$$
$$\dot{q} = g(u, v, p, q)$$

という形で書くことができる．常微分方程式系に対する局所解の存在と一意性により，初期値 (u_0, v_0, p_0, q_0) を定めると，ある $\varepsilon > 0$ について $(-\varepsilon, \varepsilon)$ 上で解が一意的に存在する． □

○ **注意** —— 常微分方程式系に対する局所解の存在と一意性の少し強い形を使うと，f と g は滑らかであるから，局所解は初期値変数 u_0, v_0, p_0, q_0 に滑らかに依存することが従う．後の定理 7.13 でこの性質が必要になる．

○ **例** —— 球面の大円上の線分が速度一定のパラメータをもつとき，それが測地線であることを見た．命題 7.10 より各点 $P \in S^2$ を通り与えられた方向に向かう大円が一意的に存在することから，測地線はこれらだけであることがわかる．同様に，双曲平面上では双曲線分だけが測地線であることが導ける．よってこれは補題 7.4 の別証明を与える．

○ **例** —— $\mathbf{R}^3$ 内の円柱面を考える．円柱面上の測地線はユークリッド計量をもつ '曲げる前の曲面' 上の任意の線分に対応する．これを式を使って見るために，$-\infty < u < \infty, \alpha < v < \alpha + 2\pi$ について，滑らかなパラメータ表示

$$\sigma(u, v) = (\cos v, \sin v, u)$$

を考える．第1基本形式は単に $du^2 + dv^2$ であり，よってこれは局所ユークリッド計量である．したがって $\gamma(t) = (u(t), v(t))$ が測地線であるための必要

十分条件は $\ddot{u} = 0, \ddot{v} = 0$ が成り立つこと，つまり u と v が t について線形であることであり，よって主張が従う．

ここで第 6.3 節で扱った，埋め込まれた曲面の中でも計算が非常に簡単な回転面 $S \subset \mathbf{R}^3$ について再び考えてみよう．これらは**滑らかに埋め込まれた平面曲線** η **を直線** l **を中心に回転して**得られたことを思い出そう．一般性を失うことなく，l を z-軸とし，曲線 $\eta : (a,b) \to \mathbf{R}^3$ は xz-平面上で，すべての u について $f(u) > 0$ となる f を使って

$$\eta(u) = (f(u), 0, g(u))$$

で与えられていると仮定する．

ここでさらに η は単位速度をもつ，つまりすべての u について $\|\eta'(u)\| = 1$ が成り立つようにパラメータ付けされていると仮定する —— 補題 4.3 より，これは滑らかなパラメータの取り換えによりいつでも実現できる．S 上の任意の点は $a < u < b, 0 \le v < 2\pi$ を使って

$$\sigma(u,v) = (f(u)\cos v, f(u)\sin v, g(u))$$

という形で与えられる．任意の $\alpha \in \mathbf{R}$ に対し，

$$\sigma : (a,b) \times (\alpha, \alpha + 2\pi) \to S$$

は滑らかなパラメータ表示であること，そしてこのパラメータ表示について第 1 基本形式は $du^2 + f^2 dv^2$ という形をしていることをすでに見た．

すると，曲線 $\gamma(t) = (u(t), v(t))$ に対する（よって曲線 $\Gamma = \sigma \circ \gamma$ に対する）測地線の方程式は

$$\ddot{u} = f(u)\frac{df}{du}\dot{v}^2, \qquad \frac{d}{dt}\left(f(u)^2 \dot{v}\right) = 0 \tag{7.4}$$

となる．

γ が測地線であるならば，注意 7.7 からその速度は一定であることがわかり，パラメータを定数倍して $\|\dot{\gamma}\| = 1$，すなわち

$$\boxed{\dot{u}^2 + f(u)^2 \dot{v}^2 = 1}$$

と仮定することができる．

● **命題 7.12** —— パラメータの取り換えを行って単位速度にした曲線 η から上の方法で定まる回転面

$$\sigma(u,v) = (f(u)\cos v, f(u)\sin v, g(u))$$

を考える.

(i) 単位速度をもつメリディアンはすべて測地線である.
(ii) 単位速度をもつ平行円 $u = u_0$ は $\frac{df}{du}(u_0) = 0$ のとき,そのときに限り測地線である.

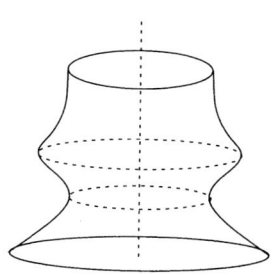

証明 (i) メリディアン上では v は一定であるから,(7.4) の第 2 式が成り立つ.単位速度であるという条件から $\dot{u}$ は定数であり,よって第 1 式もまた従う.

(ii) 単位速度をもつ平行円が $u = u_0$ で与えられたとき,γ が単位速度であるという式は $f(u)^2 \dot{v}^2 = 1$ となり,これにより $\dot{v} = \pm 1/f(u_0)$ が 0 でない定数であることが従う.したがって,(7.4) の第 2 式は明らかに成り立つ.第 1 式は $\frac{df}{du}(u_0) = 0$ のとき,そのときに限り成り立つ. □

○ **注意** —— u_0 が (ii) の条件を満たしているとき,単位速度という条件から $|\frac{dg}{du}(u_0)| = 1$ が成り立ち,よって f は局所的に z の関数とみなすことができる.(ii) の条件は,その点は単に f のグラフの停留点であるという条件と同じである (上の図を参照).

○ **例** —— 埋め込まれたトーラス面 $T \subset \mathbf{R}^3$ について,命題 7.12 を使うことで自然な測地線が見つけられる.注意 6.12 で描かれた埋め込まれたトーラス面について,T 上の縦の円はすべて測地線であるが,水平な円で測地線であるものは半径が最小のものと最大のものだけである.実際,T 上の一般の測地線は閉曲線でさえない.これは非自明な事実であり,ダルブーの仕事まで遡る —— 局所ユークリッド距離をもつトーラス面に対して対応する結果を証明することは簡単である.そこでは測地線は $\mathbf{R}^2$ 内の開基本正方形で定義される座標近傍内の線分に局所的に対応し,測地線が閉じているかそうでないかという質問

は，測地線の傾きが有理数か無理数かという質問に帰着される[*88]．

7.5 | 測地的極座標とガウスの補題

まず最初に扱い慣れている $\mathbf{R}^2 = \mathbf{C}$ 上の極座標について考えよう．$\mathbf{R}^2$ 上の $\mathbf{0}$ 以外の任意の点は，$r > 0$ と $0 \leq \theta < 2\pi$ を使って極座標 (r, θ) により一意的に表される．さらに，任意の角度 θ_0 について，$\sigma(r, \theta) = (r\cos\theta, r\sin\theta)$ で与えられる $U = \mathbf{C} \setminus \mathbf{R}_{\geq 0} e^{i\theta_0}$ の滑らかなパラメータ表示

$$\sigma : (0, \infty) \times (\theta_0, \theta_0 + 2\pi) \to U$$

が存在し，その逆 (つまり座標近傍) は局所的に

$$(x, y) \to ((x^2 + y^2)^{1/2}, \tan^{-1}(y/x))$$

で与えられる．ここで2つ目の座標は，関数を $x = 0$ のとき $\cot^{-1}(x/y)$ とおいて，$\tan^{-1}(y/x)$ と $\cot^{-1}(x/y)$ の2つの関数を適切に使い分けて正しい値を局所的に拾う必要がある．θ を一定とすることで与えられる原点から伸びる半直線はちょうど原点を始点とする測地線であり，$\mathbf{R}^2$ 上のある点における座標 r はその測地線に沿った，原点からその点までの距離と一致する．

任意の曲面について，少なくとも局所的に同じような座標系を構成することができる．実際，リーマン計量をもつ開部分集合 $V \subset \mathbf{R}^2$ についてそのような座標系を構成すれば十分である．なぜなら，たとえば埋め込まれた曲面の場合には，$\mathbf{R}^2$ の開部分集合 V への $P \in U$ における座標近傍 $\psi : U \to V$ を見つける際に，V 上のリーマン計量を第1基本形式で定めておけばよい．一般の曲面の場合は次の章で紹介するように，リーマン計量をもつ $\mathbf{R}^2$ の開部分集合 V へのそのような座標近傍は定義から存在する．よって U 上の P を通る測地線は ψ により V 上の $\psi(P)$ を通る測地線に対応し，以下で与える構成法により得られる座標系は，そのまま対応する U の開部分集合上の座標系になる．

$V \subset \mathbf{R}^2$ をリーマン計量をもつ開部分集合とし，$P \in V$ とする．命題 7.10 から，任意の角度 θ に対し，P を通る測地線 (の芽)

$$\gamma_\theta : (-\varepsilon, \varepsilon) \to V$$

で，$\|\dot\gamma_\theta(0)\| = 1$ を満たし，かつ P における接線の偏角が θ であるものが一意的に存在する．注意 7.7 から測地線の速度は一定であることを思い出すと，

[*88] 64ページを参照．

すべての $-\varepsilon < t < \varepsilon$ について $\|\dot{\gamma}_\theta(t)\| = 1$ が成り立つことが従う．すでに注意したように，測地線 γ_θ は初期値変数 θ に滑らかに依存する —— さらに次のことが成り立つ．

● **定理 7.13** —— (i) $P \in V$ を固定したとき，すべての θ について測地線 $\gamma_\theta : (-\varepsilon, \varepsilon) \to V$ が $(-\varepsilon, \varepsilon)$ 上で定義されるように，$\varepsilon > 0$ を (θ とは独立に) 選ぶことができる．さらに，$P \in V$ を動かした場合，ε を P の連続な関数とすることができる (実際にこれは滑らかな関数にできる)．
(ii) $\mathbf{R}^2$ 内の原点を中心とする ε-球体を B_ε とし，写像 $\sigma : B_\varepsilon \to V$ を $\sigma(r\cos\theta, r\sin\theta) := \gamma_\theta(r)$ (ただし $\sigma(\mathbf{0}) = P$) で定義する．このとき写像 σ は滑らかであり，十分小さい ε について，これは B_ε から点 P のある開近傍 $W \subset V$ への微分同相写像である．

証明 これらの結果は測地線の方程式をきちんと分析することで示せるのだが，ここでは省略する．(ii) については，σ が滑らかなことがわかれば，次のように話を進めることができる：与えられた $\mathbf{v}(\theta) = (\cos\theta, \sin\theta) \in \mathbf{R}^2$ に対し，線分 $\eta(t) = t\mathbf{v}(\theta)$ $(-\varepsilon < t < \varepsilon)$ を考える．定義から $\gamma_\theta(t) = \sigma(\eta(t))$ であり，連鎖律を使うと

$$(d\sigma)_\mathbf{0}(\mathbf{v}(\theta)) = \dot{\gamma}_\theta(0) \neq 0$$

が得られる．これはすべての θ に対して成り立つので，$(d\sigma)_\mathbf{0}$ は同型写像になる．よって最後の主張は逆関数定理より従う．これらの結果の完全な証明を見たい読者は [12] の第 9 章を参照して欲しい． □

● **定義 7.14** —— 定理 7.13(ii) で定義したような $W = \sigma(B_\varepsilon)$ の形をした P の開近傍を**正規近傍**と呼ぶ．任意の $Q \in W \setminus \{P\}$ に対し，P から Q への W 内の測地線が一意的に存在することがわかる．

したがって，$\varepsilon > 0$ を十分小さく選ぶと，滑らかな写像 $g : (-\varepsilon, \varepsilon) \times \mathbf{R} \to V$ を

$$g(r, \theta) := \gamma_\theta(r) = \sigma(r\mathbf{v}(\theta))$$

で定義することができる．ここで $\mathbf{v}(\theta) = (\cos\theta, \sin\theta)$ である．任意の角度 θ_0 について，これを $(0, \varepsilon) \times (\theta_0, \theta_0 + 2\pi)$ から V の開部分集合への微分同相写像に制限する．g による $(0, \varepsilon) \times (\theta_0, \theta_0 + 2\pi)$ の像は P の近傍ではないこと

を注意しておく．$(0, \varepsilon) \times [\theta_0, \theta_0 + 2\pi)$ の像は，P の正規近傍 $W = \sigma(B_\varepsilon)$ から 1 点 P を除いた集合 $W \setminus \{P\}$ である．ここで構成された座標 (r, θ) は P の近傍の**測地的極座標**と呼ばれる．座標 r が原点からの測地半直線上の弧長によるパラメータであることを表すために，r の代わりに ρ を使うこともある．$W \setminus \{P\}$ の点は $r > 0$ と $0 \leq \theta < 2\pi$ について正しく定義されている測地的極座標 (r, θ) をもつ．

測地的極座標に関して，P を始点とする V 内の測地半直線は θ を定数とすることに対応し，P を中心とする (半径 $< \varepsilon$ の) '測地円' は r を定数とすることに対応する．

● **定理 7.15** (**ガウスの補題**) —— r を ε より小さい正の定数として定まる曲線は P を始点とするすべての測地半直線と直角に交わる．

証明 固定した $r < \varepsilon$ について，
$$\alpha(\tau) = (\alpha_1(\tau), \alpha_2(\tau)) := \sigma(r \cos \tau, r \sin \tau)$$
で与えられる W 内の滑らかな曲線 α を考える．τ の値が与えられると，それに対し測地半直線上の線分が $0 \leq t \leq 1$ について $\sigma_\tau(t) := \sigma(tr \cos \tau, tr \sin \tau)$ により定まる．前の表記を使うと，これは $\gamma_\tau(tr)$ である．$0 \leq t \leq 1$ と $\tau \in \mathbf{R}$ について
$$h(t, \tau) := \sigma(tr \cos \tau, tr \sin \tau)$$
とおくと，測地線 $\gamma = \sigma_0$ の変分 σ_τ で，固定された始点 P と変化する終点 $\alpha(\tau)$ をもつものが得られる．測地半直線 γ と曲線 α が交わる点を $Q = \alpha(0) = \gamma(1)$ とおく．各 σ_τ は長さ r と一定の速度 r をもち，よって補題 7.8 より σ_τ のエネルギーもまた τ が変化しても一定になる．

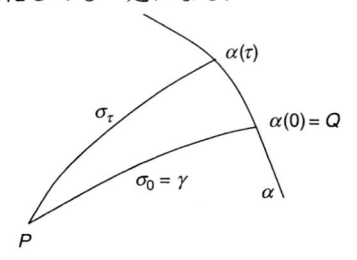

$\tau = 0$ におけるエネルギーの導関数に関する公式 (7.2) を $a = 0$, $b = 1$, $I = E(u,v)\dot{u}^2 + 2F(u,v)\dot{u}\dot{v} + G(u,v)\dot{v}^2$ に対して適用すると，式 (7.2) の 2

7.5 | 測地的極座標とガウスの補題

つの積分は γ が測地線であるため現れないことから,

$$0 = \left(E(Q)\frac{d\gamma_1}{dt}(1) + F(Q)\frac{d\gamma_2}{dt}(1) \right) \frac{d\alpha_1}{d\tau}(0)$$
$$+ \left(F(Q)\frac{d\gamma_1}{dt}(1) + G(Q)\frac{d\gamma_2}{dt}(1) \right) \frac{d\alpha_2}{d\tau}(0)$$

が得られる.この式は単に

$$\left\langle \frac{d\gamma}{dt}(1), \frac{d\alpha}{d\tau}(0) \right\rangle_Q = 0$$

と表すことができ,これは主張していた式に他ならない. □

ここで,上のように与えられた微分同相写像 $\sigma : B_\varepsilon \to W$ に対し,滑らかな写像 $g : (-\varepsilon, \varepsilon) \times \mathbf{R} \to W$ を $\mathbf{v}(\theta) = (\cos\theta, \sin\theta) \in \mathbf{R}^2$ を使って $g(t, \theta) = \sigma(t\mathbf{v}(\theta))$ で定義する.これを同じ式で与えられる滑らかな写像 $h : (0, \varepsilon) \times \mathbf{R} \to W$ に制限すると,$(0, \varepsilon) \times \mathbf{R}$ 上にリーマン計量が誘導される.この計量は本質的には単に W から定まるリーマン計量を測地的極座標 (r, θ) の言葉で表したものである.この計量を $E\,dr^2 + 2F\,dr\,d\theta + G\,d\theta^2$ と書くことにする.原点からの距離は座標 r で与えられることから $E=1$ が従う.ガウスの補題により $F=0$ が成り立ち,よってリーマン計量は測地的極座標を使って

$$\boxed{dr^2 + G(r,\theta)\,d\theta^2}$$

の形で表される.関数 $G(r,\theta)$ は $(0,\varepsilon) \times \mathbf{R}$ 上の,θ に関して周期 2π をもつ滑らかな (正の) 関数である.$h = (h_1, h_2)$ は (その構成から) 局所的に等長写像であり,よって $\mathbf{R}^2$ の標準基底 e_1, e_2 について $G(r,\theta) = \|dh(e_2)\|^2 = \|\partial h/\partial\theta\|^2$ が成り立ち,とくにこのノルムは $h(r,\theta)$ におけるリーマン計量により定まることがわかる.これにより

$$G(t,\theta) = \left\| \frac{\partial g}{\partial \theta}(t,\theta) \right\|^2_{g(t,\theta)}$$

とおくことで,G を $(-\varepsilon, \varepsilon) \times \mathbf{R}$ 上の滑らかな (正の) 関数に拡張できる.

● **補題 7.16** —— 上で定義した $(-\varepsilon, \varepsilon) \times \mathbf{R}$ 上の関数 $G(t,\theta)$ は,$(-\varepsilon, \varepsilon) \times \mathbf{R}$ 上のある滑らかな正の関数 q ですべての θ について $q(0,\theta) = 1$ を満たすものにより $G(t,\theta) = t^2 q(t,\theta)$ と表すことができる.

証明 $g(t,\theta) = \sigma(t\mathbf{v}(\theta)) = \gamma_\theta(t)$ が成り立つことを思い出すと，$\mathbf{v}'(\theta) = (-\sin\theta, \cos\theta) = \mathbf{v}(\theta + \pi/2)$ について

$$\frac{\partial g}{\partial \theta}(t,\theta) = (d\sigma)_{t\mathbf{v}}(t\mathbf{v}'(\theta))$$

が成り立つ．したがって，$t \neq 0$ で正である滑らかな関数 $q(t,\theta) = \|(d\sigma)_{t\mathbf{v}}(\mathbf{v}'(\theta))\|^2$ により

$$G(t,\theta) = \|\partial g/\partial \theta\|^2 = t^2 q(t,\theta)$$

と表される．$t = 0$ における q の値は，$\phi = \theta + \pi/2$ として

$$q(0,\theta) = \|(d\sigma)_\mathbf{0}(\mathbf{v}(\phi))\|_P^2 = \|\dot\gamma_\phi(0)\|^2 = 1$$

のように確認できる． □

○ 注意 7.17 —— 上の結果により，$r \to 0$ としたときの $G(r,\theta)$ の最初の漸近挙動が決定できる．たとえば，$r \to 0$ としたとき $G(r,\theta) \to 0$ かつ $G_r/r \to 2$ となることがすぐに従う．さらに，$tq(t,\theta)^{1/2}$ もまた $(-\varepsilon,\varepsilon) \times \mathbf{R}$ 上の滑らかな関数であるから，$r \to 0$ としたとき $(\sqrt{G})_r \to 1$ となることが従う．

　測地的極座標の言葉で書かれた計量についての上の公式により，この章で散発的に述べてきた議論をまとめることができる．上の結果はその証明から埋め込まれた(あるいはもっと一般に抽象的な)曲面上の測地線について正しいことがわかる．

● 系 7.18 —— 上の表記を使って，P から伸びる測地半直線上の点 $\sigma(r_0, \theta_0) = Q$ について，$r_0 < \varepsilon$ のとき，測地線分 PQ は P と Q を結ぶ最短の曲線である．より一般に，測地線はつねに局所的に最小の長さとエネルギーをもつ．

証明 測地的極座標の言葉で書かれた計量についての上の公式により，曲線の長さを下から抑えることができる．γ を P と Q を結ぶ $W = \sigma(B_\varepsilon)$ 内の滑らかな曲線とすると

$$\gamma \text{の長さ} = \int (\dot r^2 + G\dot\theta^2)^{1/2}\,dt \geq \int |\dot r|\,dt \geq r_0$$

が成り立ち，等号は $\dot\theta = 0$ かつ $r(t)$ が単調 (命題 5.8 の証明を参照) のとき，そのときに限り成り立つ．他方，P と Q を結ぶ任意の滑らかな曲線 $\gamma(t)$ で W に含まれないものの長さは少なくとも ε である (補題 4.4 の証明を参照)．

したがって，$\theta = \theta_0$ で与えられる P から Q への測地半直線上の線分は P と Q を結ぶ最短の曲線になる．

一般には始点の正規近傍内にある局所的な測地線の場合に帰着でき，したがって (補題 7.8 を使うと) 長さとエネルギーの両方が最小になることがわかる． □

ガウスの補題において，ε より小さい正の定数 r により定まる曲線は P からの距離が r となる点で構成されていることから，この曲線を P を中心とする**測地円**という．ちなみに，(パラメータ付けされた) 測地円は通常は測地線ではない (演習 7.7)．

ここで上のアイデアを実例を使って説明するために，これまでに扱ってきた 3 つの古典幾何に戻り，それらの計量を測地的極座標を使って計算する．以下ではこの測地的極座標を (ρ, θ) と書くことにする．

○ **例** ―― (i) ユークリッド平面 $\mathbf{R}^2$ の場合，原点における測地的極座標は標準的な極座標 (r, θ) と一致し，この座標に関して計量は $d\rho^2 + \rho^2\, d\theta^2$ で与えられる．よって $G(\rho, \theta) = \rho^2$ である．

(ii) 球面 S^2 の場合，ある点 (たとえば北極) における測地的極座標に関して，計量は $d\rho^2 + \sin^2 \rho\, d\theta^2$ という形で与えられる．これを形式的に証明するには，測地的な座標近傍 $\sigma(\rho, \theta) = (\sin \rho \cos \theta, \sin \rho \sin \theta, \cos \rho)$ を使えばよい．よって $G(\rho, \theta) = \sin^2 \rho$ である．

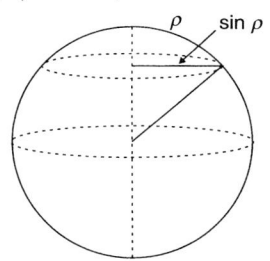

(iii) 双曲平面の円板モデル上において，計量は標準的な極座標を使って

$$\left(\frac{2}{1-r^2}\right)^2 (dr^2 + r^2\, d\theta^2)$$

で与えられる．ここで $\rho = 2\tanh^{-1} r$ として，原点における測地的極座標 (ρ, θ) を考える．このとき $d\rho^2 = \left(\frac{2}{1-r^2}\right)^2 dr^2$ であり，また $r = \tanh \frac{1}{2}\rho$ より $\frac{4r^2}{(1-r^2)^2} = \sinh \rho$ が成り立つ．したがって (測地的極座標における)

計量は $d\rho^2 + \sinh^2 \rho\, d\theta^2$ となり，よって $G(\rho, \theta) = \sinh^2 \rho$ となる．

このことから，標準的な極座標に関してリーマン計量 $dr^2 + \sinh^2 r\, d\theta^2$ をもつ $\mathbf{R}^2$ が (1 点を除いた) 双曲平面のもう 1 つのモデルであることがわかる．この計量の式により原点における計量も定義されることが座標変換により確認できる．

最後に，簡単であるが重要な，ある点の正規近傍内の測地線の形に関する局所的な結果を証明する．点 P における正規近傍 $W = \sigma(B_\delta)$ を考える．議論を絞るために，前と同様にリーマン計量をもつ $\mathbf{R}^2$ の開部分集合 V 上の点 $P \in V$ について扱うが，ここでの議論は埋め込まれた曲面あるいは抽象曲面の場合にも同様に適用できる．$W \setminus \{P\}$ 上の測地的極座標に関して，計量は $dr^2 + G(r, \theta) d\theta^2$ と表すことができる．$r \to 0$ とすると $G_r/r \to 2$ となることを思い出そう．

● 補題 7.19 —— $Q_1, Q_2 \in W$ とし，$\gamma(t)$ をこの 2 点を結ぶ W 内の測地線分とする．この測地線分のすべての点で $G_r > 0$ であるならば，P からこの測地線分上の点までの距離の最大値は Q_1 あるいは Q_2 で実現される．この測地線分のすべての点で $G_r < 0$ であるならば，P からこの測地線分上の点までの距離の最小値は Q_1 あるいは Q_2 で実現される．

証明 $r \to 0$ としたとき $G_r/r \to 2$ となることから，測地線分は P を含まない．

したがって，この測地線分は $W \setminus \{P\}$ に含まれていると仮定できる．ここでは γ の局所的な形を扱っているのだから，γ を測地的極座標を使って $\gamma(t) = (r(t), \theta(t))$ と書くことができる．このとき $||\dot\gamma||^2 = \dot r^2 + G\dot\theta^2$ であり，また測地線の方程式の第 1 式は

$$\ddot r = \frac{1}{2} G_r \dot\theta^2$$

という形になる．$t = t_0$ を $\dot r = 0$ となる点とすると，とくに $\dot\theta^2 > 0$ が成り立つ．したがって $G_r > 0$ の場合，$r(t)$ は $t = t_0$ では極大にはならない．また，$G_r < 0$ の場合，$r(t)$ は $t = t_0$ では極小にはならない．よって補題の主張は従う． □

ニューヨークからモスクワに飛行機で大円に沿った (短い方の) ルートで移動

したとき，北極からの距離は離陸するときに最大になり，飛行中のある点で最小になる．一方，リオ・デ・ジャネイロからオーストラリアのシドニーに大円に沿った(短い方の)ルートで移動したとき，北極からの距離は離陸するときに最小になり，飛行中のある点で最大になる．このことは上の計算とこれらの都市の位置関係から従う．なぜなら，北極における測地的極座標 (ρ, θ) について $G(r, \theta) = \sin^2 \rho$ が成り立ち，よって $G_\rho = 2\cos\rho\sin\rho = \sin 2\rho$ は北半球 ($\rho < \pi/2$) で正となり，南半球では負となるからである．ただし，この場合はこれらの事実を証明するには(定理 2.16 の証明内でそうであったように)単純な幾何的考察で十分である．

演習問題

7.1 埋め込まれた曲面 $S \subset \mathbf{R}^3$ 上の任意の直線は必ず測地線であることを示せ．そして，式 $x^2 + y^2 = z^2 + 1$ で与えられる 1 葉双曲面上の測地線を，命題 7.12 を使って得られる測地線以外に無限個見つけよ．

7.2 $\mathbf{R}^2$ 内の原点を中心とする半径 $\delta > 0$ の開円板 D 上のリーマン計量を標準的な極座標を使って

$$(dr^2 + r^2 d\theta^2)/h(r)^2$$

で定める (D が $\mathbf{R}^2$ 全体である場合も含む)．ここで $h(r)$ はすべての $0 \leq r < \delta$ について $h(r) > 0$ である関数とする．この計量について測地線の方程式を書き下せ．原点から伸びる単位速度をもつ半直線は測地線であることを示せ．

7.3 前問のリーマン計量について，原点を通る最短の曲線は単に原点を含む線分であることを，測地線の方程式を使わず直接示せ．

7.4 $a > 0$ について，$S \subset \mathbf{R}^3$ を $z^2 = a(x^2 + y^2)$，$z > 0$ で定まる半円錐面とする．S 上の計量が局所ユークリッド計量であることを示せ．$a = 3$ のとき，測地線を具体的に描き，測地線が自己交差をもたないことを示せ．$a > 3$ について，自己交差をもつ(長さが無限の)測地線が存在することを示せ．

7.5 $S \subset \mathbf{R}^3$ を埋め込まれた曲面，$H \subset \mathbf{R}^3$ を $C = S \cap H$ の各点で S と直交する(つまり S の単位法ベクトルが H に含まれる)平面とする．γ を C 上の速度一定の曲線とする．命題 7.6 から γ が S 上の測地線であることを導け．

7.6 命題 7.6 を使って，命題 7.12 の別証明を与えよ．

7.7 V をリーマン計量をもつ $\mathbf{R}^2$ の開部分集合とし，$r < \varepsilon$ について，(r, θ) を $P \in V$ における測地的極座標とする．固定した $r_0 < \varepsilon$ に対し，上で定義された関数 $G(r, \theta)$ は有限個の $0 \le \theta < 2\pi$ についてのみ $G_r(r_0, \theta) = 0$ となると仮定する．P 上に中心をもつ半径 r_0 の測地円は測地線でないことを示せ．測地線である測地円の例を挙げよ．

7.8 標準的な極座標を使って
$$\frac{1}{1-r^2}(dr^2 + r^2\, d\theta^2)$$
で定まるリーマン計量をもつ $\mathbf{R}^2$ 内の単位開円板を考える．この計量を，対応する (原点を中心とする) 測地的極座標を使って表せ．

7.9 関数 $f(t)$ をすべての t について $f(t) > 0$ となる関数とし，$\eta(t) = (f(t), 0, g(t)) : [a, b] \to \mathbf{R}^3$ を xz-平面上の滑らかな埋め込まれた曲線とする．η によって定まる回転面を S とし，2式 $z = g(a)$, $x^2 + y^2 = f(a)^2$ および 2式 $z = g(b)$, $x^2 + y^2 = f(b)^2$ で与えられる S の境界である 2 つの円をそれぞれ C_1, C_2 とする．ここで η は S の面積の停留曲線であると仮定する．$g(a) \ne g(b)$ のとき，S は第 7.1 節で述べた懸垂面であることを示せ．$g(a) = g(b)$ のときはどうなるか？

7.10 V をリーマン計量をもつ $\mathbf{R}^2$ の開部分集合とし，その計量から定まる距離空間は**完備**であるとする．任意の測地線 $\gamma : (-\varepsilon, \varepsilon) \to V$ は**完備**な測地線であること，つまり測地線 $\gamma : \mathbf{R} \to V$ に拡張できることを示せ．同じ事実が完備な埋め込まれた曲面についても成り立つことを示せ．[両方の場合について，逆もまた成り立つことが **Hopf–Rinow** の定理から従う．]

第8章
抽象曲面とガウス・ボンネ
Abstract Surfaces and Gauss–Bonnet

8.1 ガウスの驚異の定理

S を埋め込まれた曲面とする．前章では**測地的極座標**の局所的な存在を証明し，この座標 (ρ, θ) に関して，第 1 基本形式が $d\rho^2 + G(r,\theta)d\theta^2$ の形で書けることを見た．次の定理では，第 1 基本形式がこの形となるような局所座標が与えられたならば，その曲率についてきれいな公式が成り立つことを示す．読者はその公式の簡明さに驚くはずである．またそれは測地的極座標がいかに重要であるかを示すさらなる証拠ともいえる．[9] の第 10 章には，ここで与える証明が一般の場合にも適用できる形で書かれている．証明が合理的にきれいに短くなる理由は，問題にうまく適合する**動標構**[*89)]を使って計算をするからである．読者はまた多変数の偏導関数の対称性が 2 箇所で重要な役割を果たすことにも注意して欲しい．この公式の特別な場合として，単位速度をもつ曲線 $\eta(u) = (f(u), 0, g(u))$ により定まる回転面の場合には，その第 1 基本形式が $du^2 + f^2 dv^2$ であり，曲率は $-f''/f$ であることはすでに示した (命題 6.20).

● **定理 8.1** —— S を滑らかなパラメータ表示 $\sigma: V \to U \subset S$ をもつ埋め込まれた曲面とし，その第 1 基本形式は $du^2 + G(u,v)dv^2$ の形をしているとする．このときガウス曲率 K について，公式

$$K = \frac{-(\sqrt{G})_{uu}}{\sqrt{G}}$$

が成り立つ．

[*89)] $\mathbf{R}^3$ 内のパラメータ付けされた曲線 $\gamma(t)$ に対し，曲線の接ベクトル方向の単位ベクトル $e(t)$ と曲線の曲がる方向の単位ベクトル $f(t)$ を考えると，3 つのベクトル $e(t), f(t), e(t) \times f(t)$ は $\gamma(t)$ を原点とする正規直交基底をなす．この正規直交基底は $\gamma(t)$ に従って曲線上を動くので，**動標構** (moving frame) と呼ばれる．定理 8.1 の証明では $e, f, \mathbf{N}$ を動標構としている．

証明 V 上の任意の点に対し，$e = \sigma_u, f = \sigma_v/\sqrt{G}$ とおく．これらと $\mathbf{N}$ は $\mathbf{R}^3$ の直交基底をなす (第 1 基本形式に関する仮定を使う)．$e \cdot e = 1$ から微分により $e \cdot e_u = 0, e \cdot e_v = 0$ が得られ，また $f \cdot f = 1$ から $f \cdot f_u = 0, f \cdot f_v = 0$ が得られる．これにより

$$e_u = \alpha f + \lambda_1 \mathbf{N}, \qquad e_v = \beta f + \mu_1 \mathbf{N}$$
$$f_u = -\alpha' e + \lambda_2 \mathbf{N}, \qquad f_v = -\beta' e + \mu_2 \mathbf{N} \qquad (*)$$

と書くことができる．また $e \cdot f = 0$ であるから，

$$e_u \cdot f + e \cdot f_u = 0$$
$$e_v \cdot f + e \cdot f_v = 0$$

が得られる．この 2 つの式を使うと，式 $(*)$ から $\alpha' = \alpha$ と $\beta' = \beta$ が導ける．このとき

$$\alpha = e_u \cdot f = \sigma_{uu} \cdot \sigma_v/\sqrt{G}$$
$$= (\sigma_u \cdot \sigma_v)_u/\sqrt{G} - \frac{1}{2}(\sigma_u \cdot \sigma_u)_v/\sqrt{G}$$
$$= 0 + 0$$

と

$$\beta = e_v \cdot f = \sigma_{uv} \cdot \sigma_v/\sqrt{G}$$
$$= \frac{1}{2} G_u/\sqrt{G} = (\sqrt{G})_u$$

が成り立つ．ここで再び $(*)$ を使い，また $e \cdot f_u = -\alpha = 0$ であることと β に関する上の公式を使うと，

$$\lambda_1 \mu_2 - \lambda_2 \mu_1 = e_u \cdot f_v - f_u \cdot e_v$$
$$= \frac{\partial}{\partial u}(e \cdot f_v) - \frac{\partial}{\partial v}(e \cdot f_u)$$
$$= -\beta_u + 0$$
$$= -(\sqrt{G})_{uu} \qquad (**)$$

が得られる．

ここで命題 6.17 を使う：$\mathbf{N} = \sigma_u \times \sigma_v/\sqrt{G} = e \times f$ に対して

$$\mathbf{N}_u \times \mathbf{N}_v = (a\sigma_u + b\sigma_v) \times (c\sigma_u + d\sigma_v)$$

$$= (ad - bc)\,\sigma_u \times \sigma_v$$
$$= K\,\sigma_u \times \sigma_v$$

が成り立つ．したがって

$$K\sqrt{G} = (\mathbf{N}_u \times \mathbf{N}_v) \cdot \mathbf{N} = (\mathbf{N}_u \times \mathbf{N}_v) \cdot (e \times f)$$
$$= (\mathbf{N}_u \cdot e)(\mathbf{N}_v \cdot f) - (\mathbf{N}_u \cdot f)(\mathbf{N}_v \cdot e)$$
$$= (\mathbf{N} \cdot e_u)(\mathbf{N} \cdot f_v) - (\mathbf{N} \cdot f_u)(\mathbf{N} \cdot e_v)$$

が得られる（最後の等号では $\mathbf{N} \cdot e = 0$ より $\mathbf{N}_u \cdot e + \mathbf{N} \cdot e_u = 0$ と $\mathbf{N}_v \cdot e + \mathbf{N} \cdot e_v = 0$ が成り立ち，また f についても同様の公式が成り立つことを使っている）．

これらの内積を計算すると

$$K\sqrt{G} = \lambda_1 \mu_2 - \lambda_2 \mu_1$$
$$= -(\sqrt{G})_{uu}$$

となり（2つ目の等号は $(**)$ から従う），よって公式

$$K = -(\sqrt{G})_{uu}/\sqrt{G}$$

が得られる． □

埋め込まれた曲面 $S \subset \mathbf{R}^3$ 上の点 P について，P における測地的極座標 (ρ, θ) は第1基本形式（つまり計量）にのみ依存し，したがって関数 $G(\rho, \theta)$ についても同じことがいえる．S 上の対応する座標近傍における曲率は $K = -(\sqrt{G})_{\rho\rho}/\sqrt{G}$ で与えられる．点 P は $\rho = 0$ に対応するが，技術的な理由で P はこの座標近傍には含まれない．実際，補題 7.16 より $\lim_{\rho \to 0} G = 0$ となり，分母は 0 に収束してしまう．しかしながら，ここで扱っている関数は曲率も含めすべて滑らかであり，よって上の等式は（$\rho \to 0$ の極限として）P の曲率を決定する．そして，その帰結として，ガウスでさえ誇りとした次に述べる系が導かれる．ただし，ここで与えた証明は彼の証明とは異なるものである．ガウス自身，この結果を表す言葉として，egregium という形容詞を用いた（これは**驚異の**あるいは**傑出した**という意味をもつ）．

● **系 8.2**（ガウスの驚異の定理（Gauss's Theorema Egregium））── 埋め込まれた曲面の曲率は第1基本形式にのみ依存する．とくに，2つの埋め込まれた曲面が局所的に等長な座標近傍をもつならば，その曲率は局所的に等

しい. □

8.2 | 滑らかな抽象曲面と等長写像

第 4 章で, $\mathbf{R}^2$ の開部分集合上の任意のリーマン計量について学んだ. 第 6 章では, $\mathbf{R}^3$ 内に埋め込まれた曲面 S について学んだ. これらは S の開部分集合と $\mathbf{R}^2$ の開部分集合を同相写像で同一視する座標近傍により被覆され, この同一視は命題 6.2 により $\mathbf{R}^2$ のこれらの開部分集合上の自然な C^∞-構造と合致する. また, $\mathbf{R}^2$ のこれらの開部分集合は ($\mathbf{R}^3$ の標準内積により接空間に誘導される) 第 1 基本形式に対応するリーマン計量をもち, 上の同一視はこれらの計量とも合致している. ここで, この 2 つの章における幾何の性質を上手く抽出して, その両方を含む概念である**リーマン計量をもつ抽象曲面**に一般化する.

● **定義 8.3** —— 以下の条件を満たす開部分集合 $U_i \subset S$ から開部分集合 $V_i \subset \mathbf{R}^2$ への同相写像 (i は添え字集合 I を動く) をもつ距離空間 S を (**滑らかな**) **抽象曲面**[*90)]という:

(i) $S = \bigcup_{i \in I} U_i$.
(ii) $i, j \in I$ について, 写像 $\phi_{ij} := \theta_i \circ \theta_j^{-1} : \theta_j(U_i \cap U_j) \to \theta_i(U_i \cap U_j)$ は微分同相写像.
(iii) さらに, 空間 S は**連結**であると仮定しておく.

埋め込まれた曲面の場合と同様に, θ_i を**座標近傍**, θ_i の集まりのことを**アトラス**と呼ぶ (定義 6.5 を参照). また ϕ_{ij} を**座標変換**あるいは**推移関数**と呼ぶ. 以下では, 曲面をしばしば単に S で表す.

S がコンパクトであるとき, S は**閉曲面**であるという. たとえば, ボルツァノ・ワイエルストラスの定理により, 埋め込まれた曲面 $S \subset \mathbf{R}^3$ がコンパクトであることとそれが $\mathbf{R}^3$ 内で閉かつ有界であることは同値である.

与えられた連続な曲線 $\gamma : [a, b] \to S$ について, $\gamma(t) \in U_i$ となるすべての座標近傍 $\theta_i : U_i \to V_i$ に対して合成 $\theta_i \circ \gamma$ が局所的に V_i 上の滑らかな曲線であるとき, γ は**滑らか**であるという. 座標変換は定義より滑らかであるから, こ

[*90)] Abstract surface の訳. "埋め込まれた" などの制約のない一般の曲面のこと. 多様体論の言葉を借りて 2 次元微分可能多様体と呼ぶのが最も適確な訳語かもしれない.

の条件は $\gamma(t)$ を含む座標近傍の選び方によらない．

(あるアトラスをもつ) 滑らかな抽象曲面 S について，S 上の**リーマン計量**は座標近傍 $\theta_i : U_i \to V_i \subset \mathbf{R}^2$ の像 V_i 上の次の両立条件を満たすリーマン計量で与えられる：すべての i, j (そして $\phi = \phi_{ij}$) に対し，

$$\langle d\phi_P(\mathbf{a}), d\phi_P(\mathbf{b}) \rangle_{\phi(P)} = \langle \mathbf{a}, \mathbf{b} \rangle_P$$

$\underbrace{\qquad\qquad\qquad}_{V_i \text{ 上の計量により定まる内積}} \qquad \underbrace{\qquad\qquad}_{V_j \text{ 上の計量により定まる内積}}$

がすべての $P \in \theta_j(U_i \cap U_j)$ と $\mathbf{a}, \mathbf{b} \in \mathbf{R}^2$ について成り立つ．これは単に，第4章の意味で，座標変換がそれら $\mathbf{R}^2$ の開部分集合上のリーマン計量について等長写像であるという条件である．

これにより抽象曲面 S 上の曲線の長さやエネルギー，S 上の領域の面積，そして S 上の測地線は，対応する座標近傍を見ることで定義できる（これは埋め込まれた曲面の場合のまったくの類似である）．これらの概念が正しく定義されているという事実は，長さ，エネルギー，そして面積の等長写像についての不変性から従う．長さと面積については第4章で証明され，そこでの長さの不変性の証明はエネルギーの不変性に対しても同様に適用される．

○ **例** —— この本では次の3つの古典幾何を扱ってきた：
 (i) ユークリッド計量 $dx^2 + dy^2$ をもつユークリッド平面 $\mathbf{R}^2$．
 (ii) $\mathbf{R}^3$ 内のユークリッド計量から誘導される計量をもつ埋め込まれた曲面 $S^2 \subset \mathbf{R}^3$．
 (iii) リーマン計量 $4(dx^2 + dy^2)/(1 - (x^2 + y^2))^2$ をもつ双曲平面の単位円板モデル D，あるいは同値な空間として，リーマン計量 $(dx^2 + dy^2)/y^2$ をもつ上半平面モデル H．

(i) と (iii) の場合は，リーマン計量をもつ抽象曲面を定義するためには，たった1つの座標近傍 ($\theta = \mathrm{id}$) があれば十分である．ヒルベルトの定理により，双曲平面は埋め込まれた曲面としては実現できない．

○ **例** —— トーラス面 $T \subset \mathbf{R}^3$ が射影 $\varphi : \mathbf{R}^2 \to T$ から得られる自然な座標近傍 $\theta : U \to V$ をもつことを前に述べた．ここで U は T 内の2つの円の補集合であり，V は $\mathbf{R}^2$ 内の単位正方形の内部である．この場合，そのような座標近傍からなるアトラスにおける座標変換は**局所的**には単に $\mathbf{R}^2$ の平行移動であ

り，よって $\mathbf{R}^2$ 上のユークリッド計量について，抽象曲面であるために必要な等長写像という条件は明らかに満たされている — 演習 8.1 にも注意．これにより，T は局所ユークリッド計量をもつ滑らかな抽象曲面であることが従う．

T 上に定まる別のリーマン計量も存在する．T を $\mathbf{R}^3$ 内に埋め込まれた曲面としたときに得られる計量もその 1 つであり，これは第 6 章で扱った（そこでは埋め込まれたトーラス面を回転面として考えることで話が簡単になった）．しかし，このような計量よりも局所ユークリッド計量の方が T 上のより自然な計量といえる．第 6 章で述べたように，局所ユークリッド計量をもつ T は $\mathbf{R}^3$ 内の埋め込まれた曲面としては実現できない．また T はコンパクトであるから，それは $\mathbf{R}^2$ の開部分集合とも同相にはならない．

リーマン計量をもつ抽象曲面 S が与えられると，第 4.3 節と同じ方法で
$$\rho_S(x_1, x_2) = \inf\{\Gamma \text{の長さ} : \Gamma \text{ は } x_1 \text{ と } x_2 \text{ を結ぶ区分的に滑らかな曲線}\}$$
により S 上に内在的距離が定義される．これには 2 重の含蓄がある．抽象曲面の通常の定義は距離空間よりもむしろハウスドルフ位相空間[*91] の言葉で与えられる．それにも関わらず，リーマン計量を使うことで上のレシピにより空間上に自然な距離が定義されるのである．さらに，距離空間の言葉により抽象曲面を定義したとすると，与えられた距離は考えるべき自然な距離でないかもしれない．たとえば，埋め込まれた曲面 $S \subset \mathbf{R}^3$ について，$\mathbf{R}^3$ 内の距離を使って S 上の 2 点の距離を定めると，その距離は (S は連結であると仮定しても) 考えるべき自然な距離である (第 1 基本形式により与えられる) S 上のリーマン計量から定まる距離とは異なるものになる．

● **定義 8.4** —— 抽象曲面の間の写像 $f : X \to Y$ について，$U \cap f^{-1}(U^*) \neq \emptyset$ を満たす X の任意の座標近傍 $\theta : U \to V$ と Y の任意の座標近傍 $\theta^* : U^* \to V^*$ の組に対し，合成
$$\bar{f} = \theta^* \circ f \circ \theta^{-1} : \theta(U \cap f^{-1}(U^*)) \subset V \to V^*$$
が滑らかであるとき，f は **滑らか** であるという．これは，X と Y の領域たちを座標近傍を使って $\mathbf{R}^2$ の開部分集合と同一視して考えると，$\mathbf{R}^2$ の開部分集

[*91] 位相空間 X 内の任意の 2 点 a, b に対し，X の開集合 U, V で $a \in U, b \in V$ かつ $U \cap V = \emptyset$ となるものがつねに存在するとき，X を **ハウスドルフ空間** という．とくに，距離空間はハウスドルフ空間である．たとえば [内田] の §21 を参照．

合の間に誘導される写像は滑らかということである．

滑らかな写像 f が滑らかな逆写像をもつとき，f を**微分同相写像**という．

ここで X および Y がリーマン計量をもつとする．滑らかな写像 f について，上のすべての座標近傍の組に対して $\bar{f}$ がリーマン計量を保つとき，つまり，すべての $P\in\theta(U\cap f^{-1}(U^*))$ と $\mathbf{a},\mathbf{b}\in\mathbf{R}^2$ について

$$\langle\mathbf{a},\mathbf{b}\rangle_P = \langle d\bar{f}_P(\mathbf{a}),d\bar{f}_P(\mathbf{b})\rangle^*_{\bar{f}(P)}$$

座標近傍 θ 座標近傍 θ^*
についての内積　　についての内積

であるとき，f は**局所等長写像**であるという．f がさらに微分同相写像であるとき，これを**等長写像**という —— このとき長さと面積は f により保たれる．さらに等長写像は上で定義した計量から定まる内在的距離も保つことになる，つまり，すべての $x_1,x_2\in X$ について $\rho_Y(f(x_1),f(x_2))=\rho_X(x_1,x_2)$ が成り立つ．

○ **例** ——　(i) 第 5 章において，双曲平面の上半平面モデルと円板モデルの間の等長写像 $H\to D$ を定義した —— 実際には H 上のリーマン計量を，2 つのモデルの間に与えた写像が等長写像になるように定義した．

(ii) トーラス面 T を商写像 $\varphi:\mathbf{R}^2\to T$ により得ることができる．

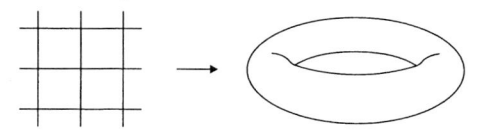

T 上に局所ユークリッド計量を定め，$\mathbf{R}^2$ 上にユークリッド計量を定めると，φ は局所等長写像であるが，写像全体は明らかに等長写像ではない．

(iii) 種数 g の向き付け可能な閉曲面 S 上に S の局所双曲計量が存在すること，また，双曲平面から S への局所等長写像 $f:D\to S$ が存在することが証明できる．

第 7 章での理論はすぐにリーマン計量をもつ任意の滑らかな抽象曲面 S に拡張され，任意の点 $P\in S$ の正規近傍 W，そして計量が $d\rho^2+G(\rho,\theta)d\theta^2$ の形になるような測地的極座標 (ρ,θ) が得られる．ここで $G(\rho,\theta)$ はこの座標における滑らかな関数である．定理 8.1 より $W\setminus\{P\}$ のすべての点において，

ガウス曲率を公式

$$K := -(\sqrt{G})_{\rho\rho}/\sqrt{G}$$

により**定義**すべきであることがわかる．定理 8.1 により，これは埋め込まれた曲面についてのガウス曲率の定義と一致している．ここで，正規近傍 W に付加的な条件を加えた**強正規近傍**という概念を導入する．

● **定義 8.5** —— 正規近傍 W について，W の 2 点が W 内において高々 1 つの測地線で結ばれるとき，W を**強正規近傍**という．たとえば，球面上の半径 $\delta > 0$ の開球体は $\delta < \pi$ のとき正規近傍であるが，$\delta < \pi/2$ でない限り強正規近傍ではない．より一般に各点の十分小さな正規近傍はつねに強正規近傍であることを命題 8.12 で示す (これは第 8.4 節の強凸の定義から従う)．読者に注意しておくと，ここで導入した用語は標準的な用語ではない．

上で述べた定義が曲率の良い定義であるために，2 つのことを示す必要がある：
(i) 任意の $Q \in S$ について，ある点 $P \neq Q$ の強正規近傍 W で $Q \in W$ を満たすものが見つけられる．
(ii) K の値はこの点 P と強正規近傍 W の選び方にはよらない．

ここでは (i) が成り立つことを示し，(ii) は次の節で証明することにする．点 $Q \in S$ が与えられると，命題 8.12 により強正規近傍である半径 $\delta > 0$ の測地球体 $B(Q, \delta)$ を選ぶことができる．閉球体 $\bar{B} = \bar{B}(Q, \delta/2)$ で与えられるコンパクトな部分集合を考えると，各点 $P \in \bar{B}$ について，開球体 $B(P, \varepsilon(P))$ が P の正規近傍になるような $0 < \varepsilon(P) < \delta/2$ が存在する．さらに ε を P の連続関数になるように選ぶことができる (定理 7.13)．そうすると，それは $\bar{B}$ 上に最大値および最小値をもち (演習 1.10)，よってすべての $P \in \bar{B}$ について $B(P, \varepsilon_0)$ が P の正規近傍になるような $0 < \varepsilon_0 < \delta/2$ が存在する．すべての P について $B(P, \varepsilon_0) \subset B(Q, \delta)$ であるから，これらは実際，強正規近傍になっている．ここでとくに，Q からの距離が ε_0 より短いような任意の点 $P \neq Q$ を選ぶと，Q は 1 点を除いた強正規近傍 $B(P, \varepsilon_0) \setminus \{P\}$ 内の点となり，よって (i) が得られる．

ここでの定義がこの測地的極座標系の選び方によらないことを示せさえすれば，点 $P \in S$ の任意の強正規近傍 W に対して曲率は $W \setminus \{P\}$ で滑らかな関数であるから，上の定義の帰結として曲率は S 上の滑らかな関数であることが

従う．

 (ii) の証明に進む前に，ここでの曲率の定義を 3 つの古典幾何を使って見てみよう．$\mathbf{R}^2$ と S^2 については，両方とも埋め込まれた曲面であるから，ここでの曲率の定義から正しい値が得られることはすでにわかっている．双曲平面の円板モデル D の場合，任意の点 $P \in D$ に対して，P を原点に移す D の等長変換を見つけることができる．よって以下の (iii) で行う計算により，曲率はすべての点で -1 であることが確認できる．

○ **例** —— (i) $\mathbf{R}^2$ の場合，$\rho = r$ であり，計量は $d\rho^2 + \rho^2\, d\theta^2$ である．よって $\sqrt{G} = \rho$ であり，$K = 0$ となる．

(ii) S^2 の場合，計量は各点の近傍において (測地的極座標を使って) $d\rho^2 + \sin^2\rho\, d\theta^2$ で与えられる．したがって $\sqrt{G} = \sin\rho$ であり，よって $(\sqrt{G})_{\rho\rho} = -\sqrt{G}$ より $K = 1$ となる．

(iii) 双曲平面の円板モデルの場合，リーマン計量は (測地的極座標を使って) $d\rho^2 + \sinh^2\rho\, d\theta^2$ で与えられる．したがって $\sqrt{G} = \sinh\rho$ であり，$K = -1$ となる．

8.3 | 測地 3 角形に対するガウス・ボンネ

S をリーマン計量をもつ滑らかな抽象曲面とする．適当な領域 $R \subset S$ と R 上の連続関数 K について積分 $\int_R K\, dA$ を考えることができる．これは座標 (u, v) をもつ適当な座標近傍上で定められる —— 通常の表記を使うと，それは単に $\int K (EG - F^2)^{1/2}\, du\, dv$ であり，ここで積分は $\mathbf{R}^2$ 上の適当な領域上で行われる．S 上の 2 つの異なる座標近傍の定義域の共通部分に含まれる領域について，座標変換は (定義から) リーマン計量に関する等長写像であり，積分が正しく定義されていることは命題 4.7 の証明のように示すことができる．これにより，たとえ R の定義域が複数の座標近傍にまたがっていても積分を定義できることがわかる．$K = 1$ のときは，それはちょうど R の面積になる．

積分について，ここでとくに興味がある領域は S 上の (測地) 多角形であり，それは S^2 と T の場合の定義 3.4 と同じように定義される．さらに重要なのは**測地 3 角形**であり，その辺は (球面 3 角形の場合と同じように) 両端の頂点を結ぶ最短曲線であると仮定しておく．しかしこの定義だと，球面 3 角形を例に考えると，球面 3 角形の補集合も球面 3 角形に含まれてしまうことになる —— こ

れを避けるために，測地3角形はその頂点の1つの強正規近傍に含まれているという付加的条件を課すのが通例である．

そのような測地3角形の内角は任意の適当な座標近傍上のリーマン計量による辺の接ベクトルの内積により決定される (後で内角は π より小さいことを示す)．抽象曲面上のリーマン計量の定義における両立条件より，これは座標近傍の選び方によらない．

● **補題 8.6** —— W を $A \in S$ の強正規近傍とし，B, C を $W \setminus \{A\}$ 内の異なる点で，B と C を結ぶ最短線分を含む W 内の測地線 Γ は A を通らないとする．このとき，頂点 A, B, C は W 内の測地3角形を (一意的に) 決定する．

証明 Γ 上の各点 P について，A を始点とし P を通る (一意的な) 測地半直線は Γ と点 P においてのみ交わる．なぜなら，もし Γ と他の点 $Q \neq P$ で交わったとすると，(A からの測地半直線上の線分 PQ は明らかに Γ の一部にはなりえないから) W 内に P と Q を結ぶ2つの測地線が存在することになり，これは W が**強正規近傍**であるという仮定に矛盾する．ここで W は，定理 7.13 より，ある開球体 $B_\varepsilon = B(0, \varepsilon)$ のパラメータ表示 σ による像である．A からの測地半直線は B_ε 内では原点からの半直線に対応する．すると W 内の Γ に対応する B_ε 内の測地線は，AB と AC に対応する原点からの半直線により定まる $B(0, \varepsilon)$ 内の角度 α $(< \pi)$ の扇形に含まれる．この最後の主張は W が**強正規近傍**であることから従う．なぜなら，そうでなければ曲線は反対側にある角 $2\pi - \alpha$ の扇形に含まれることになり，するとその曲線は AB を含む**直径**と2回 (原点の両側で1回ずつ) 交わるので，その曲線と直径は同じ2点を結ぶ B_ε 内の異なる測地線になってしまうからである．

測地線分 BC は仮定から最短であり，測地線分 AB と AC も系 7.18 より最短である．W 内の3つの測地線分 AB, BC, CA をつないだ道は B_ε 内の単純閉曲線に対応する —— とくに，$\mathbf{R}^2$ 内におけるその補集合はちょうど2つの連結成分をもち，そのうち有界な方は B_ε に含まれている (演習 1.13 を参照)．さらにこの有界成分の閉包は，原点から伸びる線分を角度 $[\theta_0, \theta_0 + \alpha]$ の範囲で動かしたときの和集合として得られる．ここで α は測地3角形の A における内角である —— この集合の σ による像が探している W 内の測地3角形である．上の構成から，3角形のすべての内角は π より小さいことがわかる (この事実は前に引用した)． □

ここで測地 3 角形 $\triangle = ABC$ はその頂点の 1 つ A の強正規近傍 W に含まれていると仮定する．W 上の測地的極座標 (r, θ) を考えると，1 点を除いた近傍においてリーマン計量は $dr^2 + G(r, \theta) d\theta^2$ の形で与えられる．$W \setminus \{A\}$ 上の曲率関数 K を前節の公式，つまり $K := -(\sqrt{G})_{\rho\rho}/\sqrt{G}$ で定義する．

● **命題 8.7** ── 測地 3 角形 $\triangle$ はその頂点の 1 つの強正規近傍に含まれているとし，その内角を α, β, γ とする．曲率関数 K をこの強正規近傍から 1 点を除いた領域で上のように定義したとき，
$$\int_\triangle K \, dA = (\alpha + \beta + \gamma) - \pi$$
が成り立つ．

証明 この命題の最も直接的な証明は，双曲 3 角形の場合に与えた証明と同様，積分を具体的に行う証明である．強正規近傍に測地的極座標 (r, θ) を与え，開部分集合 $U \subset S$ に対して，対応するパラメータ表示を $\sigma : V \to U$ と書くことにする．ここで V は $(0, \delta) \times (\lambda, \lambda + 2\pi)$ という形をしている $\mathbf{R}^2$ の開部分集合である．A を含む 3 角形の各辺は θ 座標を定数とすることに対応する．これらを $\theta = 0$ および $\theta = \alpha$ と仮定し，$[0, \alpha] \subset (\lambda, \lambda + 2\pi)$ となるように λ を選んだと仮定しておく．そのようなパラメータ表示を測地的極座標により得ることについて，その像は 3 角形の頂点 A を含んでいないという小さな問題が生じるが，ここで実行する積分が頂点 A を無視したことの影響を受けないように極限の議論を適切に行うことで，これを回避することができる．よって V 上の対応するリーマン計量 $\langle \, , \, \rangle$ は単に $dr^2 + G(r, \theta) \, d\theta^2$ となる．

測地 3 角形の第 3 の辺 Γ，つまり辺 BC 上の各点 P について，A を始点とし P を通る (一意的な) 測地半直線は Γ と点 P でのみ交わること，そして 3 角形はちょうど A から Γ 上の点 P までのそのような測地線分の和集合になることを上で見た．

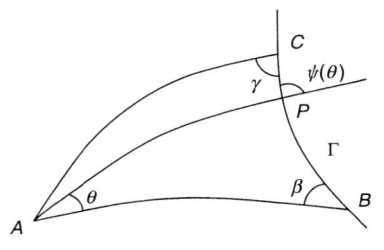

したがって，Γ は座標 θ を使ってパラメータ表示でき，$0 \leq \theta \leq \alpha$ について，測地半直線 γ_θ と Γ との唯一の交点を $\Gamma(\theta) = \sigma(f(\theta), \theta)$ で表せることがわかる ($B = \Gamma(0)$, $C = \Gamma(\alpha)$ である). ここで関数 $f(\theta)$ はちょうど A から点 $P = \Gamma(\theta)$ までの測地線の長さである. 曲線 Γ と与えられた θ の値に対応する測地線との交点における，図に示す位置の角度を $\psi(\theta)$ と書くことにする. とくに $\psi(0) = \pi - \beta$, $\psi(\alpha) = \gamma$ である.

ここからは座標近傍 V 上で話を進める. 3角形の3辺は半直線 $\theta = 0$ と $\theta = \alpha$, そして曲線 $\eta(\theta) = (f(\theta), \theta)$ で与えられている. s を η の弧長とすると，たとえば $ds/d\theta = \|\eta'(\theta)\| = \left(f'(\theta)^2 + G(f(\theta), \theta)\right)^{1/2} > 0$ が成り立つ. この式を $h(\theta)$ とおく. ここで記号 ′ は変数 θ による微分を表している (証明の残りの部分でも同様とする). η を弧長によりパラメータ表示すると，それは測地線の方程式 (7.3) を満たす. 第1式は $2d^2f/ds^2 = G_r (d\theta/ds)^2$ であり，θ による導関数の言葉で書くと，

$$\frac{1}{h}\left(\frac{1}{h}f'\right)' = \frac{1}{2h^2}G_r$$

となる. この計量に関して e_1 と $e_2/\sqrt{G}$ が $\mathbf{R}^2$ の直交基底をなし，$\eta'(\theta) = (f'(\theta), 1)$ のノルムが $h(\theta)$ であることがわかっている. 角度 ψ は関係式 $\cos\psi = \langle e_1, \eta' \rangle / h = f'/h$ により与えられる. また関係式

$$h\sqrt{G}\sin\psi = \langle e_2, \eta' \rangle = \|e_2\|^2 = G$$

つまり $\sin\psi = \sqrt{G}/h$ が成り立つ. これら2つの関係式のうちの最初の関係式を s について微分すると，上の測地線の条件を使うことで $-\psi' \sin\psi/h = (f'/h)'/h = G_r/2h^2$ が得られ，したがって (第2式を使って $\sin\psi$ を代入すると)

$$\psi' = -\frac{1}{2}G_r/\sqrt{G} = -(\sqrt{G})_r$$

が得られる. 曲率関数の公式 $K = -(\sqrt{G})_{rr}/\sqrt{G}$ を使うと，計算したい積分は

$$\int_\triangle K\, dA = \int_0^\alpha \int_0^{f(\theta)} K\sqrt{G}\, dr\, d\theta = -\int_0^\alpha \int_0^{f(\theta)} (\sqrt{G})_{rr}\, dr\, d\theta$$

となる. r について積分し，関係式 $\psi'(\theta) = -(\sqrt{G})_r(f(\theta), \theta)$ と $r \to 0$ のとき $(\sqrt{G})_r \to 1$ となるという事実 (注意 7.17 を参照) を使うと，主張した式

$$\int_\triangle K\, dA = \int_0^\alpha (\psi' + 1)\, d\theta = \gamma - (\pi - \beta) + \alpha$$

が得られる. □

ここで曲率が測地的極座標系の選び方に依存せず正しく定義されていることを示す —— その途中の定義 8.8 において,曲率がより幾何的な定義により復元される.

W をある点 $P \in S$ の強正規近傍とする.すると W 上の測地的極座標 (r, θ) について,リーマン計量は $W \setminus \{P\}$ 上で $dr^2 + G(r,\theta)d\theta^2$ の形で与えられ,そこで $W \setminus \{P\}$ 上の滑らかな関数 K を $K := -(\sqrt{G})_{\rho\rho}/\sqrt{G}$ で定義する.

任意の点 $Q \in W \setminus \{P\}$ を 1 つ選ぶ.後の補題 8.13 において,十分小さい $\varepsilon > 0$ について,Q を中心とする半径 ε の測地球体 U は,U 内の任意の異なる 3 点 A, B, C は U 内に測地 3 角形を一意的に定めるという性質をもつことが示される.さらに $U \subset W \setminus \{P\}$ となるように ε を選ぶと仮定しておく.そのような 3 角形は下の図に示すように,W 内の 3 つの測地 3 角形 PAB, PBC, PCA の和集合と差集合の組み合わせにより表すことができる (3 つ目の図は PBC が退化している場合を描いたもので,この場合は 2 つの 3 角形の差集合で表される).**強正規近傍** W を考える一番の理由は,これらの 3 角形の存在を確かなものにするためである (補題 8.6).

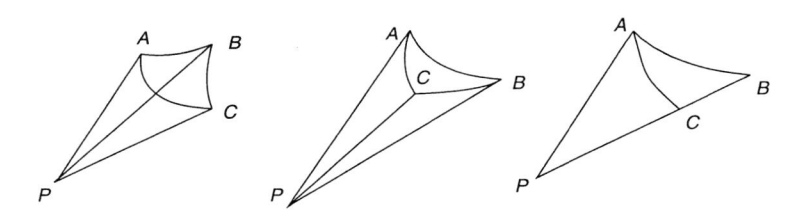

命題 8.7 を測地 3 角形 PAB, PBC, PCA のそれぞれに適用することができる.得られた公式の適当な和および差を考えることで,$\triangle$ の内角 α, β, γ について $\int_\triangle K \, dA = (\alpha + \beta + \gamma) - \pi$ が導かれる.

ここで U が上のような Q の近傍で,P_1 の強正規近傍 $W_1 \setminus \{P_1\}$ と P_2 の強正規近傍 $W_2 \setminus \{P_2\}$ という 2 つの異なる近傍に含まれているとしたとき,それぞれに対応する U 上の曲率関数を K_1 および K_2 と書くと,上の議論から任意の 3 角形 $\triangle \subset U$ について

$$\int_\triangle K_1 \, dA = \int_\triangle K_2 \, dA$$

が成り立つことがわかる．ここで点 Q を**含む**(たとえば点 Q を頂点とする)もっともっと小さな 3 角形 $\triangle \subset U$ を選ぶことで，$K_1(Q) = K_2(Q)$ を導くことができる．これは，上で定義した抽象曲面の曲率は測地的極座標系の選び方によらないという，前節で述べた 2 つ目の主張である．

さらに，上で与えた幾何的意味のわかりにくい曲率の定義は，幾何的な意味をもつ次の定義と同値であることがわかる：

● **定義 8.8** —— 任意の点 $Q \in S$ における曲率は，Q を含む直径が小さい測地 3 角形 $\triangle$ から，公式
$$K = \lim_{\triangle \text{の直径} \to 0} \left(\frac{\sum \triangle \text{の内角} - \pi}{\triangle \text{の面積}} \right)$$
により復元される[*92]．

ここまでで曲率関数が正しく定義され，かつ良い振舞いをすることを示したが，他にもより深い考察を与える同値な定義がある．P をリーマン計量をもつ滑らかな抽象曲面 S 上の点とすると，リーマン計量が $d\rho^2 + G(\rho, \theta) d\theta^2$ となるような P における測地的極座標 (ρ, θ) が得られる．補題 7.16 より，$\sqrt{G(\rho, \theta)}$ は ρ と θ の滑らかな関数である (注意 7.17 も参照)．簡単のため，θ に依存する係数をもつ ρ のベキ級数として展開されていると仮定すると (一般の場合については簡単な方法で拡張できるので，それは読者に任せることにする)，注意 7.17 から $\rho \to 0$ に従って $\sqrt{G} \to 0, (\sqrt{G})_\rho \to 1$ となり，P における曲率が $K = \lim_{\rho \to 0} (\sqrt{G})_{\rho\rho} / \sqrt{G}$ で特徴付けられるという事実により，$\sqrt{G}$ は局所的に
$$\sqrt{G(\rho, \theta)} = \rho(1 - K\rho^2/6 + \rho \text{ に関する高次の項})$$
という形をしていることがわかる．注意 7.17 と比べて，$\sqrt{G}$ の展開の中の 2 つの項がさらに決定されていることを付け加えておく．

ここで P を中心とする半径 ε の小さい測地円を考え，円周を $C(\varepsilon)$，面積を $A(\varepsilon)$ としたとき，曲率 K は
$$3(2\pi\varepsilon - C(\varepsilon))/\pi\varepsilon^3 \quad \text{と} \quad 12(\pi\varepsilon^2 - A(\varepsilon))/\pi\varepsilon^4$$
に対し $\varepsilon \to 0$ としたときのそれぞれの極限として復元されることが簡単に確

[*92] ロピタルの定理を使うと，この極限が曲率と一致することが確認できる．

認できる*93).　上の数段落で与えた曲率の幾何的な特徴付けは，球面や双曲平面という特別な場合に行ってきた計算の一般化である．

○ **注意** ── 曲率 K が正しく定義されていることが示されたので，命題 8.7 は測地 3 角形のガウス・ボンネの公式と考えられる．これは次の節で証明する大域的*94)なガウス・ボンネの定理の証明において重要な道具となる．

曲率に関する基本的な結果を 2 つ述べて，この節を終わりとする．最初の結果は計量を正の実数 c^2 倍することにより曲率がどのように変化するかを表すものである．たとえば，半径 $c > 0$ の球面の曲率は $1/c^2$ である．

● **補題 8.9** ── S をリーマン計量 g をもつ曲率 K の曲面とする．S の計量を定数倍して $c^2 g$ としたとき，その曲率は K/c^2 になる．

証明　これは，与えられた点 Q を含む小さい測地 3 角形を使った上の曲率の定義から非常に簡単に従う．計量を定数倍しても角度は変わらず，よって Q を含む小さい 3 角形 $\triangle$ について $\int_\triangle K\, dA$ は不変である．$\triangle$ の面積は c^2 倍されるから，主張は上の定義から直接従う．　□

球面計量，ユークリッド計量あるいは双曲計量のいずれかと局所等長なリーマン計量をもつ滑らかな抽象曲面を考える．このとき，S 上のガウス曲率は定数である，つまりそれぞれについて $1, 0, -1$ である．ここでこの主張の逆を証明する．これは，定曲率の計量をもつ曲面は (計量を定数倍することで) 3 つの基本的な古典幾何のいずれかの開部分集合と局所等長になるという，Minding による古典的結果である．

● **定理 8.10** ── 定曲率 K のリーマン計量 g をもつ滑らかな曲面 S について，計量を適当に定数倍することで，曲面 S は ($K > 0, K = 0, K < 0$ に従って) $S^2, \mathbf{R}^2$ あるいは双曲平面の開部分集合と局所等長になる．

証明　計量を定数倍することができるので，補題 8.9 から，曲率は $K = 1, 0, -1$ のいずれかであると仮定できる．測地的極座標を使い，計量を

$$d\rho^2 + G(\rho, \theta) d\theta^2$$

---

*93)　これもロピタルの定理を使って確認する．[梅原-山田] の 117-118 ページを参照．
*94)　局所的の反意語．

としておく．注意 7.17 において，$\rho \to 0$ としたとき $G \to 0$ および $(\sqrt{G})_\rho \to 1$ となることを見た．

ここで θ の値を固定して $f(\rho) = \sqrt{G(\rho, \theta)}$ とする．曲率の公式から，関数 $f(\rho)$ は微分方程式

$$f_{\rho\rho} + Kf = 0$$

を満たすことがわかる．$\rho \to 0$ としたとき $f \to 0, f_\rho \to 1$ となることから，3 つの場合について，それぞれ $f = \sin \rho, f = \rho, f = \sinh \rho$ を導くことができる．これを使うと，上の適当な標準モデルの開部分集合への等長写像が局所的に存在することの証明は簡単な演習問題である (演習 8.4). □

8.4 | 一般の閉曲面に対するガウス・ボンネ

S をリーマン計量をもつコンパクトで滑らかな抽象曲面とする．(第 3 章の球面とトーラス面の場合と同様に) S の 3 角形分割のオイラー数を，$F =$ 面の数, $E =$ 辺の数, $V =$ 頂点の数 に対して $e = F - E + V$ で定義する．これがその曲面の位相不変量であることを，S の任意の位相 3 角形分割を同じオイラー数をもつ多角形分割に置き換え，一般化された大域的なガウス・ボンネの定理を証明するという，球面とトーラス面に対して使った方法とほとんど同じ方法で示す．

コンパクトで滑らかな抽象曲面 S から始めると，S 上のリーマン計量と 3 角形分割の両方の存在は簡単な方法により従う．たとえば $\mathbf{R}^3$ 内に埋め込まれた種数 g の閉曲面は誘導されるリーマン計量をもち，また第 3 章での議論により 3 角形分割が存在する．一般の S 上のリーマン計量の存在は，座標近傍上の局所リーマン計量を単に貼り合わせるという簡単な議論により従う ([6] の補題 2.3.3 あるいは [12] の 309 ページ)．一般の S の 3 角形分割の存在は，そのような計量とこの節の凸性についての議論を使って**測地 3 角形分割を作ること**が，おそらく最も簡単な証明である．最初に S の (測地) 多角形分割が存在することを証明し ([6] の定理 2.3.A.1 を参照)，それからさらに分割することで測地 3 角形分割を得る．

球面とトーラス面の場合について前に与えた大域的なガウス・ボンネの定理の証明とオイラー数の位相不変性の証明 (とくに定理 2.16 の証明と第 3 章の付録にある詳細な議論) は，適切な凸開近傍の存在さえ証明できれば，あとは本

質的に何も変えずにリーマン計量をもつ一般のコンパクト曲面 S の場合に適用できる．したがって最初に凸性について何か議論する必要がある．

第2章と第3章において，球面あるいは局所ユークリッド距離をもつトーラス面が凸とはどういうことかを定義した．この定義は一般の曲面 S の部分集合 B にそのまま一般化される．

● **定義 8.11** —— S をリーマン計量をもつ抽象曲面とする．S の部分集合 B について，任意の $Q_1, Q_2 \in B$ に対し Q_1 と Q_2 を結ぶ S 内の最短測地線が一意的に存在し，その曲線が B に含まれているとき，B は**凸**であるという．S の部分集合 B が凸であり，かつ任意の点 $Q_1, Q_2 \in B$ について，2点を結ぶ唯一の最短測地線以外に B に含まれる測地線が存在しないとき，B は**強凸**であるという．

たとえば，球面の場合は半径が $\pi/2$ よりも短い開球体，局所ユークリッド距離をもつトーラス面の場合は半径が $1/4$ よりも短い開球体は強凸であることが簡単に確認できる．ここでリーマン計量をもつ任意の曲面 S に対して，強凸な開近傍の存在を証明する．ただし，この議論の重要な部分はすでに第7章の最後の補題 7.19 で扱っている．

● **命題 8.12** —— P をリーマン計量をもつ抽象曲面 S 上の任意の点とする．十分小さいすべての $\varepsilon > 0$ に対し，次の2つの性質が成り立つ．
 (i) 測地開球体 $B(P, \varepsilon)$ は強凸である．
 (ii) 任意の $Q \in B(P, \varepsilon)$ に対し，測地開球体 $B(Q, 2\varepsilon)$ は Q の強正規近傍である．

証明 定理 7.13 内で定義したように P の正規近傍 $W_0 = \sigma(B_\delta)$ を選ぶと，測地的極座標 (r, θ) に関して計量は $dr^2 + G(r, \theta)\, d\theta^2$ という形で与えられる．さらに $B_\delta \setminus \{0\}$ 上で $G_r > 0$ となるように δ を選んだと仮定する (注意 7.17 により $r \to 0$ のとき $G_r/r \to 2$ となるので，これは可能である)．P からの距離が高々 $\delta/2$ である S 上の点からなる測地閉球体 $\sigma(\bar{B}_{\delta/2})$ を考える．定理 7.13 と第 8.2 節のガウス曲率の定義の後の性質 (i) を証明する際に使った議論により，$0 < 2\varepsilon < \delta/2$ を満たす ε で，すべての $Q \in \sigma(\bar{B}_{\delta/2})$ について Q を中心とする半径 2ε の測地球体が $W_0 = \sigma(B_\delta)$ 内の Q の正規近傍になるものが存在することがわかる．

P の正規近傍 $W = \sigma(B_\varepsilon)$ は凸であることを示す．任意の 2 点 $Q_1, Q_2 \in W$ について

$$\rho(Q_1, Q_2) \leq \rho(Q_1, P) + \rho(P, Q_2) < 2\varepsilon$$

が成り立つ．Q_1 を中心とする半径 2ε の測地球体 U を考えると，これは Q_1 から Q_2 への最短測地線 $\gamma: [0,1] \to U$ を一意的に含む．つまりそれは Q_1 から伸びる測地半直線上の線分である (系 7.18)．Q_1 から $\bar{U}$ の境界上のある点への任意の曲線の長さは少なくとも 2ε であるから，これにより γ は 2 点を結ぶ S 内の最短の曲線であることがわかる．U は W_0 に含まれていることを注意しておく．

ここで上の曲線 γ が P を含むならば，それは W に含まれることになる．したがって，γ は P を含まないと仮定する．仮定から γ 上のすべての点において $G_r > 0$ となる．$\rho(P, Q_1) < \varepsilon$ および $\rho(P, Q_2) < \varepsilon$ より，補題 7.19 から $0 \leq t \leq 1$ について $\rho(P, \gamma(t)) < \varepsilon$ が導け，したがって曲線 γ はつねに W に含まれることになる．よって W は凸である．さらに，W は正規近傍 $U = B(Q_1, 2\varepsilon)$ に含まれ，そこでは測地半直線上の線分 γ は Q_1 と Q_2 を結ぶ唯一の測地線であることから，それは Q_1 と Q_2 を結ぶ W 内の唯一の測地線であることが導ける．よって W は強凸である．

ここで，(たった今存在が示された) P の強凸な正規近傍 $W_0 = \sigma(B_\delta)$ から始めて同じ議論を繰り返すことで，P の強凸な近傍 $W = \sigma(B_\varepsilon)$ で，任意の $Q \in W$ に対して測地開球体 $B(Q, 2\varepsilon)$ が Q の強正規近傍であるという付加的な性質を満たすものが得られる． □

系 8.14 でそのような強凸球体に含まれる多角形を扱うが，そこではそのような球体に含まれる任意の測地 3 角形の凸性が必要になる．

● **補題 8.13** —— 命題 8.12 の $W = B(P, \varepsilon)$ に対し，W 内の任意の異なる 3 点は測地 3 角形 $\triangle \subset W$ を一意的に定める．また，この $\triangle$ は強凸である．

証明 A, B, C をその 3 点とし，そのうちの 1 つ，ここでは A を選ぶ．このとき測地開球体 $B(A, 2\varepsilon)$ は A の強正規近傍であり，かつ W を含む．B と C を結ぶ最短測地線 Γ は強凸開集合 W に含まれ，したがって $B(A, 2\varepsilon)$ に含まれている．補題 8.6 の証明で，これら 3 点が測地 3 角形 $\triangle \subset B(A, 2\varepsilon)$ を一意的に決定すること，さらにそれは AB と AC を含む A からの測地半直線によ

り定まる角度 $\alpha < \pi$ の扇形に含まれることを見た．そこでは $\triangle$ は A からの測地半直線上の線分の和集合を使って表され，それと W の凸性から $\triangle \subset W$ が得られる．

ここで $\triangle$ の異なる 2 点 P, Q を考える．P から Q までの最短測地線 γ は，W の凸性により W に含まれる．再び補題 8.6 の議論を適用すると，γ が AB と AC を含む測地半直線により定まる $B(A, 2\varepsilon)$ 内の扇形に含まれることが導ける（なぜなら，そうでなければ γ は直径と 2 点以上で交わることになってしまう）．したがって，γ が $\triangle$ に含まれない場合は，それは $\triangle$ の第 3 の辺 Γ と 2 回以上交わることになり，これは W が**強凸**であることに矛盾する．したがって $\triangle$ は凸であり，よって（それは W に含まれているので）自動的に強凸である． □

S 上のそのような強凸開球体に含まれる測地 3 角形はその任意の頂点の強正規近傍に含まれることから，そのような 3 角形に対するガウス・ボンネの定理は命題 8.7 よりすぐに従う．ここでこの結果を測地多角形に拡張する．

● **系 8.14** ── リーマン計量をもつ滑らかな抽象曲面 S 上の測地 n 角形 Π が命題 8.12 で構成したような強凸開球体 W に含まれているとき，Π の内角 $\alpha_1, \ldots, \alpha_n$ に対して

$$\int_\Pi K \, dA = \sum_i \alpha_i - (n-2)\pi$$

が成り立つ．

証明 測地 3 角形に対する主張と，半球面に含まれる球面多角形に対して使った帰納的議論により主張は従う．議論を始めるためには，まず局所的に凸である頂点 P_2 を見つける必要がある．ここでもそれは球体 $W = \sigma(B_\varepsilon)$ の中心 P から最も遠い多角形上の点を考えることで見つけられる．W に含まれる任意の測地線分について，P から最も遠い点は測地線分の端点であるという性質を満たすように W を選んでいることから，その点は頂点であることがわかる（測地線分の端点となることは，G_r は $W \setminus \{P\}$ 上で正であると仮定していたので，補題 7.19 より従う）．

Π の境界上の点 Z_1 と Z_2 を P_2 の両側に位置するように P_2 の十分近くに選んでおくと，測地 3 角形 $\triangle = Z_1 P_2 Z_2$ は Π に含まれる（つまり P_2 が局所

的に凸な頂点である場合) か，あるいは $\triangle$ の内部が Π の補集合に含まれる．ついでに注意しておくと，補題 7.19 より点 Z_1 と Z_2 の P からの距離は高々 $\rho(P, P_2)$ である．$\triangle$ の内部が Π の補集合に含まれる場合は，P_2 に十分近く，かつ $\triangle$ に含まれない点は必ず Π に含まれる．測地半直線 PP_2 上の P_2 の直後の点 Q を考えると，その点は $\rho(P, Q) > \rho(P, P_2)$ を満たす Π 上の点となり，これは最初の P_2 の選び方に矛盾する．

Π も Π の任意の頂点の強正規近傍，つまりその頂点を中心とする半径 2ε の測地球体に含まれる．標準的な凸性の議論を先送りにすると，定理 2.16 の証明の残りの部分では，半球面内の 2 つの異なる測地線は 1 点で交わり，かつその交点で接ベクトル方向が異なっているという性質しか使わなかった；証明のそれ以外の部分は純粋に組み合わせ的であった．これらの 2 つの性質は今考えている場合についても成り立つ．2 つ目の性質は命題 7.10 における測地線の一意性から従う．ここで必要になる凸性，とくに補題 8.13 を適用するのに必要な凸性はすでに主張の仮定に含まれているので，したがって定理 2.16 の証明は一般の場合に対しても適用される．よって多角形を共通の 1 辺をもつ，辺の数のより少ない 2 つの多角形の和集合で表すことができ，数学的帰納法の仮定としてその両方の多角形に対して主張の公式が成り立つとしておけば，数学的帰納法により一般の場合についての公式が従う． □

上の結果を使うと，大域的なガウス・ボンネの定理を第 3 章における球面やトーラス面に対して使った手法とまったく同様の方法で証明することができる．要約すると，各位相 3 角形が適当な強凸開集合に含まれるように曲面を 3 角形分割し，得られた 3 角形分割を曲面の多角形分割に置き換え，そしてたった今証明した測地多角形についてのガウス・ボンネの公式を適用すればよい．

● **定理 8.15** （ガウス・ボンネの定理） —— S をリーマン計量をもつ閉 (つまりコンパクト) 曲面とする．S の 3 角形分割が存在すると仮定し，そのオイラー数を e とすると，
$$\int_S K \, dA = 2\pi e$$
が成り立つ．とくにオイラー数は 3 角形分割の選び方にもリーマン計量の選び方にもよらず，よって $e(S)$ と書くことができる[*95]．

[*95] つまり e は曲面 S の同相類にのみ依存する S の位相不変量であるという意味．

証明　各 $P \in S$ について，開球体 $B(P, \varepsilon(P))$ を命題 8.12 で構成したような強凸開球体とすると，曲面を測地開球体 $B(P, \varepsilon(P)/2)$ により被覆することができる．曲面のコンパクト性を使うと有限部分被覆を選ぶことができ，この有限部分被覆における有限個の $\varepsilon(P)$ の最小値を ε とする．このとき，直径が $\varepsilon/2$ よりも短い S の任意の部分集合に対し，有限部分被覆に対応する強凸測地球体 $B(P, \varepsilon(P))$ たちの中に，この部分集合を含むものが必ず存在する．

S の任意の位相 3 角形分割に対し，構成法 3.9 を使って，これをオイラー数を変えずに細分して各位相 3 角形の直径を $\varepsilon/2$ よりも短くすることができ，したがってそれは命題 8.12 で構成した半径 ε の強凸開球体 W に含まれることになる．ここでこの 3 角形分割の辺に単純折れ線による折れ線近似の構成法 3.15 を適用すると，命題 3.16 における議論により，S の多角形分割が得られることがわかる．S 内の単純閉折れ線の補集合は高々 2 つの連結成分しかもたないことが必要であるが，ここでの測地線は (適当な測地的極座標において) 半径を表す 2 つの線分に対応することから命題 1.17 の議論が適用でき (注意 1.18)，よって主張が従う．

以上で，3 角形分割を同じオイラー数をもつ多角形分割で，各多角形が命題 8.12 で構成したような強凸開球体に含まれているものに置き換えることができた．これらの各多角形に対して，系 8.14 より，その上での曲率の積分に関するガウス・ボンネの公式が成り立つ．よって命題 3.13 と同様の議論により

$$\sum_{n \geq 3} \sum_{n \text{ 角形}} \left(\sum \text{内角} - (n-2)\pi \right) = 2\pi e$$

が得られ，よって定理の主張が従う．　□

○ **例** ── 局所ユークリッド計量をもつトーラス面 T の曲率は明らかに恒等的に 0 であり，よって $e(T) = 0$ である．しかし T を埋め込まれた曲面としたときの計量を考えた場合，第 6 章において曲率 K は正，負，そして 0 を値にもつことを見た．定理 8.15 は，それでも $\int_T K \, dA = 0$ が成り立つことを主張している (演習 8.2 と 8.3 を参照)．

大域的なガウス・ボンネの定理からオイラー数の位相不変性が直接従う．S をリーマン計量をもつ滑らかなコンパクト曲面とする (ここでのリーマン計量の選び方はオイラー数には影響しない)．

● **系 8.16** ── S と同相な距離空間 (あるいは位相空間) X の任意の位相 3 角形分割のオイラー数は $e(S)$ である.

証明　X の位相 3 角形分割から，同相写像により同じオイラー数をもつ S の位相 3 角形分割が得られる．S の大域的なガウス・ボンネの定理より，このオイラー数はちょうど $e(S)$ である. □

○ **注意 8.17** ── 議論の対象を向き付け可能なコンパクト曲面と区分的に**滑らかな曲線を辺とする**曲面の 3 角形分割に制限すると，各 3 角形の辺の周りの**測地的曲率**(geodesic curvature) の積分を使った大域的なガウス・ボンネの定理の別証明がある ([5] の第 4.5 節, [8] の第 12 章, あるいは [9] の第 11 章を参照)[*96]．この証明からはオイラー数の位相不変性は従わず，それについてはたとえば初等代数トポロジーにおけるホモロジー論を使うなどして，別に証明する必要がある.

8.5 ｜ 閉曲面の組み立て構成法

　閉曲面上での曲率の積分がこのような基本的な不変量を与えるという事実から，滑らかな**開曲面**上での曲率の積分についても考えてみようと思うかもしれない ── 開曲面という言葉は**コンパクトでない**曲面を表す標準的用語である．面積は無限だが曲率の積分値が有限になるように，遠くに行くと曲率が十分速く減衰する例はいくらでも存在する ── たとえば演習 8.7 と 8.8 を参照．この節では開曲面を貼り合わせて**コンパクト**曲面を作ることを考える．この場合，その面積はいつも有限になる．第 3 章で，開半球面上での曲率の積分[*97]は 2π であることを示し，このことから，実射影平面のオイラー数が 1 であることを導いた．この節では便宜上，赤道を引き伸ばして次のページの図のような**円柱面状のエンド**(cylindrical end) あるいは**ネック**(neck) と呼ばれる形状にしておく．ここでこの円柱面状のエンドは，たとえば半径 1 の円柱面であるとしておく．これを滑らかに実現するために半球面をその境界の近傍において変形する必要があるのだが，変形後の曲面 S_0 を埋め込まれた曲面で実現すれば，この変形が可能であることは納得できるであろう．円柱面上の計量は局所ユークリッド

[*96]　たとえば [小林] の第 4 章 §2, あるいは [梅原, 山田] の §13 を参照.
[*97]　$K = 1$ よりこれは半球面の面積そのもの.

8.5 | 閉曲面の組み立て構成法

計量であり，よってその曲率は 0 である．

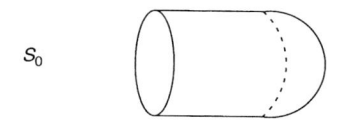

ここでこの曲面の 2 つの複製を S_0 と S_0' とすると，(2 つの円柱面状のエンド上の計量は同じであるから) その円柱面状のエンドに沿ってこれらを貼り合わせて滑らかな曲面 S を得ることができ，またそれは埋め込まれた曲面により実現される．明らかに S は単に球面を変形した曲面であり，よってオイラー数は 2 である．ガウス・ボンネより S 上の曲率の積分値は 4π であるから，S_0 上の曲率の積分値は 2π になる．次に説明するように，曲率の積分の加法性を使うと一般の種数 $g > 0$ の閉曲面の場合も幾何的に理解することができる．

一般の種数 g の向き付け可能な閉曲面を構成するために必要となる他の**部品**として，トポロジーの数学者がいうところの**パンツ**(pair of pants) が挙げられる：この部品は物理学の共形場理論においても重要な役割を果たす．

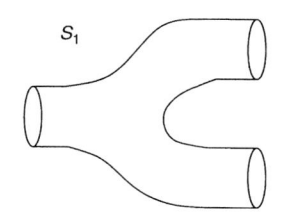

パンツは 3 つの円柱面状のエンドをもつ $\mathbf{R}^3$ 内に埋め込まれた曲面 S_1 であり，ここで再び円柱面状のエンドは半径 1 の円柱面であると仮定しておく (ここで定めた性質を満たす範囲でも，曲面 S の選び方にはまだ多くの自由度があるが，ここではそれは気にしない)．S_1 上の曲率の積分値を計算するためには，次のような議論を行う：3 つの円柱面状のエンドに S_0 の複製を使って蓋をすると，球面と同相な埋め込まれた曲面が得られる．この閉曲面上の曲率の積分値は 4π であり，S_0 の複製である各蓋の上での曲率の積分値は 2π であることから，S_1 上の曲率の積分値は -2π であることがわかる．以上の考察から，曲率の積分値を 2π で割った値がオイラー数への正しい寄与を与えていると考えるのが自然であり，ここではこれを**仮想オイラー数**と呼ぶことにする．

○ **例** —— S_1 の複製 2 つを下図のようにつなぎ合わせて曲面 S_2 を作り，さらに残った円柱面状のエンドを S_0 の複製で蓋をすることで，トーラス面と同相な曲面を作ることができる．この曲面のオイラー数はその部品たちの仮想オイラー数の和であり，寄与が $+1$ の部品が 2 つで，寄与が -1 の部品も 2 つであるから，合計すると正しい値 0 が得られる．また，ここで構成した開曲面 S_2 の仮想オイラー数は -2 ということになる．

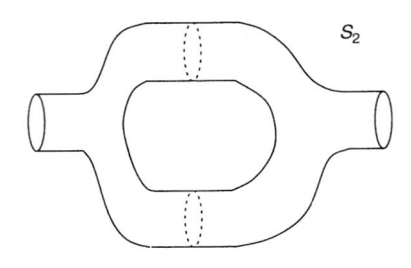

一般に，$g > 0$ について，S_2 の g 個の複製を自然な方法で貼り合わせ，残った 2 つの円柱面状のエンドを S_0 の複製で蓋をすることで，種数 g の向き付け可能な閉曲面を作ることができる．上と同様にオイラー数を計算すると $2 - 2g$ となり，これは第 3 章で 3 角形分割を使って計算した値と一致する．

子供のおもちゃである積み木を使って種数 g の向き付け可能な曲面の位相的性質を理解するという，一見もっと風変わりな方法もある．$\mathbf{R}^3$ に埋め込まれた単位立方体の表面を考え，辺と頂点の角 (かど) を丸めて滑らかな埋め込まれた曲面 S を作る．この曲面はもともとの立方体と同相である．頂点たちは別として，辺については局所的に，単位速度をもつ滑らかに埋め込まれた平面曲線の小さい弧と実開区間との積空間となるように辺を丸めることができ，それは埋め込まれた曲面として局所ユークリッド計量の第 1 基本形式をもつ (演習 6.2 を参照)．幾何的には，立方体を向かい合う面と平行な適当な 2 つの平面で切り，立方体のこれら 2 つの平面の間にある部分について考えると，立方体に十分近い近似 S における対応する領域は，紙の帯を適当に曲げて作ることのできる '角を丸めた正方形の境界' と実開区間との積空間になる．すると計量は平らな紙の帯上の局所ユークリッド計量に対応する．このようにして単位立方体のそのような滑らかな近似が存在することが確認できる．

したがって曲面 S 上の計量は，頂点の角を丸めた部分以外では局所ユーク

リッド計量になる．つまり，曲率を S 上で積分すると 8 つの小さい近傍からの寄与しか受けないことになり，よって各近傍の積分値への寄与は $\pi/2$ ということになる．曲面 S を立方体にもっともっと近く選ぶと，曲率はもっともっと小さい近傍に集中する．極限を考えると，その計量は立方体から 8 つの頂点を除いた曲面上では局所ユークリッド計量であり，このとき曲率は 8 つの頂点に集中していると思うことができる．よって 各頂点のオイラー数への寄与は 1/4 となる．極限をとって曲率を点に集中させるというアイデアはより専門的な微分幾何学でよく使われる有用な手法である．

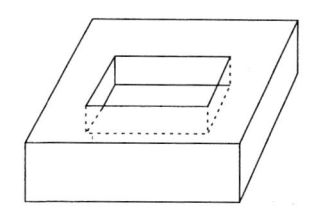

ここで子供のおもちゃ箱には上に絵の形をした積み木が入っているとしよう．その表面は滑らかなトーラス面と同相な '角ばったトーラス面' である．前と同様に極限操作を行った場合，外側の 8 つの角のオイラー数への寄与はここでも各々 1/4 であり，寄与の合計であるオイラー数は 0 であることから，内側の 8 つの角の寄与は各々 $-1/4$ であることがわかる．各 $g > 0$ について，子供たちが '角ばった' 種数 g の向き付け可能な閉曲面を，これらの積み木 g 個を単に一直線に並べて作ったとする．この場合も外側の角が 8 つあり，それらのオイラー数への寄与は合計 2 である．また，各積み木の穴の内側にある 8 つの角の寄与は前と同様，合計 -2 である．よって寄与の合計であるオイラー数は $2 - 2g$ となり，これは前の結果と一致する．

ここで上で行った計算を数学の命題として定式化しよう．$\mathbf{R}^3$ 内の一般の多面体 X を考える．多面体というと球面と同相なものだけを指す場合が多いが，ここではその仮定はしない —— たとえば上で描いた子供の積み木の表面なども含めて考える．ここでは多面体は有界なものしか考えないので，したがってコンパクトである．X の面は平面上の多角形であり，それらは空間 X の多角形分割になっている．今まで通り，F = 面の数, E = 辺の数, V = 頂点の数 について，オイラー数を $e = F - E + V$ で定義する．立方体のときと同様の方

法で，頂点に対応する小さい近傍以外では X を局所ユークリッド計量をもつ滑らかな曲面 S で近似することができる．X のある頂点 P に注目し，上で説明した極限操作により，そこに集中するであろう曲率がどれくらいであるかを考える．

P に r 個の面 $\Pi_1, \ldots, \Pi_r$ が集まっているとする．小さい d について，P を端点とする r 個の辺に沿って P から距離 d の位置にある r 個の点により定まる X 上の r 角形 R を考える．ここでその多角形の辺は隣り合う点を結ぶ (面上の) 線分である．d を十分小さく選ぶことで，R は X の他の辺のいずれとも交わらないようにすることができる．この多角形の隣り合う 2 つの辺を考える．ここではこれを Π_1 の辺 $P_0 P_1$ と Π_2 の辺 $P_1 P_2$ としておく．X から頂点たちを除いた領域にユークリッド計量を入れたとすると，線分 PP_1 に沿って X を局所的に平らにすることができ，平面上の 2 等辺 3 角形 $PP_0 P_1$ と $PP_1 P_2$ が得られる．面 Π_i の P における内角を θ_i とすると，これら 2 つの 2 等辺 3 角形の底辺の両端の角度はそれぞれ $(\pi - \theta_1)/2$ と $(\pi - \theta_2)/2$ となり，よって X 上の r 角形 R は頂点 P_1 において内角 $\pi - \theta_1/2 - \theta_2/2$ をもつことになる．

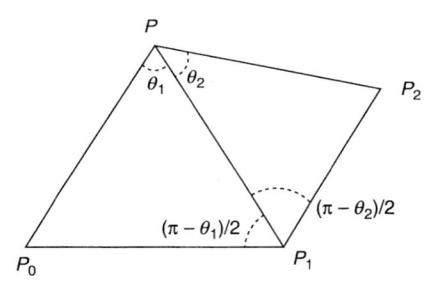

この議論は，X を近似する滑らかな曲面 S の局所ユークリッド距離をもつ開部分集合が R の境界である単純閉折れ線を含む場合に一般化でき，同様の結果が得られる．直感的には，X を局所的に折り紙で作った多面体と思ったとき，S は局所的に紙を折るというより，むしろ紙を曲げて作った曲面である．この曲面 S 上においても，R の辺は前と同じ角度で交わる (S 上の) 測地線分になっている．

R に対応する S 上の r 角形を R' と書くと，このような近傍における曲率の積分値への寄与は，系 8.14 の公式が R' に対しても成り立つという事実を仮定すると，

$$\int_{R'} K\, dA = \sum 内角 \ - \ (r-2)\pi$$
$$= \sum_{i=1}^{r}(\pi - \theta_i) \ - \ (r-2)\pi \ = \ 2\pi \ - \ (\theta_1 + \cdots + \theta_r)$$

で与えられることがわかる．

● **定義 8.18** —— 実数 $2\pi - (\theta_1 + \cdots + \theta_r)$ を多面体 X の頂点 P における**曲率の集中度**と呼び，$\mathrm{defect}(P)$ と書くことにする[*98]．

X の頂点に対応する S 上の多角形の補集合では曲率 K は 0 であるから，ガウス・ボンネの定理を S に適用することで，X のオイラー数が頂点における局所寄与により定まるというガウス・ボンネの定理の離散版が成り立つことが**予想**できる．この予想は実際に正しく，その主張と証明は命題 3.13 の自然な一般化になっている．

● **命題 8.19** （**ガウス・ボンネの定理の離散版**） —— X を $\mathbf{R}^3$ 内のコンパクトな多面体とし，そのオイラー数を $e(X) = F - E + V$ とする．ここで $F = $ 面の数，$E = $ 辺の数，$V = $ 頂点の数 である．X の頂点を $P_1, \ldots, P_V$ とすると，
$$\sum_{i=1}^{V} \mathrm{defect}(P_i) = 2\pi\, e(X)$$
が成り立つ．

証明 X の面を $\Pi_1, \ldots, \Pi_F$ とする．このとき曲率の集中度の和は
$$2\pi V \ - \ \sum_{j=1}^{F}(\Pi_j \text{ の内角の和})$$
となる．各 $1 \leq j \leq F$ について，Π_j は m_j 角形であるとすると，平面多角形に対するユークリッド平面上のガウス・ボンネの公式により，これは
$$2\pi V \ - \ \sum_{j=1}^{F}(m_j - 2)\pi$$
と等しくなる．最後に各辺がちょうど 2 つの面の共通の辺であるという式

[*98] 曲率の集中度のことを原文では **spherical defect** と呼んでいる．記号 $\mathrm{defect}(P)$ は原文の defect をそのまま用いた．

$\sum_{j=1}^{F} m_j = 2E$ を使うと，上の式は $2\pi e(X)$ に等しいことがわかる． □

演習問題

8.1 局所ユークリッド計量をもつトーラス面 T について，$\mathbf{R}^2$ の2つの異なる単位開正方形を射影して得られる2つの座標近傍を考える．対応する座標変換は**局所的には**平行移動であるが，一般には平行移動ではないことを示せ．アトラスを作るためには，そのような座標近傍は最低いくつ必要か？

8.2 具体的な計算により，埋め込まれたトーラス面に対して大域的なガウス・ボンネの定理が成り立つことを確認せよ．

8.3 正でないオイラー数をもつ埋め込まれた閉曲面 $S \subset \mathbf{R}^3$ について，S 上に曲率が正，負，0 である点が存在することを導け．

8.4 P をリーマン計量をもつ滑らかな曲面 S 上の点とする．P のある正規近傍 W について，対応する測地的極座標 (ρ, θ) について計量が $d\rho^2 + f(\rho)^2 d\theta^2$ の形をしているとする．$f = \sin\rho$, $f = \rho$, $f = \sinh\rho$ のそれぞれの場合について，W はそれぞれ球面，ユークリッド平面，双曲平面の開部分集合と等長であることを示せ．

8.5 $\mathbf{C}$ 上の原点を中心とする半径 $\delta > 0$ の開円板 ($\mathbf{C}$ 全体の場合も含む) 上に，リーマン計量を $|dz|^2/h(r)^2$ で定める．ここですべての $r < \delta$ について $h(r) > 0$ とする．この計量の曲率 K は1点を除いた円板上で公式
$$K = hh'' - (h')^2 + r^{-1}hh'$$
により与えられることを示せ．

8.6 $c > 0$ について，式 $x^2 + y^2 + c^2 z^2 = 1$ で定まる埋め込まれた曲面 S は球面と同相であることを示せ．ガウス・ボンネの定理を使って
$$\int_0^1 (1 + (c^2 - 1)u^2)^{-3/2} du = c^{-1}$$
を導け．

8.7 $S \subset \mathbf{R}^3$ を懸垂面，つまり正の定数 c に対して曲線 $\eta(u) = (c^{-1}\cosh(cu), 0, u)$ $(-\infty < u < \infty)$ から得られる回転面とする．S の面積は無限であるが，$\int_S K\, dA = -4\pi$ が成り立つことを示せ．

8.8 $S \subset \mathbf{R}^3$ を，$\mathbf{R}^2$ 内の単位開円板からの滑らかなパラメータ表示

$$\sigma(u,v) = (u, v, \log(1 - u^2 - v^2))$$

による像として与えられる埋め込まれた曲面とする —— これは標準的な単位半球面を z 軸の $-\infty$ 方向に適当に引き伸ばした形をしている．$\int_S K\,dA = 2\pi$ が成り立つことを確認せよ．

8.9 $\mathbf{R}^3$ 内の多面体は曲率の集中度が正である頂点を少なくとも 1 つもつことを証明せよ．この結果は命題 6.19 とどのように関係しているのか？

8.10 (リーマン計量をもつ) 曲面 S 上の測地線を辺とする位相 3 角形 $\triangle$ と $\varepsilon > 0$ が与えられたとき，$\triangle$ の多角形分割で，その各多角形の直径が ε より短くなるものが存在することを示せ．そのような多角形分割のオイラー数が 1 であることを確認せよ．

8.11 前問と命題 8.12 および系 8.14 を使って，命題 8.7 の公式が曲面 S 上の測地線を辺とする任意の位相 3 角形に対して成り立つことを証明せよ．

8.12 $a > 0$ について，S を $z^2 = a(x^2 + y^2)$, $z > 0$ で定まる $\mathbf{R}^3$ 内の半円錐面とする．前問を使って，あるいは他の方法で，(第 8.5 節の意味で) 頂点における曲率の集中度は公式

$$2\pi(1 - (a+1)^{-1/2})$$

で与えられることを示せ．

あとがき
Postscript

　これでこの幾何学のショートコースを終わりとする．このコースではいくつかの非自明な数学に触れたが，そのほとんどの部分で一般的な理論を避け，具体的な方法により話を進めた．ここでの内容を理解した読者は重要な古典幾何に関する十分な知識を得ただけでなく，イギリスの大学では3年生あるいは4年生で学ぶ，より一般の理論に進む準備が十分できたといえる．この本に続く標準的な理論を次にいくつか紹介しておく．

- リーマン面：ここでは，滑らかな曲面上に局所**複素構造**が入る．双曲平面に関する内容はリーマン面の**一意化**(uniformization)の理論に深く関わってくる．
- 微分可能多様体：この本で扱った抽象曲面に関する内容は高次元における微分可能多様体とその性質の研究につながる．
- 代数トポロジー：オイラー数とその位相不変性についての議論は位相空間のホモロジー群を学ぶ動機になる．
- リーマン幾何学：この本で扱ったリーマン計量，測地線，そして曲率は自然な方法で任意の次元に一般化され，そこではリーマン多様体の曲率は，各点において(測地線を使って定められる，その点の接平面たちに対応する)2次元の断面に関するガウス曲率である**断面曲率**により決定される．これらの高次元の**曲空間**の理論は数学と理論物理の広い分野において，極めて重要な理論となっている．

文 献
References

[1] A. F. Beardon *Complex Analysis: The Argument Principle in Analysis and Topology.* Chichester, New York, Brisbane, Toronto: Wiley, 1979.

[2] A. F. Beardon *The Geometry of Discrete Groups.* New York, Heidelberg, Berlin: Springer-Verlag, 1983.

[3] G. E. Bredon *Topology and Geometry.* New York, Heidelberg, Berlin: Springer-Verlag, 1997.

[4] H. S. M. Coxeter *Introduction to Geometry.* New York: Wiley, 1961.

[5] M. Do Carmo *Differential Geometry of Curves and Surfaces.* Englewood Cliffs, NJ: Prentice-Hall, Inc., 1976.

[6] Jürgen Jost *Compact Riemann Surfaces: An Introduction to Contemporary Mathematics.* Berlin, Heidelberg, New York: Universitext, Springer-Verlag, 2002.

[7] W. S. Massey *A Basic Course in Algebraic Topology.* New York, Heidelberg, Berlin: Springer-Verlag, 1991.

[8] John McCleary *Geometry from a Differential Viewpoint.* Cambridge: Cambridge University Press, 1994.

[9] A. Pressley *Elementary Differential Geometry.* Springer Undergraduate Mathematics Series, London: Springer-Verlag, 2001.

[10] Miles Reid and Balázs Szendrői *Geometry and Topology.* Cambridge: Cambridge University Press, 2005.

[11] W. Rudin *Principles of Mathematical Analysis.* New York: McGraw–Hill, 1976.

[12] M. Spivak *Differential Geometry, Volume 1.* Houston, TX: Publish or Perish, 1999.

[13] W. A. Sutherland *Introduction to Metric and Topological Spaces.* Oxford: Clarendon, 1975.

訳者あとがき

　本書は Cambridge University Press から 2008 年に発行されたケンブリッジ大学教授 Pelham M. H. Wilson 氏の著書 "Curved Spaces — From Classical Geometries to Elementary Differential Geometry" の翻訳である．ユークリッド空間の等長変換 (つまり剛体運動) という高校から慣れ親しんだ設定から入り，球面幾何，双曲幾何などの具体的な記述を経て，一般の曲面に対するガウス・ボンネの定理にまで理解を進める．翻訳を勧められたときに初めてこの著書を拝見したのであるが，このようにガウス・ボンネの定理を具体的な記述を中心に扱う本はめずらしく，今の学生のニーズにも合っていると思い，翻訳をお引き受けした．翻訳を通じて原著を深く読み進めると，見通しの良い証明や伝わりにくい理論を補完する具体例など，全体の流れを分かりやすくするための工夫が随所に見られ，話の構成や細部の表現の上手さに感心するばかりであった．翻訳は著者の意図がそのまま伝わるように，できる限り原文に忠実に行った．日本語として読みやすいように訳文を選んだつもりではあるが，文意が伝わりにくい箇所があれば，それはひとえに訳者の力量不足に因るところであり，読者のご寛容を願う次第である．

　著者がまえがきで述べているように，本書は可能な限り他の知識が必要ないように構成されているが，実際には大学 1 年生で学ぶ線形代数や解析学の他，集合と位相なども多少知らないと読みにくいと感じられた．知らない語句を見るたびにいちいち別の教科書を広げるのも煩わしいと思い，気になった語句の説明を可能な範囲で脚注に加えることにした．少しでも役に立てば幸いである．原著には脚注は一切無く，すべては訳者が書き加えたものである．脚注で参照している和書の文献を以下に記しておく．

[内田] 内田伏一,『集合と位相』, 裳華房 (1986).

[梅原, 山田] 梅原雅顕, 山田光太郎,『曲線と曲面 ―微分幾何的アプローチ―』, 裳華房 (2002).

[加藤] 加藤十吉,『位相幾何学』, 裳華房 (1988).

[川崎] 川崎徹郎, 『曲面と多様体』, 朝倉書店 (2001).

[小林] 小林昭七, 『曲線と曲面の微分幾何』, 裳華房 (1977).

[佐々木] 佐々木重夫, 『微分幾何学』, 基礎数学選書, 岩波書店 (1991).

[吹田, 新保] 吹田信之, 新保経彦, 『理工系の微分積分学』, 学術図書出版社 (1987).

[杉浦] 杉浦光夫, 『解析入門 I』, 東京大学出版会 (1980).

[中岡] 中岡　稔, 『双曲幾何学入門』, サイエンス社 (1993).

最後に，本翻訳を私に勧め，全般にわたって貴重な助言を下さった東京工業大学の小島定吉教授と，内容についての細かい質問に丁寧に答えて下さった著者のPelham M. H. Wilson 教授に心から感謝の意を表したい．また翻訳にあたってお世話になった朝倉書店編集部の皆様にこの場を借りてお礼申し上げたい．

2009 年夏　青葉山にて

石 川 昌 治

索引
Index

A_n 14
C_n 29, 41
C^∞ 級 89
D_{2n} 29
I 単位行列
$\mathrm{Isom}(X)$ 7
$O(2,1)$ 128
$O^+(2,1)$ 128
$O(t^n)$ 57
$O(n) = O(n, \mathbf{R})$ 12
$PGL(2, \mathbf{C})$ 50
$PSL(2, \mathbf{C})$ 51
$PSL(2, \mathbf{R})$ 109
$PSU(2)$ 52
S_n 14
$SO(3)$ 13
$SO(n)$ 12
$SU(2)$ 52
id 7
inf 17
mesh 16
sup 16
ϵ-近傍 66

ア行

アーベル群 62
アトラス 137, 182
アファイン超平面 9
アルキメデスの定理 141

イギリス鉄道距離 4
位数 29
位相3角形 66
位相3角形分割 67
一様連続 21

陰関数定理 93

埋め込まれた曲面 135

エッシャー, M. C. 43
エネルギー 139, 156
円錐面 155
円柱面 77, 147
円柱面状のエンド 200
円板モデル 106, 113

オイラー数 67, 71, 198
オイラー・ラグランジュの方程式 158
折れ線 23, 64

カ行

開近傍 3
開集合 3
外積 34
回転鏡映 14
回転数 26
回転面 142, 151
ガウス曲率 146, 186, 192
ガウスの驚異の定理 181
ガウスの補題 172
ガウス・ボンネの定理 189, 193, 198
　　球面上の ― 43
　　平面上の ― 66
　　トーラス面上の ― 66
　　双曲平面上の ― 121
ガウス・ボンネの定理の離散版 205
下限 17
仮想オイラー数 201
完備 20

擬球面 155
逆写像 4
逆像 3
球面距離 36
球面上のピタゴラスの定理 35
球面3角形 33
球面正弦定理 35
球面線分 33
球面多角形 45
球面直線 32
球面余弦定理 34
  第2— 36
鏡映 9, 40, 118
狭義単調増加 39
強正規近傍 186
強凸 195
極小回転面 159
局所弧状連結 16
局所的に凸 46
局所等長写像 185
局所微分同相写像 93
局所ユークリッド距離 62, 80
曲線 15, 63
曲率
  曲線の— 145
  ガウス— 146, 186, 192
曲率の集中度 205
距離 1, 31, 32, 125
距離空間 3

区分的 18
クラインの壺 79
群 7

懸垂面 160
ケンブリッジ, very flat 88

格子 62
コーシー・シュワルツの不等式 2
コーシー・リーマンの微分方程式 90
コーシー列 20
交代群 14
恒等写像 7

弧状連結 15
弧長空間 17
合同 42, 59, 133
コンパクト 20

サ行

細分 16, 68
座標近傍 137, 182
座標変換 92, 182
作用 7
3角形分割 67
3角不等式 1, 36

指数 40
射影平面 77
種数 74
種数 g の閉曲面 74, 201
上限 16
上半平面 107
上半平面モデル 109
ジョルダンの閉曲線定理 23

推移的 7

正規近傍 171
正則行列 93
正値 93, 99, 147
接空間 136
線形形式 91
全射 4
全単射 4

双曲円 115
双曲距離 111
双曲3角形 121
双曲正弦定理 131
双曲線関数 115
双曲線分 112
双曲中心 115
双曲直線 110
双曲平面 106, 108
双曲面モデル 126

索　引

双曲余弦定理 130
双線形形式 92
双対基底 91
双対空間 91
族 88, 91
測地空間 18
測地 3 角形分割 42, 68
測地線 63, 161, 163
測地線分 64
測地線の方程式 161
測地多角形 65
測地的極座標 172

タ行

第 1 基本形式 139
大円 32, 58
対称性 7, 14
対称群 7, 14
　　正 4 面体の — 14, 42
　　立方体の — 30, 42
　　正 12 面体の — 42
対蹠 32
第 2 基本形式 146
タイル張り 42
多角形 29, 65
多角形分割 70
高々 11
単位法ベクトル 137
単射 4
単純曲線 23
単連結 56

抽象曲面 182
超平行 124
直径 69
直交行列 7
直交群 12

つないだ道 26
積み木 202

停留曲線 158

停留点 159
点列コンパクト 21

等角 95
等角写像 103
導関数 89
同相 4
同相写像 4
同相類 77
等長 6
等長群 7
　　ユークリッド空間の — 7
　　球面の — 39
　　上半平面モデルの — 119
　　円板モデルの — 132
　　埋め込まれたトーラス面の — 153
等長写像 6, 101, 185
等長変換 6
トーラス面 61
特殊直交群 12
閉じている曲線 23
凸 45, 64, 121

ナ行

内在的距離 17, 184
内積 1
長さ 16, 95, 139
滑らか 89
滑らかに埋め込まれた曲線 143
滑らかにはめ込まれた曲線 98

2 重巡回群 56
2 重正多面体群 56
2 重被覆
　　メビウス変換の群の — 51
　　$SO(3)$ の — 52
　　$SO(3)$ の — のプレート実験 55
　　実射影平面の — 78
　　クラインの壺の — 81
2 面体群 29

ハ行

はめ込まれた曲線 98
速さ 94
パラメータ 15
パラメータ表示 136
半大円 44
パンツ 201

非調和比 52
被覆 20
微分 91
微分同相写像 136, 185
ヒルベルトの定理 155, 183

負値 147
分割 16

閉曲線 23
平行 124
平行円 144
平行線の公理 124
閉曲面 182
閉集合 3
閉包 29
平面曲線 30
ヘッシアン 147
偏角の連続分岐 25
変分 157
変分法 158

ポアンカレ円板モデル 106, 113
ポアンカレ上半平面モデル 109
ボルツァノ・ワイエルストラスの定理 21

マ行

道 15

向き付け可能な曲面 77
向き付け不可能な曲面 77
向きを保つ等長変換 12, 119

芽 166
メビウス変換 50, 51, 109
メリディアン 144
面積 102, 140

ヤ行

ヤコビ行列 89

ユークリッド距離関数 1
ユークリッド空間 1
ユークリッド計量 94
ユークリッド多角形 29
ユークリッドノルム 1
有界 21
有限部分群
    $SO(3)$ の — 40–43
    $SU(2)$ の — 56
    $PSL(2, \mathbf{R})$ の — 134
有限部分被覆 20
誘導される 5, 17

ラ行

リーマン距離 99
リーマン計量 93, 183
立体射影 49

連結 15
連鎖律 90
連続 3
連続微分可能 18

ローレンツ内積 126
ロンドン地下鉄距離 5

監訳者略歴

小島 定吉（こじま さだよし）
1952 年　東京都に生まれる
1978 年　東京大学大学院理学系研究科修士課程修了
現　在　東京工業大学大学院情報理工学研究科教授
　　　　Ph. D.

訳者略歴

石川 昌治（いしかわ まさはる）
1972 年　東京都に生まれる
2003 年　東京大学大学院数理科学研究科博士課程修了
現　在　東北大学大学院理学研究科准教授
　　　　Ph. D., 博士（数理科学）

曲空間の幾何学　　　　　　　　　　定価はカバーに表示

2009 年 10 月 25 日　初版第 1 刷
2015 年 8 月 25 日　　　第 3 刷

監訳者　小　島　定　吉
訳　者　石　川　昌　治
発行者　朝　倉　邦　造
発行所　株式会社　朝　倉　書　店

東京都新宿区新小川町6-29
郵便番号　162-8707
電　話　03（3260）0141
ＦＡＸ　03（3260）0180
http://www.asakura.co.jp

〈検印省略〉

ⓒ 2009 〈無断複写・転載を禁ず〉　　　　中央印刷・渡辺製本

ISBN 978-4-254-11124-8　C 3041　　　Printed in Japan

JCOPY ＜(社)出版者著作権管理機構 委託出版物＞
本書の無断複写は著作権法上での例外を除き禁じられています．複写される場合は，そのつど事前に，（社）出版者著作権管理機構（電話 03-3513-6969，FAX 03-3513-6979，e-mail: info@jcopy.or.jp）の許諾を得てください．

好評の事典・辞典・ハンドブック

数学オリンピック事典	野口　廣 監修	Ｂ５判 864頁
コンピュータ代数ハンドブック	山本　慎ほか 訳	Ａ５判 1040頁
和算の事典	山司勝則ほか 編	Ａ５判 544頁
朝倉　数学ハンドブック［基礎編］	飯高　茂ほか 編	Ａ５判 816頁
数学定数事典	一松　信 監訳	Ａ５判 608頁
素数全書	和田秀男 監訳	Ａ５判 640頁
数論＜未解決問題＞の事典	金光　滋 訳	Ａ５判 448頁
数理統計学ハンドブック	豊田秀樹 監訳	Ａ５判 784頁
統計データ科学事典	杉山高一ほか 編	Ｂ５判 788頁
統計分布ハンドブック（増補版）	蓑谷千凰彦 著	Ａ５判 864頁
複雑系の事典	複雑系の事典編集委員会 編	Ａ５判 448頁
医学統計学ハンドブック	宮原英夫ほか 編	Ａ５判 720頁
応用数理計画ハンドブック	久保幹雄ほか 編	Ａ５判 1376頁
医学統計学の事典	丹後俊郎ほか 編	Ａ５判 472頁
現代物理数学ハンドブック	新井朝雄 著	Ａ５判 736頁
図説ウェーブレット変換ハンドブック	新　誠一ほか 監訳	Ａ５判 408頁
生産管理の事典	圓川隆夫ほか 編	Ｂ５判 752頁
サプライ・チェイン最適化ハンドブック	久保幹雄 著	Ｂ５判 520頁
計量経済学ハンドブック	蓑谷千凰彦ほか 編	Ａ５判 1048頁
金融工学事典	木島正明ほか 編	Ａ５判 1028頁
応用計量経済学ハンドブック	蓑谷千凰彦ほか 編	Ａ５判 672頁

価格・概要等は小社ホームページをご覧ください．